하루 10분
엄마표
영어

바쁘고 영어 못하는 엄마도 쉽게 할 수 있는

하루 10분 엄마표 영어

준사마(이은미) 지음

예문아카이브

'시작'과 '꾸준함'이라는 두 단어를 머리에 새기면서 6세 딸아이에게 열심히 해봐야 겠습니다. 늦었다고 생각할 때가 가장 빠른 때라고 혼자 위안을 삼아봅니다. 이렇게 핵심을 정리해주시니 큰 도움이 되네요.

_양*

웬만한 영어 육아책을 모두 읽어봤지만 이렇게 명쾌하게 풀어낸 글은 없었습니다. 읽고 또 읽으렵니다.

_빨**뭉치3y

마라톤처럼 출발은 같지만 완주하는 게 참 힘든 것 같아요. 저도 이것저것 영어교재 사는 것에만 관심을 가졌지, 정작 애들하고 제대로 실천해보진 못했어요. 한 번에 하나씩 욕심내지 말고, 아이 능력에 맞춰 엄마가 기다려주는 게 제일인 것 같아요.

_쁘**젤

엄마표 시작한 지 4개월 정도 됐는데, 초심을 잃고 자꾸 흔들리고 있던 차에 준사마 님의 글을 읽고 다시 한 번 초심으로 돌아갑니다.

_예**화*팅

정말 이렇게 자세하고 친절하게 정리해주셔서 기준이 서고 아이와 함께 어떻게 진 행해야 할지 조금씩 감이 잡히네요.

_민**0603

엄마표 영어를 시작하려니 연령이 많이 높은 것 같고 다른 집은 다 잘하는 것처럼 보 여 불안했는데, 이 글 읽고 나니 큰 힘이 됩니다.

_책**함께

영어 노출을 해줘야 한다는 부담감에 영어동요도 들려주고 영어동화도 읽어주곤 했지만 어떤 아웃풋(output)도 나오지 않는 것 같아 막막했습니다. 준사마 님의 글에서 용기를 얻고 갑니다!

_j**e*8

처음에 의욕으로 충만해서 다른 분들의 활동을 무작정 무리해서 따라 하다가 나가떨어질 뻔했어요. 지금은 모든 것을 내려놓고 꾸준함 하나에 매달리고 있답니다. 제 딸을 믿기로 했어요. 엄마만 포기하지 않으면 아이들은 포기라는 말을 모른다고 하더군요. 좋은 글 잘 읽었습니다.

_달*라워*맘

진짜 유용한 정보네요. 저희 딸 영어에도 좋은 정보가 될 것 같아요. 다 볼 때까지 자리를 뜰 수 없었어요. 놀이에 이용된 자료를 찾는 데도 시간이 꽤나 걸리셨을 텐데 그냥 가져다 쓰는 것 같아 미안해지기도 하네요. 예준이 어머니, 정말~ 잘 보고 갑니다.

_h**py

어린이집 교재를 복습해가며 알파벳을 떼고 쉼 없이 영어로 좋알대는 우리 아가씨를 위해 영어책 읽기에 들어가려고 했어요. 그런데 가장 중요한 '듣기'를 놓쳤네요. 정리해주신 영어책들과 단계를 참고해서 차근히 엄마표 영어의 힘을 아이에게 심어주고, 긴 마라톤의 목적지를 다시 한 번 잡아볼게요.

_천*

내 아이 영어 때문에
미쳐버릴 것 같은 엄마들에게

"영어 잘하는 법이 넘쳐나는데 내 이야기가 도움이 될까?"

수없이 고민했지만 내가 선배 엄마들의 이야기에 힘을 얻었듯 '지금 망설이는 어느 보통 엄마'에게 분명히 한 가지라도 도움이 될 것이라고 믿는다. 그동안 엄마표 영어 방법들과 성공사례가 담긴 책은 많았지만, 정작 엄마의 마음 문제까지 다룬 책은 찾기 어려웠다. 그래서 엄마표 영어를 꾸준히 실천하게 하는 힘인 '엄마의 마음'까지 이야기하고 싶다. 영어책의 종류와 노출방법들만 아는 것이 아니라, 아이의 영어실력과 마음이 성장하는 만큼 엄마의 마음도 함께 성장해야 진짜다.

사실 나도 처음엔 '아이의 독서습관과 영어 실력 키우기'에만 집중했다. 그런데 시간이 지날수록 내 마음도 성장했다는 것을 느낄 수 있었다. 아이 따로 엄마 따로가 아니라 아이와 엄마가 함께 조금씩 성장하는 것, 입시를 위한 학교영어를 잡고 아이에게 꼭 물려주고 싶은 독서습관까지 아우르는 것은 '엄마표 영어환경 만들기'여야만 가능한 일이다.

모든 것을 얻어내겠다고 미리 계획한 것은 아니었다. 아이의 눈높이에 맞추자는 마음으로 한 것이었는데, 엄마표 영어로 인해 자존감, 독서습관, 영어실력, 엄마의 마음 성장까지 모든 것이 자연스럽게 이루어졌고 지금도 진행 중이다. 영어실력'만'이 아니라 영어실력'도' 얻었다는 것, 그리고 엄마 욕심 때문이 아니라 자연스럽게 그렇게 됐다는 점에서 '엄마표 영어환경 만들기'를 적극 알리고 싶다.

왜 엄마표 영어를 시작했을까?

'책과 친한 아이들로 키우자. 한글책, 영어책 구분 없이 책 읽는 것이 편한 아이들로 키우자. 독서습관만 잡아주면 영어는 자연히 따라온다.'

어린 시절, 엄마가 없는 집이 싫었다. 우릴 위해 돈을 버느라 바쁘시다는 것을 이해하면서도 그런 상황이 너무 싫었다. 그래서 '두 번 다시 돌아오지 않을 내 아이들의 어린 시절에 엄마인 내가 꼭 함께하겠다'고 마음먹었다.

내가 좋아했던 것을 내 아이도 할 수 있게 해주자.

내가 부족했던 것을 내 아이는 느끼지 않게 채워주자.

바쁜 엄마가 싫었으니 난 아이 마음을 읽어주고 같이 놀아주자.

영어책을 쉽게 읽는 친구들이 부러웠으니, 내 아이도 그렇게 해주자.

이것이 내가 엄마표 영어로 아이를 키우게 된 이유다. 덕분에 초등 5학년인 첫째 예준이는 《나니아 연대기The Chronicles of Narnia》《워리어스 Warriors, 고양이 전사들》《윔피키드Diary of a Wimpy Kid》와 같은 영어소설뿐 아니라 칼데콧 수상작, 뉴베리 수상작을 영어원서로 편하게 읽는다.

초등 1학년인 둘째 민준이는 형이 하는 것을 놀이처럼 자연스레 따라 하고 있다. 그렇게 두 아이는 내 바람대로 "책이 곧 휴식"이라고 말하는 아이가 됐다.

조금만 더 일찍 알았더라면

아이들이 수영을 배울 때 처음부터 자유형을 배우진 않는다. 준비운동 후 발부터 물에 담그고 물장구 치며 물과 친해지는 시간을 갖는다. 영어도 마찬가지다. 한글, 영어 구분 없이 책과 친해지는 시간을 가져야 영어책을 편하게 읽을 수 있고 영어를 자유롭게 사용할 수 있다.

하지만 영어책과 친하다고 영어를 잘하는 것은 아니다. 어느 시기가 되면 영어글자를 읽을 수 있는 방법을 알려줘야 한다. 그래도 분명한 것은 물과 친해지는 시간을 충분히 가진 아이들이 수영을 잘하게 되는 것처럼, 영어책과 친해지는 시간을 충분히 가진 아이들이 영어를 잘하게 된다는 사실이다. 즉, 엄마표 영어환경이 내 아이 영어의 '기초'가 된다.

아이들이 학교를 다니는 이상 내신과 입시를 위한 학교영어를 무시할 수도 없고, 그렇다고 실질적인 생활영어도 놓칠 수는 없다. 결국 한국에서 영어환경을 접할 수 있는 방법은 사교육이 될 수밖에 없고, 어학원, 영어학원, 원어민 과외, 영어유치원 등이 잘될 수밖에 없다. 하지만 사교육은 많은 비용이 들고 공부에만 집중하여 여러 문제가 생기므로, 그 대안으로 엄마표 영어가 주목받고 있다. 아이들은 이것도 해야 하고 저것도 해야 해서 힘든 것이 현실이니 엄마들은 어떻게든 방법을 찾아야 했다. '아이를 어떻게 영어환경 속으로 스며들게 할 수 있을까'를 고민하다 보니 결국 엄마표 영어였다.

　그렇게 첫째 예준이가 책과 친해지길 바라는 마음에 '기대되는 준사마네 시즌1' 블로그를 시작했다. 블로그 내용을 공유하면서 2010년부터는 엄마표 영어 교육카페 '송이와 할머니' 스태프로 활동하고 있다. 이곳에는 아이 영어교육에 대한 고민글이 많이 올라온다. 댓글, 쪽지, 메일 등 다양한 방식으로 오랜 기간 많은 엄마들에게 답변을 했지만, 하고 싶은 말을 다 담기에는 역부족이었다. 나만 알고 있기엔 너무 아까운 내용들이 많아 제대로 알려주고 싶었다.

　실천하기 힘든 엄마들의 현실과 영어에 약한 부모의 모습을 대물림하기 싫은 마음까지 나 역시 많이 공감한다. 공개적으로든 비공개적으로든 지금까지 내 블로그를 찾은 분들은 '엄마표 영어환경' 노하우에 대해 궁금해하는 분들이었다. 영어실력이 출중한 영어전문가가 아닌 보통 엄마를 찾는 이유는 단 한 가지였다. '경력'이 아닌 하루 10분이라도 꾸준히 실천한 엄마표 영어환경 만들기 '경험' 때문이다.

　엄마들이 이 책을 통해 조금이라도 소중한 시간을 아낄 수 있으면 좋겠다. 이 책을 읽고 '저 엄마도 했는데 내가 왜 못해'라는 용기가 생기면 좋겠다. 그렇게 딱 10년 전 나 자신에게 알리고 싶은 내용을 모았다.

제가 가려는 '하루 10분 엄마표 영어'의 길이 맞습니까?

네. 그 길이 맞습니다!

Contents

Chapter 2

엄마표
영어환경 만들기
_핵심

공통된 흐름만 알면
모든 아이에게 효과적이다

:: 영어의 벽 가뿐히 뛰어넘기 핵심 편

Chapter 3

엄마표
영어환경 만들기
_초기

책 읽기로 얻을 수 있는
장점 모두 챙기기

Chapter 5

엄마표
영어환경 만들기
_후기

북레벨을 이해하고
때론 과감하게 때론 부드럽게

Chapter

1

엄마표 영어환경 만들기란_이해

내 아이에게
맞춤형이라
가장 확실하다

✓ '엄마표 영어환경 만들기'로 그날그날 상황에 따라 내 아이에게 맞는 것을 쏙쏙 활용해보자.

✓ 스트레스 없이 영어실력을 쌓고 독서습관도 잡아줄 수 있다.

✓ 아이의 눈빛을 놓치지 않으니 좋은 부모 자식 사이가 유지되고, 내 아이만의 포트폴리오도 만들 수 있다.

✓ 엄마의 마음 문제도 해결하면서 성공 비결은 붙잡고, 실패 요인은 피해가자.

✓ '엄마표 영어환경 만들기'를 권하는 가장 큰 이유는 확실한 방법이기 때문이다.

진정한 엄마표
영어환경 만들기

엄마들의 고민은 계속된다

Q 내 아이 영어의 최종 목표는 무엇인가요?

외국인과 자유로운 대화가 가능한 정도

학교에서 영어를 어렵지 않게 배우는 정도

영어 때문에 인생에서 발목 잡히지 않을 만큼

영어에 거부감이 없고 재미있어 하는 상태

영유아~초등학생 엄마를 대상으로 블로그에서 간단한 설문조사를 했는데 다양한 답변을 들을 수 있었다. 표현은 조금씩 다르지만 대부분의 엄마들이 "자기 의견을 표현하는 데 어려움이 없는 상태, 즉 영어로 의사소통이 자유로운 아이가 되는 것"이 최종 목표라고 말했다. 하지만 최종 목표를 달성하는 것이 쉽지 않다. 여기에서 엄마들의 고민은 시작된다.

- 영어가 점점 어렵게 느껴지고 재미없대요.
- 문법 등 한국식 영어 때문에 흥미가 떨어질까 봐 걱정이에요.
- 입시 때문에 어렵고 힘든 공부가 될까 봐 걱정입니다.
- 아이의 영어 수준이 어느 정도인지 잘 모르겠어요.
- 사교육 없이 집에서 하는 걸로 정말 가능할까요?
- 중간에 포기하게 될까 봐 걱정돼요.

엄마들은 최종 목표를 달성해가는 과정이 즐거웠으면 좋겠다고 말했다. 영어가 재미있기를 바라지만 취미나 재미로만 끝낼 수 없는 것이 현실이기 때문에 괴롭다. 영어점수가 중요하다는 현실을 받아들여야만 한다.

그래도 영어를 꼭 시켜야 한다면 내 아이가 조금이라도 편하게, 쉽게, 재미있게, 부담없이 할 수 있는 방법은 없는지 고민하게 된다. 내 아이는 나처럼 영어 때문에 꿈을 포기하지 않기를 바라면서 고민하고 또 고민한다. 엄마들은 내 아이의 영어 때문에 미쳐버릴 것 같다.

'엄마표 영어환경 만들기'의 정확한 의미

Q 엄마표 영어가 뭔지 아시나요?

뭔지 몰라요. 처음 들어요.

잠*네 영어 아닌가요?

엄마가 영어자료를 직접 만들어서 아이와 활용하는 것이요.

영어가 어느 정도 되는 엄마들이 아이를 직접 공부시키는 것이요.

엄마들에게 질문을 하나 더 드렸다. '엄마표 영어'가 무엇인지 모르는 엄마부터 엄마가 가르치는 것이기 때문에 엄마의 영어실력이 좋아야만 한다는 것까지 다양한 의견이 나왔다. 엄마표 영어에 대해 아는 분들도 엄마표 영어는 특별한 엄마와 특별한 아이만 가능하다고 생각하는 경우가 많았다. 대부분 거창하게 생각해서 엄두를 내지 못하고 있다는 것을 알 수 있었다. 특히 눈여겨볼 것은 '학습, 교육, 가르친다'라는 말이 많이 나왔지만 '영어책 읽어주기'라는 말은 나오지 않았다는 점이다. 이것은 '엄마표 영어'에 대해 잘 모르거나 알아도 잘못 알고 있는 경우가 있다는 것을 보여준다.

엄마표 영어 진행법은 커리큘럼이나 교재가 정해진 학원이 아니라 내 아이 맞춤형이라서 이 세상의 아이 수만큼 다양하다. 일반적으로 말하는 엄마표 영어는 '집에서 엄마가 가르쳐주는 영어'다. 예전에 비하면 많은 분들이 엄마표 영어에 대해 이미 알고 있다. 엄마표 영어라는 말이 학원의 반대말이 됐을 정도로 사교육의 대안으로 주목받는 것도 사실이다.

하지만 이 책에서 말하는 엄마표 영어는 조금 더 포괄적인 의미를 담고 있다. 그래서 오해를 줄이고 정확한 의미를 부여하고자 이제부터는 하루 10분만이라도 꾸준히 하는 '엄마표 영어환경 만들기'라고 정의하겠다. 여기서 엄마가 '가르친다'와 엄마가 '환경을 만들어준다'가 다르다는 걸 이해해야 한다. '가르친다'는 엄마의 영어실력이 중요하지만, '환경을 만들어준다'는 엄마가 영어를 못해도 된다는 의미이기 때문이다. 엄마가 영어를 직접 가르치는 것이 아니기 때문에 아이가 주로 생활하는 곳인 가정에서 영어 CD를 틀어주는 것이나 영어책을 종류별로 골라볼 수 있는 도서관에 데려가는 것으로도 가능하다.

그동안 엄마표 영어에 대한 여러 가지 오해로 인해 아예 시작할 엄두가 나지 않았을 수도 있다. 그런데 알고 보면 아이에게 방법을 알려주고 영어환경을 제공해주기만 하면 된다. 막상 해보면 별거 아닐지도 모른다. 그리고 제대로 해보면 그 장점 때문에 그만두고 싶어도 아까워서 그만둘 수 없고, 매일 하다가 습관이 잡혀서 멈출 수 없을 것이다.

왜 꼭 '엄마표 영어환경 만들기' 여야 할까?

가장 큰 이유는 확실한 방법이기 때문이다. 중간에 포기하지 않는 한 100퍼센트 성공이 보장된다. 생각하는 것만큼 거창하지 않아서 실천가능하다. 보통 엄마표 영어라고 하면 온 집안을 영어책과 영어 포스터로 도배해야 한다고 오해하는 분들이 많다. 또, 영어 노출을 하루에 3시간씩 해야 하고, 오리고 붙이고 엄청난 독후활동을 같이 해줘야 한다고 생각하는 분들도 많다. 그러나 전혀 그렇지 않다. 그냥 편하게 엄마가 만들어주는 영어환경이라고만 생각하자. 영어를 낯설지 않게 접할 수 있는 편한 환경을 만들어준다는 의미다. 영어에 자유로울 수 있도록 분위기와 습관을 만들어주는 것이지, 엄마가 영어공부를 해야 하는 것은 아니다.

흘려듣기, 집중듣기, 영어책 읽기, 영어 CD 듣기, 영어 DVD 보기, 영어일기 쓰기, 미니북 만들기, 영어 역할극 하기 등 여러 가지 영어 학습방법 중에서 그날그날 내 아이에게 맞는 것만 쏙쏙 뽑아서 활용하면 된다. 하루에 10분씩이라도 영어에 노출되도록 환경만 만들어주면 된다. 무리해서 빨리 가는 방법보다 천천히 가더라도 목적지에 도달하면 된다.

'사교육에 절대적으로 의존할 필요가 없다'라는 말이지 '절대 의존하지 말라'는 말도 아니다. 사교육의 장점도 이용해야 할 시기에는 이용하면서 영어환경을 만들어주면 된다. 한계를 정하지 말고 그때그때 상황에 맞게 내 아이를 가장 잘 아는 엄마가 영어환경을 만들어주는 것이 '엄마표 영어환경 만들기'다.

하지만 '엄마표'라는 말은 왠지 부담스럽다. 나도 그랬다. 이 말속에 '잘못되면 엄마 책임'이라는 말이 들어있는 것 같다. '잘할 수 있는 아이를 내가 괜히 망치는 것은 아닌가', '교육은 전문가에게 맡겨야 하는 것이 아닌가', '나중에 엄마를 원망하면 어떻게 하나' 많은 생각들이 교차했다. 기저귀 하나를 고를 때도 흡수력, 가격, 발진, 피부상태 등에 따라 선택하는데 하물며 영어교육은 어떻겠는가! 아마 많은 엄마들이 불안했고 지금도 불안할 것이다. 그래서 정보를 닥치는 대로 검색할 것이다. 수많은 책과 여러 가지 사례들이 넘쳐난다. 뭐 이리 해줘야 할 것이 많은지 모르겠다. 이 모든 과정들을 나도 거쳤다.

하지만 결국 선택한 것은 '엄마표 영어환경 만들기'였다. 그러면서 알게 된 것은 영어동요 CD 틀어주기로 이미 시작했고, 일단 영어환경을 유지시켜주기만 하면 된다는 것이었다. 알면 알수록 왜 '엄마'여야 하는지 명확해졌다. 자연스러운 환경을 만들어줄 수 있는 사람은 엄마밖에 없다! 내 아이의 영어를 학습과 교육이라고 생각하니 힘들게만 느껴졌는데, 영어도 언어니까 한국어 하듯이 하면서 환경만 만들어주면 된다고 생각하니 모든 게 명확하고 수월해졌다.

"아이에게 '한글 떼기'를 해준 것처럼 '영어 떼기'도 해주면 되겠네! 한글책 혼자 읽게 된 것처럼 영어책도 혼자 읽게 해주면 되겠네. 그러면 학원은 나중에 필요할 때 보내도 되겠네. 영어책도 책이니까 한글책 보여준 것처럼 보여주면 되겠네. 돈도 굳겠네! 아이도 스트레스 덜 받겠네!"

엄마표 영어환경 만들기에는 공통된 큰 흐름이 있다. 이 큰 흐름을 알고 있으면 방향이 잡히고 시간도 절약될 것이다.

"에휴~! 그러니까 엄마가 만들어주는 영어환경이 좋은 건 알겠는데 어.떻.게.
만들어주냐고요!!!!"
"뭐가 검증된 방법이냐고요!!!!"

미리 사과부터 드려야 할 것 같다. 이미 알고 있는 이야기다. 아이들의 성장에 맞춰서 한글책 읽어주는 것, 한글책 글의 양을 늘려나가는 것, 모든 공부의 근본인 한글 독서를 먼저 챙기는 것, 바로 이 방법을 영어책에도 똑같이 적용하는 것이다. 학원에서 사용하는 '교재'에 해당하는 것이 엄마표 영어환경 만들기에선 '영어책'이 되는 셈이다. 하지만 영어책은 단지 교재가 되면 안 된다. 만약 영어책 자체를 싫어하게 되는 상황이 온다면 차라리 안 하는 것이 좋을 수도 있다.

여기서 핵심은 아이에게 독서습관을 잡아주기 위해 엄마가 신경을 쓸 때 한글책과 영어책을 구분 없이 읽히자는 것이다. 한글책도 아이들마다 좋아하는 책이 다르듯이 영어책도 아이들마다 좋아하는 책이 다르다. 그래서 엄마표 영어환경 만들기는 진도가 제각각이다. 내 아이만의 속도로 진행하면 활용시간과 활용방법이 내 아이에게 저절로 맞춰지고, 내 아이 맞춤형이라 실패하지도 않는다.

이 책을 읽다 보면 엄마표 영어환경 만들기의 공통된 큰 흐름이 무엇인지 알게 될 것이고, 내 아이가 그 흐름 속에서 어디쯤 서 있는지도 알게 될 것이다. 바로 나타나지 않는 결과들에 답답할 수도 있지만, 그것은 엄마의 마음 문제일 뿐 아이들은 전혀 답답하거나 바쁘지 않다. 언어는 원래 오래 걸린다는 진리를 기억하면 엄마의 답답함도 사라질 것이다.

엄마가 영어를 못해도
주눅 들지 말자

엄마의 영어실력은 중요하지 않다

'엄마표 영어환경 만들기'는 영어에 친숙한 환경을 하루 10분만이라도 계속 유지시키는 것으로 '독서습관'을 기본으로 한다. 이때 한글책도 처음부터 읽기를 바라지 않고 말소리를 들려줬던 것처럼 영어책도 영어소리부터 들려줘야 한다. 책을 통해 독서습관을 잡아준다는 것은 한글책이든 영어책이든 똑같지만 중요하지만, 이곳이 '한국'이기 때문에 당연히 영어 소리를 더 신경 써서 영어환경을 만들어야 한다.

어떻게 하면 좋을까? 외부에서는 자연적으로 영어소리를 들을 수 있는 시간이 적으니 '집'에서라도 영어소리를 듣게 해주면 되고, 한국어를 매일 사용하듯 영어도 '매일' 사용하게 해주면 된다. 한글책을 평생 보듯 영어책도 평생 보는 것으로 생각하게 해주면 된다. 습관이 잡히도록 얼마간 유지만 시켜주면 되는데, 이것이 바로 '엄마표 영어환경'이다.

그럼 엄마의 영어실력이 꼭 필요할까? 당연히 그렇지 않다. 오히려 하루, 한 달, 1년, 3년, 5년… 얼마나 계속 영어환경을 유지시킬 수 있는가 하는 경영능력이 필요하다. 이 사실을 모르는 엄마들은 아이를 직접 가르쳐야 한다고 오해한다. 발음이 좋지 않다는 것을 걱정하며 아이가 자신의 잘못된 발음을 따라하게 하느니 안 하겠다고 생각한다. 하지만 영어책을 못 읽는 엄마에게는 영어책 읽는 연습이 필요한 것이 아니라 영어 CD를 틀어주고 함께 영어책을 보는 경영능력이 필요할 뿐이다.

세상에서 가장 믿을 만한 엄마가 제일 편한 공간인 집에서 영어 CD를 틀어준다면 아이는 어떤 생각을 할까? 낯선 영어책이지만 알록달록한 그림이 나오고 자기가 제일 좋아하는 자동차가 나오는 책이라면 어떨까? 해볼 만하다고 생각하지 않을까? 영어를 전혀 읽지 못하는 엄마에게 "아이에게 영어책을 읽어주세요"라는 말은 너무 어렵다. 하지만 "영어 CD를 틀어주고 책장을 넘겨주세요"라는 말은 아주 만만하다.

예준이에게 한 페이지에 영어 한두 문장이 나오는 그림책이나 리더스북을 읽어줄 때 모르는 단어를 수시로 만났다. 검색해서 발음을 들어보고 읽어줬을 정도로 실력이 부족했다. 하지만 CD를 틀어주고 책장을 넘겨줄 힘은 부족하지 않았다. 나중에 영어독서지도사 자격증을 땄고, 영어 관련 육아서를 읽으면서 나도 할 수 있다는 자신감을 얻어 나갔다. 직접 영어를 가르치지 않아도 환경만 만들어주면 된다는 것을 직접 경험했다. 그리고 지금까지 영어 사교육을 시키지 않을 수 있었다. 만약 엄마가 가르쳐야 했다면 나 역시 사교육을 선택했을지 모른다. 사실 나는 지금도 영어를 별로 좋아하지 않고 실력도 변변찮다. 하지만 하루 10분 엄마표 영어환경 만들기에는 자신이 있다. 할 만하다. 그리고 지금은 아이가 스스로 하니 해줄 게 거의 없다!

"영어 해석을 못하는데 아이가 무슨 뜻이냐고 물어보면 어떡하지?"
"영어 CD를 틀어주라는데 아무거나 틀어주면 되나?"
"영어책을 사주려고 하는데 우리 애가 싫어하면 어떡하지?"

이렇게 고민하는 사이 아이의 시간은 흐르고 있다. 엄마표 영어환경 만들기를 진행하는 내내 작은 걱정, 큰 걱정에 부딪힐 것이다. 영어가 아니더라도 살면서 여러 가지 걱정들이 생긴다. 아이가 크면서 변화하기 때문에 생기는 걱정들은 어쩌면 당연하다. 걱정하고 고민하고 생각하느라 미루기만 한다면 정말 이도저도 아닌 게 된다. 이제 고민은 STOP!

"내 영어실력이 부족한 건 알지만 상관없다잖아!"
"이 엄마도 했고 저 엄마도 했다면 나도 할 수 있어!"

엄마표 영어의 자격증은 없다

엄마표 영어환경 만들기를 위한 단 하나의 자격요건은 '아이의 마음, 즉 눈빛을 놓치지 않아야 한다'는 것이다. 영어실력이 부족하다는 생각을 버리고 엄마라는 이유만으로 가능하다고 생각하자. 실력이 있건 없건 내 아이의 엄마이기 때문에 가능하며 그 공간이 편한 집이기 때문에 더욱 가능하다.

오늘 아이와 알파벳 카드로 놀아주고 줄넘기하면서 one, two, three 라고 같이 외쳐봤다면 아무것도 하지 않았던 때와는 분명 달라진 것이다. 일단 내딛으면 그 다음엔 무얼 해야 할지 알기 위해서라도 공부하게 되니 점점 멈추기 힘들어질 것이다. 이것은 실력의 문제가 아니라 시도했느냐 안 했느냐의 문제다. 오히려 부족한 영어실력을 걸림돌로 생각하는 엄마의 마음 자체가 문제다.

《Roary The Racing Car 달려라 카카》는 둘째 민준이가 읽어달라고 자주 가지고 오는 책이다. 아주 간단한 문장들인데도 안 읽히는 단어들이 종종 나온다. 그럴 때면 일단 비슷한 발음으로 자연스럽게 읽어준 뒤 "어? 이거는 처음 보는 글자인데? 잠깐만 기다려줘~ 한번 찾아볼게~"라고 말한다. 엄마가 한국 사람이니 영어를 못 하는 것이 당연하다. 아이가 영어책을 읽어달라는 말에 두려워하거나 무시하고 그냥 넘어가는 것보다 함께 찾아보는 것이 훨씬 낫다.

Big Chris is Roary's mechanic and he's pretty handy with a spanner.

읽기 [빅 크리스 이즈 롤리스 머케닉 엔 히즈 프리티 핸디 위 더 스패너]

해석 빅 크리스는 Roary의 정비공이고 스패너를 상당히 잘 다룬다.

문장 중에 mechanic라는 단어를 어떻게 읽어줘야 할지 모르겠다면 네이버 어학사전으로 검색하면 된다.

단어 뒤에 표시된 스피커모양 버튼을 눌러서 발음을 들어보고 맞게 읽어준 건지 확인한다. 모르면 모르는 대로 찾아서 알려주고, 찾기 힘들면

"엄마도 모르겠네. 엄마가 뭔지 알게 되면 꼭 알려줄게" 하고 다음에 알려주면 된다. 모르는 것을 스스로 찾아낼 수 있게 환경을 만들어주거나 모르는 것은 같이 찾아보는 환경을 만들어나가면서 말이다. 그리고 아이가 뭐든 하기 싫어하는 날이면 그 마음을 읽어주면 된다. 엄마의 영어실력이 아니라 마음 상태가 중요하다. 지금 이 책을 읽는 엄마라면 향상심이 있다는 것이다. 영어 실력이 없어도 괜찮다. 향상심을 갖고 있는 것만으로 이미 충분하다.

엄마표 영어환경 만들기가
좋은 이유

첫째, 맞춤형 교재로 영어가 늘 수밖에 없다

내가 사는 서울 강남구 일원동에 **영어교실이 있다. 바로 옆 동네 개포동에도 있다. 대전에도 있고 부산에도 있다. 그러나 이곳에 다니는 아이들은 제각각이다. 그렇다면 이곳에서 사용하는 교재도 제각각일까? 아이에게 맞는 레벨의 교재를 제공해줄 수 있을지는 몰라도 동일 레벨 교재는 한정적일 수밖에 없다.

하지만 엄마표 영어환경 만들기를 위한 교재는 정말 다양하다. 영어책, 영어 영상, 영어 음원, 영어로 된 모든 것들이 내 아이의 교재가 될 수 있기 때문이다. 폭넓은 선택지에서 내 아이만의 교재를 고르는 것이기 때문에 세밀하게 맞추기 좋다. 수준에 맞고 재미있는 영어책이 교재가 되면, 아이는 더 보고 싶어 하고 큰 부담없이 하루하루 해나갈 수 있으니 영어실력은 자연히 늘 수밖에 없다.

둘째, 스트레스 받지 않고 영어를 받아들인다

누군가에게 무언가를 부탁할 때 그냥 부탁하는 경우와 음식을 먹으면서 부탁하는 경우 중 어떤 경우가 성공확률이 높을까? 같은 부탁이라도 맛있는 음식을 먹고 편한 상태에서 부탁을 받을 경우 들어줄 확률이 높다. 그만큼 사람은 심리상태에 크게 좌우되는데 영어를 접하는 아이들 또한 그렇다. 맛있는 간식을 먹으면서 편한 옷을 입고 편한 장소에서 편한 자세로 영어소리를 듣는 것과 어딘가로 이동해서 주변사람들을 의식하면서 영어소리를 듣는 것 중 어떤 것이 더 효과적일까?

영어는 그 소리만으로도 낯설다. 그런데 그 소리를 듣는 환경까지 낯설면 아이가 받는 스트레스가 높아진다. 집이 아닌 다른 공간에 적응을 했어도 집보다 편한 장소는 없다. 그리고 그 환경을 만들어주는 사람이 엄마라면 더욱 최적의 조건이다.

시간이 쌓이고 영어소리가 낯설지 않게 되면 영어책도 한글책 읽듯이 편하게 볼 수 있게 되는데, 영어책을 교재로 느끼지 않기 때문에 학습적인 느낌 없이 독서로 받아들이게 된다.

엄마표 영어환경 만들기는 아이의 컨디션에 따라 시간과 분량을 그때그때 조절할 수 있다. 아이들은 학원에 몇 시간씩 있거나 단어 테스트를 받는 것보다 엄마가 읽어주는 영어책을 더 좋아한다는 걸 명심하자.

셋째, 영어로 인한 자존감이 높아진다

영어문법을 공부하고 깜지를 써가면서 영어단어를 마구 외워댔지만 영어를 두려워하지 않는 사람은 내가 아니라 내 아이들이다. 예준이는 학교 영어는 껌이라며 영어에 대해 자신감을 보인다. 엄마표 영어환경 만들기 덕분에 '영어로 인한 자존감(영어 자신감)'을 높일 수 있었다. '매일매일의 성공경험'을 통해 자존감이 높아지는데, 영어에 대한 작은 성공경험들을 꾸준히 쌓은 것이다.

아이의 컨디션에 따라 실천할 수 있는 분량만큼만 진행했기 때문에 가능한 일이었다. 영어와 관련된 '무언가를 오늘 해냈다', '하루 분량을 모두 끝냈다'는 느낌을 매일 쌓았고, 영어로 인한 자존감까지 얻을 수 있었다. 이런 자존감은 다른 것들을 대하는 태도에도 좋은 영향을 미쳤다. 처음부터 잘하지 못하는 것은 당연한 것이고, 매일 조금씩이라도 꾸준히 하면 뭐든 결국 잘하게 된다는 법칙을 터득했기 때문이다.

넷째, 평생 자산인 독서습관이 잡힌다

오랜 시간에 걸쳐 형성된 습관은 몸에 확실히 새겨져 다른 습관으로 바꾸거나 없애는 것이 더 힘들다. 독서습관도 그렇다. 아이에게 한 번 잡혀진 독서습관은 쉽게 사라지지 않는 평생의 자산이 된다. 엄마표 영어환경 만들기는 '영어책'을 큰 줄기로 삼고 있기 때문에 독서와 뗄 수 없는 구조다. 영어책과 함께 긴 시간 함께 간다는 것 자체가 독서습관에 큰 영향을 미칠 수밖에 없다.

하루 10분만이라도 영어에 노출시켜준다는 엄마표 영어환경 만들기를 제대로 이해하고 실천하면, 독서습관은 자연히 따라오게 된다. 한글책, 영어책 구분 없이 독서습관 잡아주기에 포커스만 두어도 엄마표 영어환경 만들기는 성공이다.

다섯째, 엄마와 아이 사이가 좋아진다

아일랜드 시인 윌리엄 버틀러 예이츠William Butler Yeats 는 "교육은 머리에 무엇을 가득 채우는 것이 아니라 가슴에 불을 붙이는 일"이라고 했다. 어쩌면 학교와 학원은 아이의 그릇을 똑같이 채워주려고만 하는 곳일지도 모른다. 하지만 정말 중요한 것은 아이가 스스로 채우고 싶은 마음이 들도록 해주는 것이 아니겠는가.

아이가 스스로 불을 지필 수 있도록 근본적인 부분까지 도와줄 수 있는 사람은 아이와 가장 가까운 엄마뿐이다. 좋은 선생님도 많고, 좋은 학원도 많고, 원어민 선생님도 있는데, 굳이 집에서 아이 영어를 봐줘야 하냐고 물을 수 있다. 아이가 푼 문제를 채점해주고 테스트하며 영어지식을 넣어주는 사람이 필요하다면 영어선생님에게 보내도 된다. 하지만 부드러운 팔베개, 포근한 엄마냄새, 행복한 영어책 읽어주는 소리, 마음을 나누는 정신의 교류도 함께 얻길 원한다면 엄마표 영어환경 만들기가 유일한 방법이다. 책을 통한 정서적 교감이 이루어지기 때문에 부모 자식 간의 관계까지 좋아진다.

여섯째, 내 아이만의 포트폴리오가 생긴다

내 아이의 소중한 성장스토리를 기록해 남기고 싶은 것은 엄마들의 공통된 마음일 것이다. 얼마 전에 예준이와 함께 33개월경 찍은 동영상을 봤다. "엄마 내가 '띠끄러워여' 이랬어?" 그때 했던 말투와 행동을 흉내내는 모습을 보면서 그때의 행복감과 지금의 행복감이 동시에 몰려왔다.

아이들은 금방 크고 그때의 감정과 시간들이 고스란히 생각나지 않게 된다. 그래서 우리는 붙잡아두지 않으면 사라져버리는 소중한 지난 시간들을 글, 이미지, 영상 등으로 기록해야 한다. 꾸준한 엄마표 영어를 위해서도 기록이 필요하다. 현재 내 아이의 상태를 기록해놓아야 어느 시점에 단계를 높여줘야 할지, 어떤 책을 더 보여줘야 할지, 무엇을 더 반복해야 할지를 파악할 수 있기 때문이다. 또, 아이의 예전 모습을 통해 현재의 발전 정도를 가늠할 수 있으며 초심을 잃지 않도록 해주는 요소도 된다.

나는 다이어리나 네이버 카페, 블로그에 이런 '기록'을 해왔는데, 아이에게도 나에게도 소중한 자료가 될 수 있다는 것을 최근에 다시 한 번 깨달았다. 책에 실을 자료를 정리할 때 지금까지의 기록들이 없었다면 힘들었을 것이고, 앞으로 아이 인생의 거대한 포트폴리오가 될 것이 분명하다. 실제로 요즘 대학이나 직장에서 자기소개를 영상으로 제출하라고 하는 경우가 많은데, 글보다 사진과 영상물을 선호한다. 꾸준히 영어를 습득하며 한 우물을 팠다고 증명해주는 이미지와 영상물은 분명 훗날 아이에게 든든한 자료가 될 것이다.

일곱째, 엄마도 함께 성장한다

작년에 둘째아이 숲체험 활동을 따라갔다가 생긴 일이다. 숲체험 활동은 5~6명의 친구들이 모여서 숲체험 선생님과 자연물로 노는 시간인데, 활동 중인 2시간 동안 엄마들은 아이를 기다려야 한다. 그날 활동장소는 남산공원이었는데 강아지와 함께 산책하는 코스로 유명한 곳이라 외국인들도 많이 볼 수 있었다. 친구 엄마들과 모여서 싸온 간식들을 먹으며 이야기 중이었는데, 두 아들과 함께 커다란 짐을 들고 한 외국인 엄마가 우리 앞에 나타났다. 뭐라고 영어로 질문하는데 신기한 일이 일어났다.

"Excuse me. How long are you gonna be staying here?"

그 질문이 내 귀에 들어왔다. 그리고 간단하지만 대답까지 했다.

"We'll stay for one hour. Sorry."

내 발음이 좋지 않았지만 그 외국인 엄마는 알아듣고 자리를 떠났다. 내가 영어로 대답하다니! 아이와 꾸준히 영어환경을 접하다 보니 영어에 대처할 능력이 생겨서 놀랐다. 게다가 아이를 위해 그동안 봤던 책들 덕분에 이 책까지 준비하게 됐다. 엄마표 영어환경 만들기를 통해 영어실력뿐 아니라 엄마의 미래까지 꿈꾸게 된 것이다.

MOM's TIP 엄마표 영어환경 만들기 '1석 7조' 효과

첫째, 맞춤형 교재로 인해 영어가 늘 수밖에 없다.
둘째, 스트레스 받지 않고 영어를 받아들인다.
셋째, 영어로 인한 자존감이 높아진다.
넷째, 평생 자산인 독서습관이 잡힌다.
다섯째, 엄마와 아이 사이가 좋아진다.
여섯째, 내 아이만의 포트폴리오가 생긴다.
일곱째, 엄마도 함께 성장한다.

내 아이도 성공할 수 있다는 확신을 갖자

엄마의 마음무장으로 단단해지는 확신

영어책이나 오디오 준비와 같은 외적 영어환경 만들기보다 더 중요한 것이 바로 내적 영어환경 만들기다. 내 아이에게 "마음 굳게 먹어!"라고 말하라는 것이 아니다. 바로 영어환경을 만들어주는 엄마들의 마음무장이 내적 영어환경 만들기의 본질이다.

엄마표 영어환경 만들기를 오랫동안 이어갈 수 있으려면 확고한 마음무장이 정말 중요하다. 그중 최고봉은 '내 아이는 결국 영어에 자유로워진다'라고 믿는 엄마의 단단한 생각이다. '내 아이는 영어토론이 자유로운 아이가 될 거야'라고 마음먹었다면 아이가 반드시 그렇게 될 것처럼 말하고 행동하는 것이 좋다. '내 아이는 외국인과 소통이 자유로울 거야'라고 마음먹었다면 그 모습을 실제처럼 떠올리는 것이 좋다.

이런 확신 갖기가 지금 당장 필요하다. 이것은 엄마표 영어환경 만들기

초반에도 필요하고 흔들릴 때마다 필요하다. 내 아이를 의심하지 않고 꼭 성공한다고 믿는 것이 강력한 무기다.

엄마표 영어의 성공 사례가 별로 없다고 생각하고, 성공한 사람들은 뭔가가 특별하기 때문에 성공한 것이라고 생각하는 사람들이 있다. 그런 불안으로 인해 시작도 전에 포기하는 사람이 많다. 성공여부가 의심이 된다 하더라도 영어동요 CD라도 틀어주고 아주 쉬운 영어책이라도 읽어주며 뭐라도 해야 하는데, 아무것도 하지 않고 고민만 하며 시간을 흘려보내는 것이 안타깝다.

엄마표 영어환경이 처음부터 완벽하게 척척 만들어진다고 생각하는 것이 오히려 욕심이다. 일단 행동하고 그때그때 수정해나가면 된다.

더 안타까운 것은 학원도 보내고 영어책도 사주고 이것저것 해주면서도 소용없는 짓을 하고 있다고 생각하는 것이다. 해준다고 해줬는데 원하는 결과가 빨리 나오지 않으면 불안할 수도 있다. 하지만 그럴수록 책을 읽거나 성공사례들을 찾아보면서 불안의 반대인 '확신' 찾기를 해야 한다.

'엄마표 영어환경 만들기'를 시작한 엄마의 사례

둘째가 초등 1학년 입학과 동시에 영어학원에 다니기 시작했어요(현재 초등 2학년). 영어학원에서 2시간씩 있다 오니 놀 시간이 많이 부족했지만, 영어가 중요하다는 생각에 아이를 어르고 달래서 일주일 전까지 학원을 다니게 했어요. 그러다가 문득 지금 안 놀면 언제 놀까 하는 생각이 들었어요. 첫째는 3학년까지 신나게 놀았는데, 둘째가 여자아이고 좀 빠르다는 생각과 제 욕심 때문에 그냥 막 밀어붙인 것 같아요.

온갖 고민 끝에 일주일 전 과감히 학원을 그만두고 엄마표 영어를 시작했어요. 주변에 다 학원을 보내는데 혼자 영어책 읽기와 영어 DVD를 보고만 있으니 걱정도 돼요. 아이도 걱정되는지 "엄마, 나 이렇게만 영어해도 돼? 나 레벨 떨어지면 어쩌지? 그냥 학원 다닐까?" 이러네요. 그래도 엄마표 영어를 시작한 건 정말 잘한 일이겠죠? 응원 부탁드려요.

때론 엄마표 영어환경 만들기를 실천하고 있는 엄마들이 실천하지 않는 엄마들보다 더 불안해하고 걱정한다. 이 사례는 아이가 스트레스 받지 않도록 영어학원을 과감하게 그만둔 엄마의 경우다. 주변에 영어학원을 보내지 않는 집이 없으니 더 불안했을 것이다. 그런 와중에 내린 그녀의 결단에 힘을 실어주고 싶었다. 만약 이분이 도중에 그만두더라도 아이와 영어책 읽기 했던 추억은 남을 테니 결코 헛된 시간은 아닐 것이다. 어디에 초점을 둘지는 엄마의 몫이다. '아이가 영어를 정말 잘하게 될까?' 하는 걱정과 의심에 초점을 둘지, '내 아이는 영어를 정말 잘하게 될 거야!'라는 믿음과 신뢰에 초점을 둘지를 선택해야 한다.

엄마표 영어환경 만들기를 성공하고 싶다면 성공에 초점을 맞추는 것이 좋다. 엄마가 성공한다고 믿으면 아이는 정말 성공하게 된다. 지금 당장 내 아이가 영어에 자유로워진 모습에 초점을 맞춰보자. 이미 그렇게 된 것처럼 반드시 그렇게 될 것처럼 말이다. 구체적으로 강하게 그리고 자주 생각하면 더욱 실현 가능성이 높아진다. 흐뭇한 미소가 지어지지 않는가?

아이의 미래를 꿈꾸니 현실이 됐다

《꿈꾸는 다락방》(이지성 저, 차이정원)에는 성공한 사람들이 자신의 목표를 이뤄내기 위해 그 꿈을 얼마나 생생하게 느끼고 열망했는지에 대한 이야기가 나온다. 나는 내 아이의 영어를 그렇게 생각했다. 물론 불안과 의심이 몰려올 때도 있었지만 큰 흐름 속에서 절대 흔들리지 않았던 단 한 가지는 '내 아이의 밝은 미래에 대한 꿈'이었다.

> 예준이랑 도서관에 나란히 앉아서 책을 볼 거야!
> 예준이에게 영어는 껌이 될 거야!
> 예준이가 3학년이 됐을 땐 영어소설을 편하게 보게 될 거야!
> 예준이는 원어민과 자유롭게 대화할 거야!

꿈이라고 하니 너무 거창해 보이는가? 그래도 속는 셈 치고 한번 상상해보자. 5년 뒤에 내 아이는 어떤 모습이고, 5년 뒤에 엄마인 나는 어떤 모습일지 말이다.

그러고 나서 조금 더 구체적으로 상상해 종이에 적어보자. '좋은 집에서 살고 있다' 대신에 '○○지역에 있는 방 ○개, 화장실 ○개가 있는 ○○○아파트에 살고 있다'라고 적으면 훨씬 생생해진다. 《해리 포터 Harry Potter》 1권을 술술 읽는 예준이, 독해문제집을 쉽게 푸는 예준이, 극장 앞에서 외국인이 묻는 질문에 당황하지 않고 대답하는 예준이처럼 적어보자.

5년 뒤 아이의 모습(구체적으로) :

5년 뒤 나의 모습(구체적으로) :

종이에 적어서 잘 보이는 곳에 붙이거나 지갑에 가지고 다녀도 좋다. 내 아이는 영어를 잘하게 될 것이라고 믿어라. 믿는 대로 말한 대로 된다.

"내 아이를 위한 '엄마표 영어환경 만들기'는 순조로울 것이다!"

그러면 정말 신기하게도 내가 꿈꾸는 모습이 이루어지는 데 필요한 것들만 눈에 쏙쏙 들어온다. 자신이 원하고 생각하는 것이 더 많이 눈에 띄는 경험을 누구나 해봤을 것이다. 주변 사람들은 나에게 이런 말을 자주 한다.

"아니 그런 정보는 어디서 그렇게 나와요?"

나는 영어 중고서점 소식과 영어세미나 소식에 발 빠르다. 선배맘들의 성공사례도 발 빠르게 많이 접했고, 영어독서지도사 자격증을 무료로 취득할 수 있는 방법도 쉽게 알아냈다. 집주변에 영어도서관이 있다는 것도 알고 있고, 영어책 서포터즈 모집글도 놓치지 않는 편이다. 이런 소식들이 유독 잘 보이는 이유는 바로 나의 꿈을 구체적으로 간절하게 원했기 때문이다.

"예준이는 중학생이 되기 전에 영어소설을 편하게 읽게 된다."

"영어가 세상 편한 아이다!"

이런 생각을 끊임없이 하다 보니 영어 관련 소식이 계속 눈에 들어왔고, 좋은 기회를 놓치지 않을 수 있었다.

세상 모든 아이가 경쟁자라 할지라도

어떤 이는 나에게 말할 것이다.

"이 세상의 모든 아이가 당신 아이의 경쟁자가 될 건데요. 그렇게 효과 좋은 방법이라면 당신만 알고 있지, 왜 이렇게 책까지 내면서 알리려고 하는 거죠?"

물론 그렇게 생각할 수도 있다.

아이가 초등학교 2학년 때 지인과 차를 타고 남한산성 계곡에 놀러간 적이 있다. 너무 좋은 곳이라 정확한 위치와 함께 찍었던 사진과 내용들을 블로그에 올렸다. 그런데 내가 글을 올리자 장소를 비밀로 해달라는 지인의 요청이 왔다. 자신이 찾은 명당을 모르는 사람들과 공유하고 싶지 않다는 이유에서다. 장소가 유명해지면 사람이 북적이게 돼 싫다고 했다. 나와는 생각이 달랐지만, 그분의 입장에선 충분히 그럴 수도 있을 것 같았다. 그래서 미안하다고 말하고 글을 수정했다.

어느 쪽이 옳다고 판단할 수 있는 문제가 아니라 개인의 성향과 개인의 선택일 뿐이다. 좋은 건 측근들에게만 알리고 싶은 사람도 있고, 두루두루 주변에 퍼트리고 싶은 사람도 있는 것이다. 나는 후자다. 좋은 것일수록 나만 알고 있기 아깝기 때문에 더 많은 사람에게 알리고 싶은 사람일 뿐이다. 그래서 엄마표 영어환경 만들기의 장점을 계속해서 알리고 싶다.

사실 나도 처음엔 정말 성공할 수 있을지 의심스러웠다. 하지만 지금은 100퍼센트 확신한다. 나에게 억만금이 있더라도 엄마표 영어를 할 거라고 당당히 말할 수 있다. 내가 고생을 해봐서 다른 사람은 그 고생을 조금이라도 덜 했으면 하는 마음이다.

여전히 엄마표 영어환경 만들기로 아이가 영어를 잘할 수 있을지 의심이 드는가? 영화 〈해어화〉의 마지막 대사다.

"그때는 왜 몰랐을까요. 그렇게 좋은걸."

시간이 많이 지나서야 깨닫게 되는 일이 없길 바란다. 너무 오래도록 의심하진 말았으면 한다.

틀림없이
성공하는 비결이 있다

성공 비결 1 - 어차피 장기전이다

엄마표 영어환경 만들기의 승부는 '장기전'이라는 걸 받아들이는 데 있다. '영어에 대한 두려움 없이 외국인과 자유롭게 의사소통하는 것'을 최종 목표로 잡았다면 언어의 특성상 당장 실현되지 않는다는 걸 당연히 생각해야 한다.

어떤 부모는 "영어를 시작한 지 2년이 지났는데도 영어실력이 그대로인 것 같아요"라고 말한다. 2년이라고 하면 굉장히 오랜 시간 영어공부를 한 것 같지만 막상 시간으로 따져보면 그렇지 않다. 아이가 일주일에 1시간씩 영어를 배운다고 가정했을 때 2년이면 96시간을 배우는 것이다. 엄밀히 따지면 이것은 4일 동안 노출해준 것뿐이다. 아이가 몇 살 때 영어를 시작했고 지금 내 아이는 몇 살인지가 중요한 것이 아니라 매일매일 꾸준히 영어환경에 있었는지가 더 중요하다. 일반적으로 생각하는 '매일 3시간 영어 노출'은 장기적으로 유지하기 힘들 수 있다. 가는 길에 아이도 엄마도 금세 지쳐버릴 것이다. 한국어는 아이가 이해를 하든 못하든 꾸준히 노출돼 결국 이해하게 되듯이, 영어도 이해할 날이 반드시 올 거라 생각하면서 장거리 달리기를 해야 한다. 아이에게 하루 이틀 반짝 해줄 수 있는 것이 아니라 오랜 기간 해줄 수 있는 것이어야 한다. 내 체력과 여건이 되는 한에서 무엇을 할 수 있고 무엇을 할 수 없는지 조절해 가며 해준다. 마음속으로 '영어는 어차피 오래 걸린다. 내 아이의 영어도 오래 걸릴 것이다'라고 생각하자. 그렇게 마음먹는 것만으로도 반은 성공이다.

성공 비결 2 - 하루 10분이라도 매일 하는 것이 당연하다

다음 성공요소는 '매일 해야 한다'는 것이다. 엄마도 엄마지만 아이에게 무언가를 매일 하도록 이끈다는 것은 쉽지 않다. 하지만 매일 밥 먹기, 매일 이 닦기처럼 하다 보면 습관이 돼서 별다른 힘을 들이지 않아도 저절로 굴러간다. 습관만 잡히면 나중에는 엄마가 해줄 일이 거의 없다. 매일 영어에 노출되는 일이 굉장히 쉬워진다. 아니 영어책 읽기가 너무 당연해진다.

어느 날, 집중듣기를 깜빡하고 잠자리에 누운 적이 있었다. 밥을 안 먹으면 허전하듯이 뭔가 빼먹은 느낌이 들었다. 다시 일어나고 불을 켜자니 겨우 잡힌 잠잘 분위기가 망가질 것 같았다. 그래서 핸드폰으로 리틀팍스 앱을 열고 불빛이 새어나오지 않게 뒤집어놓고 틀어줬다. 아이들은 영어동화를 들으면서 잤다. 당연해지면 뭔가 빼먹은 느낌이 든다. 안 하면 찜찜하다. 그러면 그때그때 상황에 맞춰서 채우게 된다.

아이에게 영어에 노출되는 것은 당연하다고 말하자. 학교에 매일 가듯이 영어책도 매일 봐야 하는 거라고 말해주자. 아이가 싫다고 거부할 수 있다. 이때는 "영어단어 보드게임이나 하자", "그럼 2쪽만 읽자", "DVD만 볼까?"라고 다른 쉬운 방법을 제안하자. 매일 영어환경을 만들어준다는 큰 틀을 놓치지 않고 그때그때 방법만 다르게 하면 되는 것이다. '어쨌든 하루 10분이라도 매일 하긴 해야 하는 거구나'라고 당연하게 생각하도록 해주면 된다.

성공 비결 3 - 영어책이 기본임을 잊지 말자

"초능력을 얻을 수 있다면 어떤 힘을 원하시나요?"

"초고속으로 책을 읽고 싶어요(Read books super fast)."

보통사람보다 독서량이 5배 많은 세계적인 자본가 워렌 버핏Warren Buffett, 그보다 책 읽는 속도가 3배나 빠른 빌 게이츠Bill Gates 가 한 대답이다. 그는 부를 축적하는 방법도 알고, 성공하는 방법도 알고, 자신이 하고 싶은 일로 원하는 것을 얻는 방법도 알고 있는 사람이다. 그런 그가 원하는 초능력이 책을 많이 보기 위해 빨리 읽는 것이라니, 독서가 얼마나 중요한 건지 알 수 있다.

살면서 제대로 된 멘토 한 명만 만나도 성공이라고 할 정도로 멘토의 역할은 크다. 이런 훌륭한 멘토를 지금 당장 만날 수 있는 방법은 무엇일까? 바로 책이다. 엄마표 영어환경 만들기에서 가장 중요한 것이 책 읽기인 이유다.

앞에서 말한 성공요소의 핵심을 다시 한 번 떠올려보자. '장기전이라 생각하고 매일 영어환경 만들어주기'다. 여기에서 '매일'이라는 말이 정말 중요한데 꾸준한 독서습관을 매일 유지해야 한다. 한글책, 영어책 구분 없이 책 읽는 것이 일상이 되도록 해주는 것, 즉 '영어책 읽는 습관'이 중요하다.

엄마표 영어환경 만들기는 영어책을 기본으로 매일 영어환경을 만들어주는 것이기 때문에, 시간이 지나면서 결국 영어책 읽기가 자연스러워지고 더불어 독서습관까지 잡히는 효과가 있다. 독서습관이 완성된 뒤에야 영어책 읽기를 시작할 수 있는 것이 아니라 영어책 읽기를 매일 하다 보면 독서습관까지도 잡힌다. 엄마표 영어환경 만들기의 전체적인 과정들로 인해 결국 영어실력, 독서, 꾸준한 습관을 얻게 되는 것이다.

성공 비결 4 - 낯선 소리 ➡ 친근한 소리 ➡ 의미 있는 소리 만들기

영어책 읽기가 습관이 돼 편해지려면 어떤 과정이 필요할까? 처음엔 책이라는 물건 자체와 친해지는 과정이 필요하고 결국엔 책 속의 내용을 받아들이는 '진정한 책 읽기'가 되어야 한다.

일단 영어책 독서습관은 '소리'와 함께 가야 한다. 영어는 언어이기 때문에 눈으로 읽기만 하는 것이 아니다. 영어소리를 친근한 소리로 만들어주고 한 단계 더 나아가 그 소리가 뜻하는 바도 함께 알아가야 한다. 이 때 영어소리가 낯설지 않도록 매일 영어책과 함께 영어소리를 들려주면 된다. 흘려듣기를 비롯해서 다양한 방법으로 영어소리를 들려줘 낯선 소리를 친근한 소리로 만들어주는 것이다.

그리고 영어소리의 뜻도 알아가야 하는데, 이때 '집중듣기' 방법이 효과적이다. 그래서 이 책에는 엄마표 영어환경 만들기의 초기·중기·후기 큰 틀 제시와 함께 각 시기별 집중듣기 방법을 자세히 소개했다.

성공 비결 5 - 내 아이 맞춤형으로 비중 잡기

엄마표 영어환경 만들기를 하다 보면 영어 CD 틀어주기와 영어책 읽어 주기로 귀도 트여줘야겠고, 영어놀이나 영상물로 재미도 줘야겠고, 영어 책 읽기와 집중듣기로 읽기능력과 독서의 재미도 키워줘야겠고, 시사적 인 영자신문 읽기도 해줘야겠다는 생각이 든다. 그뿐인가. 독해문제집도 풀려야겠고, 영어일기 쓰기, 문법도 짚어줘야겠다는 생각이 들고, 학교 교과영어도 신경 써야겠고, 말하기(회화)를 위해 화상영어나 어학원도 보 내야 될 것만 같다.

하지만 이 모든 것이 정말 가능할까? 아이가 24시간 내내 영어만 할 것 도 아닌데 이것이 가능할까? 결국은 비중이 중요하다. 집안 대청소는 주 1회만 하고, 설거지는 한꺼번에 몰아서 할 때도 있고, 건강을 생각해 장 보기와 식사준비에 신경 쓰지만 정말 상황이 여의치 않을 땐 시켜먹기도 하는 식으로 말이다. 하지만 엄마 역할을 아예 안 할 수는 없다. 영어도 마찬가지다. 그날그날 상황에 따라서 방법을 달리 가고 힘을 줘야 하는 곳과 빼야 하는 곳을 적절히 분배해야 한다.

큰 뼈대에서 제일 큰 비중을 둘 부분은 영어책 읽기다. 엄마가 읽어주 기, 그림만 눈으로 보기, 큰소리로 음독하기, 한 문장씩 따라 읽기, CD로 집중듣기 등 상황에 따라 방법은 다르더라도 매일 영어책을 볼 수 있도록 해줘야 한다. 놀고 놀다 심심해서 책을 잡을 수 있도록, 재미있는 한글책을 보고 나서 영어책까지 볼 수 있도록 시간을 확보해줘야 한다. 하루에 책은 30분, DVD는 1시간, 이렇게 정하지 말자. 정할 필요도 없고 그렇게 할 수도 없다.

어떤 날은 DVD보다 책을 더 많이 보기도, 어떤 날은 CD를 틀어놓고 춤추다가 그 동요가사가 적힌 책을 보기도 하고, 어떤 날은 같이 엎드려서 떠듬떠듬 읽어보기도 하고, 어떤 날은 영어단어를 오리고 붙이기도 하면 된다. 하루 10분이라도 '매일'이라는 큰 기준만 흔들리지 말고 비중은 상황에 맞게 유연하게 가야 한다. 상황에 따라 영어책, 영어소리와 친해지게 해주면 된다.

MOM's TIP 성공 비결 5가지 실천하기

성공 비결 1 어차피 장기전임을 잊지 말자.
성공 비결 2 하루 10분이라도 매일 하는 것이 당연하다.
성공 비결 3 영어책이 기본임을 잊지 말자.
성공 비결 4 낯선 소리 → 친근한 소리 → 의미 있는 소리를 만들어 나가자.
성공 비결 5 내 아이 맞춤형으로 비중을 잡자.

실패하는 요인만
피해가면 된다

실패 요인 1 - 목표를 잊어버린다

목표를 잊으면 주객전도主客顚倒가 된다. 영어실력'만' 늘리면 된다고 생각하는 부모는 없을 것이다. 영어실력만 늘리려다 아이와의 관계, 아이의 인성 등 중요한 것을 놓치게 된다면 이것이야말로 주객전도다.

나 역시 목표를 잊고 방황한 적이 많았다. 내 최종 목표는 '아이가 영어에 자신감 있고 영어소설도 혼자서 편하게 보는 것'이었다. 그걸 위해 작은 목표, 즉 영어책과 친해지기, 알파벳 음가 익히기, 리더스북 읽기, 챕터북 읽기 등을 해야 했다. 그런데 막상 실천하다 보니 큰 목표보다 작은 목표만 생각하게 된 것이다.

예준이가 알파벳 음가를 익히고 단어들을 읽어나갈 때였다. 시간이 지나면서 아이가 읽을 줄 아는 글자들이 많아졌다. 그게 신기하고 뿌듯해서 '영어소설을 혼자서 편하게 보는 것'이라는 큰 목표를 잊고 계속 파닉스만 익히게 했다. 이미 아는 파닉스 규칙인데도 교재를 처음부터 끝까지 해야 한다고만 생각했던 것이다. 떠듬떠듬이라도 영어책에 나온 문장을 혼자서 읽어보게 해야 하는데 눈앞의 것만 생각했다.

장기적, 매일 영어 노출, 독서습관이라는 최종 목표에 초점을 맞추면 영어실력은 따라온다. 습관이 잡히기 전까지는 일상에 치여 잊게 되는 경우가 많다. 내가 사용한 방법을 써서라도 최종 목표를 꼭 기억하자.

- 시계, 거울, 스마트폰 등 자주 보는 곳에 "예준이에게 영어는 껌이다"라는 문구, 도서관 사진, 영어책 사진, 아이들 책 보는 사진 붙이기
- 온라인 카페, 블로그와 같이 공개된 공간에 최종 목표 알리기
- 많은 육아서를 집안 곳곳에 두고 수시로 읽기

실패 요인 2 – 당장의 효과를 바란다

'오늘부터 엄마표 영어 시작이야!'라고 마음먹고 유명한 영어전집을 사서 아이에게 보여줬는데 아이가 전혀 관심을 보이지 않는 경우가 있다. 그러면 '역시 집에서 영어를 하는 건 무리야. 전문가에게 맡겨야지. 내가 뭘 하겠어'라는 생각이 들 수도 있다. 하지만 이것이 과정이라고 생각하면 얘기는 달라진다. '대박으로 홈런 칠 영어책을 만나기 위해 당연히 거쳐야 하는 과정이야'라고 생각해보자. 아이가 지금 당장 보지 않는다고 해서 바로 되판다면 아이 입장에선 매번 낯선 책들을 만났다 헤어지는 과정을 반복할 뿐이다.

많은 부모들이 당장의 효과를 바라기 때문에 한 가지 방법을 쭉 이어가

지 못하고 다른 방법을 찾는다. 나도 경제적 여유가 있었다면 영어과외, 해외연수, 어학원 등 다른 시도를 해봤을 것이고, 엄마표 영어환경 만들기를 꾸준히 이어가지 못했을지도 모른다. 하지만 돌고 돌아서 결국 다시 엄마표로 돌아왔을 것이다.

당장 효과를 주는 책, 당장 효과가 나타나는 영어는 없다. 꾸준히 매일 영어를 노출시켜주는 방법밖에 없다. 오늘 당장 보지 않는다는 이유로 절망하기엔 아이의 인생도 엄마의 인생도 길다.

실패 요인 3 - 거창해서 꾸준히 진행하지 못한다

성공요소의 핵심은 '매일'이다. 매일이 가능한 일에는 어떤 것이 있을까? 에베레스트 등반? 유럽여행? 또는 목욕탕 가기, 헤어샵 가기, 장보기, 대청소하기를 하루에 모두 할 수 있을까? 설사 할 수 있다고 해도 그것을 일주일 내내 또는 한 달 내내 할 수는 없을 것이다. 어떤 일이 매일 가능할까? 아주 작은 일이어야 한다. 거창하면 하루 이틀은 할 수 있을지 몰라도 한 달, 1년을 유지하긴 힘들다. 여기에 완벽해야 다른 일로 넘어갈 수 있다고 생각한다면 무조건 실패다.

엄마표 영어환경 만들기도 마찬가지다. 오늘 읽은 책에서 모르는 영어 단어가 하나도 없어야지만 넘어갈 텐가. 아이가 할 수 있고 엄마가 해줄 수 있는 최소한의 것으로 진행해야 한다. 그래서 나는 하루 3시간 영어 노출을 반대한다. 아니 말이 안 된다고 생각한다. 하루, 이틀, 일주일은 한다고 해도 어떻게 1년, 2년, 3년을 해준단 말인가. 영어책 읽기는 30분만 하고 나머지 2시간 30분을 영어 DVD로 채운다는 말에도 반대다. 아이들 시력보다 영어가 중요치 않을뿐더러 차라리 그 시간에 나가서 자전거를 타게 하고 한글책 읽는 시간을 주겠다.

거창하지 않게 하루 10분이면 어떨까? 이 말은 반드시 10분이라는 뜻이 아니다. 그냥 꾸준히 한다는 의미로 10분이라고 생각하자는 뜻이다. 5분만 해도 된다. 그런데 신기한 것은 10분만 하자고 생각하면, 15분이 되는 날도 있고 30분이 되는 날도 있다는 것이다. 여기서 중요한 것은 시간이 아니다. '매일'이 유지되도록 해야 한다는 것이다.

영어책 한 권을 읽어도 되고, 영어동요 한 곡을 따라 불러도 되고, 한 챕터만 집중듣기 해도 된다. 아이 컨디션에 따라서 매일 할 수 있는 것들로 채워주자. 아무리 직장맘이라도 매일 5~10분은 아이를 위해 시간을 낼 수 있을 것이다. 하루 10분만 영어환경을 만들어준다는 마음으로 해보자.

작은 물방울이 바위를 뚫듯 하루하루가 쌓이면 못 해낼 것이 없다. 가랑비에 옷 젖듯 계속 이어나가는 습관만 잡으면 된다. 나는 매일의 힘을 믿는다. 작은 것들이 쌓였을 때 나타나는 변화들을 보면 확신이 선다. 거창하면 매일할 수 없다.

실패 요인 4 - 비교하고 불안해한다

초등학생이 되자 예준이 친구 중에 **랜드와 **영어를 다니는 친구들이 많아졌다. 한 번 가면 2~3시간 있다가 오고, 학교숙제 후에는 학원숙제도 하느라 새벽에 잠드는 경우도 많다고 했다. 이 말을 들으니 '아니 그렇게 많은 시간 영어를 한다고?'라는 생각에 갑자기 불안해졌다.

또 다른 경우도 있다. 예준이가 초등학교 1학년 때 독서습관이 잘 잡힌 여자아이와 같은 반이 됐다. 집이 가까워서 자주 마주쳤는데 어느 날 ✱✱ 팍스 어학원 차에 타는 모습을 봤다. 독서습관도 잘 잡혀 있는 아이가 유명 어학원에도 간다고 하니 갑자기 예준이의 모습이 떠올랐다. 불안해하면서 나도 모르게 비교하고 있었던 것이다.

엄마표 영어환경 만들기를 27개월 때부터 해오던 나조차도 눈에 보이는 주변환경에 흔들렸다. 물론 엄마표 영어환경 만들기를 해주고 있다고 해서, 사교육을 아예 시키지 않아야 되고 엄마표만 옳다고 말할 순 없다. 하지만 시간이 지나고 보니 깨닫게 되는 것이 있었다. 이런 마음이 드는 것은 당연한 거였다. 그리고 예준이의 성장을 눈으로 확인한 지금은 당당히 말할 수 있다.

"학원은 보내고 싶으시면 보내세요. 학원을 좋아하는 아이도 있어요. 하지만 학원을 보내는 것으로 끝내지 말고 학원에서 어떤 것을 배웠는지 관심을 놓치지 말아야 해요."

덧붙여 말하고 싶다.

"다만 영어책 읽기의 끈은 놓치지 마세요. 하루 한 권이라도 읽게 해주세요."

비교할 수도 있고 불안할 수도 있지만, 그 마음을 계속 갖고 있지는 말자. 그 마음을 오래 갖고 있을수록 엄마의 중심이 무너지고 엄마표 영어환경 만들기는 실패한다는 것을 기억하자.

실패 요인 5 - 시행착오를 실패로 여기고 멈춘다

중학교 동창 중에 외국에서 살다 온 친구도 있고, 외국인과 일하는 친구도 있어서 예준이가 《매직 트리 하우스Magic Tree House》읽는 동영상을 보여준 적이 있다. 그런데 친구들의 반응은 "필리핀 사람 발음 같다"였다. 나는 그 말에 휘청했다. 그때까지 원어민 발음 CD를 듣고 따라 말하기를 하면서 단 한 번도 발음지적을 들은 적이 없었기 때문이다.

원어민이 있는 어학원에 보냈어야 하나? 내가 제대로 하고 있는 건지 걱정됐다. 그래서 상황을 다시 짚어보니, 예준이가 학교에서 교과영어가 시작된 이후에 일부러 들리는 대로 발음하지 않았다는 것을 알게 됐다. 교실에서 혼자 그러면 튀어보여서 안 했던 것이다. 음의 상대적인 높이 변화로 꿀렁거리는 인토네이션intonation 이나 굴리는 발음을 자연스럽게 받아들였던 예준이가 크면서부터 어느 순간 느끼하고 웃기다고 생각했던 것이다. 예준이와 깊은 대화를 나누었고, 제대로 발음하는 것이 더 부끄럽지 않은 행동이라고 아이 스스로 생각이 전환되면서 시행착오를 바로 잡을 수 있었다.

지금도 예준이는 진행 중이다. 물론 앞으로도 책 선택과 다양한 방법에서 시행착오를 겪게 될 것이다. 하지만 그것을 실패로 생각하고 멈추지 않을 것이며 수시로 수정해 나갈 것이다.

진짜 실패는 멈추는 것이다. 시행착오는 실패가 아니라 당연한 과정이다. 시간이 지나면 시행착오로 인해 얻는 것이 더 많았음을 알 수 있다. 그것을 깨닫기도 전에 멈추기 때문에 실패하는 것이다. 멈추지 말자.

실패 요인 1 목표를 잊어버린다. → 내 아이의 최종 목표를 항상 기억하자.

실패 요인 2 당장의 효과를 바란다. → 장기적인 성과를 기대하자.

실패 요인 3 거창한 계획을 세운다. → 하루 10분이라도 매일 할 수 있는 쉬운 걸 하자.

실패 요인 4 비교하고 불안해한다. → 내 아이만의 속도를 지키자.

실패 요인 5 시행착오를 실패로 생각한다. → 실패를 당연히 받아들이고 멈추지 말자.

우리 아이도 잘할 수 있을까요?

 엄마 **"결정적 시기를 놓친 것 같아요"**

언어학자들은 아이들이 무엇이든지 스펀지 같이 빨아들이는 5세까지를 결정적 시기라고 말하고, 교육학자들은 7세까지를 결정적 시기로 말하기도 한다. 아이가 초등학교 3학년이 되어 영어교과가 시작되면 엄마표 영어환경 만들기를 접한 부모들이 늘어난다. 그러면 "어릴 때부터 해주지 않아서 결정적 시기를 놓쳤는데, 너무 늦은 건 아닌가요?"라고 불안해한다. 이렇게 묻는 엄마들은 "결정적 시기는 중요하지 않아요. 지금부터 시작해도 됩니다"라는 말이 듣고 싶은 것이 아닐까? 하지만 영어가 언어인 이상 결정적 시기가 별거 아니라고 말할 수는 없다. 솔직히 말해, 결정적 시기를 놓친 것은 분명 아깝다고 말하고 싶다.

다행인 것은 결정적 시기가 이미 지나긴 했지만 결코 늦진 않았다는 것이다. 결정적 시기를 놓쳤으니 내 아이의 영어를 포기할 것인가? 대충해줄 것인가? 분명 아닐 것이다. 그렇다면 불안한 마음을 건드리는 결정적 시기에 대한 내용은 과감히 무시하고 내 아이에게 집중하는 것이 더 효과적이다. 게다가 초등 고학년들이 갖고 있는 모국어 배경지식과 어휘력,

표현력들은 어릴 때부터 영어를 시작한 친구들을 앞지를 수 있는 요소가 된다.

중요한 것은 '포기할 것인가', '더 늦기 전에 시작할 것인가', '내가 결정적 시기를 만들어갈 것인가'에 대한 선택뿐이다. 속상해한다고 달라지는 것은 없다.

초등 5학년인 예준이를 바라보면서 '지금 예준이가 알파벳도 모른다면?'이라고 상상해봤다. '12살? 아직 20살도 안 됐잖아? 30살도 안 됐잖아? 내 아이 인생은 길잖아!' 그리고는 영어 그림책 읽어주기와 알파벳 음가 익히기부터 시작해줄 것이다.

 엄마 **"몇 세부터 영어를 시작하면 좋을까요?"**

본격적인 영어 시작 시기를 굳이 말하자면, 우뇌에서 좌뇌로 넘어가며 문자 개념이 확립되는 5세 이후부터 가능할 것이다. 여기에 쓰기까지 포함된 학습적인 영어로 말하자면 초등 저학년부터 가능할 것이다. 하지만 "아이가 다른 언어를 배우는 시기는 정해져 있다"고 말하기에는 의견이 분분하다.

그리고 아무리 엄마만의 명확한 기준이 있다고 해도 학교에서 정식으로 영어를 배우는 3학년이 되면 불안해지는 것이 사실이다. 그때가 되면 부모들의 마음이 조급해지기 때문에 영어를 학습으로 들이밀 확률이 높다. 아이가 잘 받아들인다면 문제가 없지만 갑작스러운 영어학습에 거부감을 나타낼 수 있기 때문에, 어릴 때부터 영어책과 영어소리를 접할 수 있게 해주는 것이 좋다. 이것은 주입식 조기 영어학습을 말하는 것이 아니다. 바로 영어환경을 만들어주라는 것이다. 영어를 학습으로 받아들이지 않고 자연스럽게 접하는 환경을 만들어주는 것이라면 태교 때부터 시작해도 상관없다.

하지만 5세 이후부터 시작하든, 저학년부터 시작하든, 영어소리의 낯선 느낌을 없애주는 시간이 꼭 필요하다. 만약 이 시기를 놓쳤다면 늦었다고 생각하지 말고 지금 바로 시작하길 권한다. 중요한 것은 "언제 시작했는가"가 아니라 "어떻게 계속 유지시키는가"임을 기억하자.

 엄마 **"형제, 자매는 엄마표 영어가 더 힘들 것 같아요"**

한 아이에게 집중할 시간이 나눠지고 방식이 달라진다는 면에서는 언뜻 그런 생각이 들 수도 있다. 나 역시 둘째 민준이에게는 첫째 예준이에게 했던 방식을 그대로 적용할래야 할 수가 없었다. 세심한 예준이와 달리 민준이는 자유로운 영혼이기 때문이다. 그래서 첫째는 첫째에게 맞는 방식으로, 둘째는 둘째에게 맞는 방식으로 하며 각자의 성향에 맞춰 줄 수밖에 없었다. 형이 어릴 때 잘 보던 책을 동생에게 권하면 안 보는 경우가 더 많았고, 형이 집중듣기를 하는 동안 동생이 시끄럽게 할 때도 있었다. 반대로 동생이랑 알파벳 미니북 만들기를 하고 있으면, 이번엔 형이 하던 학교숙제도 팽개치고 끼고 싶어 했다.

그런데 이것은 꼭 '엄마표 영어환경 만들기'를 해줬기 때문에 일어나는 일로만 볼 수는 없다. 어차피 영어환경 만들기를 하든 안 하든 형제, 자매가 있는 집은 나름의 힘든 일이 발생하기 때문에, 관점을 조금만 바꾸면 어떤 면에서는 영어환경 만들기에 더 좋을 수도 있다.

나는 예준이의 영어책 따라 읽기 시간을 잠자기 전으로 잡았다. 자기 직전에 듣는 형의 영어책 낭독소리는 동생에게 자장가가 됐다. 그리고 겁 없는 동생의 막무가내식 영어 아웃풋이 오히려 형에게 자신감을 심어준 일도 있다. 형인 예준이는 조심성이 많은 기질을 갖고 있다. 그러다 보니 영어소리도 속에 꼭꼭 눌러 담았다가 어느 정도 완벽하게 할 수 있을 때만 내뱉었다. 그런 예준이에게 동생의 막무가내식 아웃풋은 실수해도 아무 일도 일어나지 않는다는 것을 알게 해주는 계기가 됐다. 자기보다 못하는 동생도 저렇게 말을 술술 뱉어내는데 자기라고 못할 이유가 없었던 것이다. 아이들의 영어책 레벨이 잘 올라가지 않는 이유 중 하나는 쉽고 만만한 영어 그림책을 충분히 읽히지 않아서인 경우도 있다. 그런데 예준이는 챕터북, 영어소설을 읽을 때도 동생 덕분에 영어 그림책《까이유Caillou》《닥터수스Dr. Seuss》《노부영(노래로 부르는 영어동화)》책들을 계속 봤다. 자연스럽게 영어책을 넓고 탄탄하게 유선형을 그리면서 읽게 된 것이다.

결국 민준이는 예준이 덕분에, 예준이는 민준이 덕분에 함께 상승하는 효과를 본 것이다. 그러니 이제는 '형제, 자매가 있는 집이라는 점을 장점으로 바꿀 수 있는 방법이 무엇일까?'만 생각하길 바란다. 각각의 아이가 관심을 가지고 즐거워하는 것 중 공통되게 해줄 수 있는 부분이 무엇인지에 초점을 맞추면 답이 보일 것이다.

Chapter

2

엄마표 영어환경 만들기_핵심

공통된 흐름만 알면
모든 아이에게
효과적이다

✓ '엄마표 영어환경 만들기'의 큰 틀을 알아보자.

✓ 시기별로 구체적인 내용에 들어가기 전에 큰 틀을 세우고 전체적인 흐름을 읽자.

✓ 초기·중기·후기의 공통된 흐름에서 핵심이 되는 진행방법 두 가지를 기억하자.

✓ 영어의 작은 성공 경험이 꾸준함의 비결임을 잊지 말자.

어떻게 시작해야 할지
막막할 때

처음엔 누구나 막막하고 불안하다

당장 아이에게 영어환경을 만들어주고 싶긴 한데 막상 해주려고 하면 막막할 것이다. 어찌할 바를 모르는 엄마들은 정보를 검색해보지만 책, 교재, 학원 등 넘쳐나는 정보에 답답한 마음만 쌓인다.

학원을 보내야겠다고 마음을 먹은 엄마들은 수많은 학원 정보에 허덕이고, 영어책을 읽어주겠다고 마음먹은 엄마들은 수많은 영어책 종류에 허덕이게 된다. 나 또한 엄마표 영어환경 만들기를 처음 시작할 때 막막함을 경험했다.

예준이가 27개월경 '엄마표 영어'라는 말을 처음 알게 됐다. 그 전엔 어차피 집에서 아이와 놀아주는 거 책놀이와 미술놀이를 해주자고 마음먹었고, 16개월경 한글 유아전집을 사주었다. 책에 토끼가 나오면 토끼노래도 부르고 깡충깡충 흉내도 내면서 물감으로 토끼그림을 그리거나 머리띠에 토끼귀 모양을 붙여주면서 노는 방식이었다. 그렇게 지내다 보니 '굳이 한글책, 영어책 구분할 필요가 있을까?'라는 생각이 들었다. 한글책에 나온 내용으로 놀았듯이 영어책에 나온 color(색깔), animal(동물), season(계절), counting(숫자)로도 놀아줄 수 있겠다 싶었다. 책에 나온 주인공 아이가 red ball을 갖고 노는 장면이 나오면, 책을 읽어주고 빨대에 빨간 색종이를 동그랗게 오려 붙여서 이게 red ball이라며 갖고 놀았다.

그 당시 엄마표 영어에 대한 지식은 거의 없었다. 그냥 영어책 독후활동이 엄마표 영어인 줄로만 알았다. '이미 TV 자극에 노출된 예준이를 어떻게 책으로 이끌까?'만 생각했다. 영어로 말을 걸어줄 수도 없으니 그로 인해 영어를 잘하게 될 거라 기대하지도 않았다. 뚜렷한 목표도 없었다. 단지 이렇게라도 놀아줘야 예준이가 영어책을 좋아하게 될 것 같았다.

하루에 아이에게 흡수되는 영어소리는 지극히 소소했지만, 책을 좋아하게 해주자는 마음이 엄마표 영어환경의 시작이었다. 한글책, 영어책 구분 없이 아이가 탈것을 좋아하면 탈것 책을 사줬다. 아이가 좋아할 책을 찾다 보니 재미난 책을 찾아야 했고, 팝업북 등 영어책들 중에서 재미난 게 많다는 것을 알게 됐다. 쉽고 재미난 유아 영어전집을 고르다가 씽씽영어 카페도 알게 됐고, 아이와 놀아줄 것을 만들려고 보니 코팅기가 필요해서 엄마표 영어교육 카페에 가입했다.

그 당시 카페에 올라온 엄마들의 글을 보면서 신세계를 경험했던 기억이 난다. 이미 엄마표 영어를 실천하고 있는 엄마들의 후기 글들을 보고 받았던 충격은 지금도 생생하다. 2~3세, 많아야 5세밖에 안 된 아이들이 책상에 앉아서 영어책을 보는 사진과 동영상이 주는 충격이란! 아이의 얼굴을 인터넷상에 공개한다는 사실이 첫 번째 충격이었고, 한창 뛰어놀아야 할 아이들이 책상에 앉아 있다는 것도 충격이었다.

'아이고. 애 잡네! 집에서 하는 걸 굳이 블로그에 글을 올려야 하나? 자랑하고 싶은 건가?'
'이렇게 아이 교육에 열을 올릴 거면 블로그에 글 쓸 시간에 책 한 권이라도 더 읽어주고 자녀교육서나 더 읽을 일이지!'

정말 많은 생각이 들었다. 그랬던 내가 엄마표 영어환경 만들기를 선택하게 될지는 전혀 상상도 못했다. 그렇게 접한 엄마표 영어에 대한 관심은 점점 실천으로 옮겨졌고, 어느새 나도 예준이가 책 보는 모습을 찍어 올리는 엄마가 돼 있었다. 그리고 지금은? 첫째 예준이는 10세에 영어소설과 영자신문을 편하게 읽게 됐고, 둘째 민준이는 4세 때 알파벳을 떼더니 5세 때부터 수시로 아웃풋이 나오게 됐다.

시간이 지나고 나니 알게 됐고 확신하게 됐다. 나도 처음부터 알았고 처음부터 확신했던 것이 아니다. 처음엔 누구나 막막하고 불안하다. 똑같은 경험을 했기에 불안한 마음을 다독이고 소중한 시간을 절약해주고 싶다.

이미 시작하고 있는 경우가 많다

유튜브로 영어 영상을 보여주나요?

영어동요 CD를 틀어주나요?

영어 DVD를 보여주나요?

영어책을 읽어주나요?

그리고 지금, 영어 관련 육아서를 읽고 있나요?

이 질문에 "예"라는 대답이 하나라도 나왔다면 이미 시작했다고 할 수 있다. 그러니 유지해주고 단계를 높여주면 된다. 어렵게 생각하지 말자. 엄마들은 이미 본인이 하고 있다는 것을 모르고 있는 경우가 많다. 그 이유는 엄마표 영어환경 만들기의 큰 틀과 공통된 흐름을 알지 못하기 때문이다. 지금이라도 큰 틀을 이해하고 최종 목적지를 정해서 영어환경을 만든다면 긍정적인 효과를 얻을 수 있다.

우리는 목적지를 알고 떠나는 길과 무작정 떠나는 길의 차이를 안다. 아니 목적지를 모르면 떠나지 않는 경우가 더 많다. 전체적인 흐름만 파악한다면 엄마들은 그 '시작'을 할 수 있고, 그것이 '시작'이었다는 것을 확신할 수 있게 된다. 큰 틀이 그려지면 이미 시작했다는 것을 깨닫게 되고 다음 스텝이 예상될 것이다. 이 책을 보여줄지 저 책을 보여줄지 내 아이에게 맞는 버스노선을 정하는 고민들만 이어질 것이다.

엄마표 영어환경 만들기의
공통된 흐름

유연하게 흘러가는 흐름

엄마표 영어환경 만들기의 큰 틀과 공통된 흐름을 파악한 뒤에 내 아이가 어디쯤에 있는지 알아보자. 그리고 멈추지 않으면 된다.

일반적으로 '듣기 → 말하기 → 읽기 → 쓰기'를 언어 발달순서로 알고 있다. 하지만 내 아이를 반드시 이 순서에 맞출 필요는 없다. 아이가 연필로 끄적이는 것을 좋아하거나 종이에 적을 수 있는 나이가 된다면 듣기·말하기가 완성되지 않았어도 쓰면서 읽기 독립이 가능하다. 순서는 중요하지 않다. 영어를 초등학생이 돼서 시작한 아이들에게 영어를 이제 막 시작하니까 듣기와 말하기가 되기 전까지 쓰기를 엄두도 내지 말라고 말할 필요가 있을까?

민준이의 경우도 초등학교에 입학할 때까지 한글을 완벽하게 떼지 못했다. 하지만 쓰면서 한글을 익히기도 했다. 반대로 쓰기활동을 할 수 있는 아이라고 해서 모든 한국말을 듣고 이해할 수 있는 것은 아니다. 하물며 영어는 어떨까? 한국에서 영어듣기의 임계량을 채운다는 것은 힘든 일이다. 듣기가 완성될 때까지 말하기·읽기·쓰기를 미루기엔 한계가 있다. 시기마다 그리고 아이마다 비중은 조금씩 차이가 나겠지만 분명한 것은 4가지를 동시에 할 수도 있다는 것이다. 따라서 엄마표 영어환경 만들기도 꼭 언어발달 순서대로 갈 필요가 없다. 한계를 짓지 말고 그때그때 비중을 달리하면서 상황에 맞게 진행하면 된다.

아이의 상황과 영어 노출 정도에 따라 시기마다 비중을 달리 해줘야 한다. 시기마다 힘을 줄 것엔 힘을 더 주고, 힘을 뺄 것엔 힘을 조금 빼면서 가라는 뜻이다. 예를 들어, 손근육이 덜 발달된 아이에겐 듣기 100과 쓰기 0으로 힘을 주자. 이제 막 영어를 시작한 10세 아이에겐 듣기 50, 읽기 30, 쓰기 20으로 힘을 주자. 영어듣기를 꾸준히 해줘 CD 속도가 너무 답답하다는 아이에겐 읽기 70, 말하기 30으로 힘을 주자. 아이의 나이로 기준을 정하지 말고 상황에 맞게 비중을 바꿔주자.

이것은 듣기·말하기·읽기·쓰기 4가지 중 한 가지에만 집중하느라 나머지 3가지를 빼먹지 말라는 소리다. 물론 초반엔 듣기만 100으로 진행해야 할 때도 있다. 하지만 그렇다고 말하기·읽기·쓰기를 아예 하지 말라는 말은 아니다. 힘을 줄 비중은 상황에 따라 다르게 하면서 매일 하는 것이지, 듣기'만' 읽기'만' 하라는 말은 아니다. 아이가 한글 떼기를 하던 때를 생각해보자. 방법적인 한계를 짓고 굳이 구분할 필요가 없다. 그날그날 가능한 방식으로 한글 떼기를 하면 되고 점층적으로 추가하는 것이 좋다.

기본 듣기 ➜ 말하기 ➜ 읽기 ➜ 쓰기

수정 듣기 ➜ 듣기+말하기 ➜ 듣기+말하기+읽기 ➜ 듣기+말하기+읽기+쓰기

※ 언어학습의 보편적인 흐름으로, 처음부터 듣기+말하기+읽기+쓰기가 되는 아이도 있다.

아이가 파닉스를 배우고 영어책을 떠듬떠듬 읽기 시작하면 엄마들은 계속해서 읽기를 강조한다. 하지만 이때 더 중요한 것은 읽기를 하되 듣기와 말하기도 멈추지 말고 계속해야 한다는 것이다. 특히 듣기는 계속해서 챙겨야 한다. 영어는 듣기·말하기·읽기·쓰기의 종합적인 발전이자 충분한 인풋이 있을 때 아웃풋이 나올 수 있는 '언어'이기 때문이다.

이젠 그 큰 틀과 흐름이 무엇인지 알아보자.

• 엄마표 영어환경 만들기의 큰 흐름 3단계 •

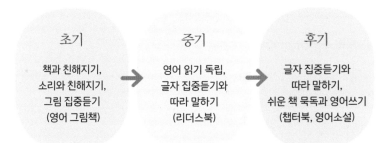

초기	중기	후기
책과 친해지기, 소리와 친해지기, 그림 집중듣기 (영어 그림책)	영어 읽기 독립, 글자 집중듣기와 따라 말하기 (리더스북)	글자 집중듣기와 따라 말하기, 쉬운 책 묵독과 영어쓰기 (챕터북, 영어소설)

초기 **영어책과 친해지기, 영어소리가 낯설지 않게 해주기, 그림 집중듣기**
영어놀이, 쉬운 영어 그림책, 영어 CD 틀어주기, 영어 DVD 보기, 실생활 영어회화

중기 **글자 집중듣기와 따라 말하기, 짧은 문장 읽기부터 읽기 독립**
알파벳 음가, 사이트 워드(빈도 어휘), 리더스북, 간단한 워크북 풀기, 인터넷 활용

후기 **글자 보며 집중듣기와 따라 말하기의 분량 증가, 쉬운 책 묵독, 생각 표현하기**
챕터북, 영어소설, 영자신문, 독해문제집, 영어일기, 영어토론, 영어에세이

영어환경 만드는 3단계 초기·중기·후기

영어환경 만들기 - 초기

초기에는 영어책과 친해지기, 영어소리가 낯설지 않게 해주기, 그림 집 중듣기를 통한 '의미 있는' 영어소리 들려주기를 포인트로 잡고 가면 된다. '엄마표 영어환경 만들기'는 끝까지 영어책 활용이 빠지지 않는다. 따라서 영어책과 친해지게 해주는 것이 제일 중요하다. 책 자체를 거부하는 아이에게 영어책을 읽으라고 할 수 없기 때문이다.

독서습관을 잡아준다고 생각하면 영어책도 책이기 때문에 접근이 쉬워질 것이다. 영어책이라고 해서 거창하게 들이댈 필요가 없다. 한글책, 영어책 구분 없이 아이가 만지고 펼치고 갖고 놀게만 해주자. 책 내용을 보지 않더라도 영어책이라는 물건으로 놀 수 있도록 해주. 책 징검다리, 책 쌓기, 책 터널 등도 좋고 《노부영》에 달린 CD를 틀어놓고 함께 춤을 추는 것도 영어책을 가깝게 해주는 방법이다. 영어책에 강아지가 나오면 강아지 그림을 그리고 놀아도 된다. 이때 영어놀이를 해주는 것은 '영어 책은 재미있는 것'이라고 느끼게 해준다.

이와 함께 영어소리가 낯설지 않도록 해줘야 하는데, 엄마가 쉬운 영어 그림책을 읽어주거나, 영어 CD를 틀어주거나, 영어 DVD를 보여주면 된다. 아이에게 간단한 문장으로 말을 걸어도 좋다. 집안 곳곳에 기본적인 실생활 영어문장을 붙여두고 수시로 아이에게 내뱉는다. 엄마가 보는 것이기 때문에 한글로 적어도 된다. 화장실 입구에 'Wash your hands [워시 유얼 핸즈]'라고 붙여놓고 사용해보자. 거창한 문장일 필요는 없다. 상황에 맞는 영어소리를 들려주면 된다.

일단 초반에는 아이가 영어소리에 담긴 뜻을 이해하든 못하든 신경 쓰지 말고 한국어와 다른 소리에 친숙해지도록 해주는 시기라고 생각하자. 알파벳송이나 영어동요 CD를 틀어주는 등 소리를 들려주는 방식은 아이에게 거부감이 없는 것들로 그때그때 다양하게 해주면 된다.

그렇게 어느 정도의 시간이 흐르면 이제는 여러 물건들 중 하나였던 '책'에 조금 더 의미를 부여해주고, 의미 없는 소리에도 의미를 부여해줘야 한다. '영어책 속의 내용'과 친해질 수 있도록 해주고 영어소리에 '의미가 담겨있다'는 것을 알려준다.

이때 좋은 방법이 '그림 집중듣기'다. 보통 엄마표 영어환경 만들기에서 사용되는 '집중듣기'는 소리에 맞춰 글자를 짚어가는 방식을 말하지만, 이 시기에는 그림 집중듣기를 하는 것이 맞다. 아이가 어릴수록 더 그림 집중듣기가 필요하다. 아이가 초등학생이라면 듣기, 말하기, 읽기, 쓰기를 동시에 시작해도 되지만 역시 제일 집중해야 하는 것은 그림 집중듣기다.

'그림 집중듣기'란 글자를 보면서 하는 집중듣기가 아니라 책에 나오는 그림을 보면서 해당하는 소리를 듣는 방법이다. 영어 그림책의 그림만 보면서 넘기는 것이 과연 효과가 있을지 궁금할 것이다. 이 과정이 앞으로 중기와 후기 단계까지 많은 영향을 끼친다는 사실을 미리 말해두고 싶다. 굉장히 중요하다!

예준이의 그림 집중듣기는 33개월경 시작됐다. 《노부영》, 《이미지 리딩북》, 《씽투게더》등 챈트 리듬이나 멜로디가 가미된 책으로 진행했다. CD 소리에 맞춰서 한 장씩 넘겨줬다. 처음엔 아이가 가만히 앉아서 볼 거란 기대를 버렸다. 몸을 흔들면서 보더라도 그림 집중듣기 시간임을 인식하게 해주는 게 시작이었다. 흘러가는 의미 없는 영어소리가 아니라 의미 있는 소리임을 알게 해주는 데 집중했다.

CD 소리에 맞춰 해당하는 페이지의 그림을 짚어줬다. 한글책을 볼 때처럼 책의 그림으로 대화를 나누기도 하고, 영어단어에 해당하는 그림을 손으로 짚어주기도 하면서 짧고 굵게 끝냈다. 이왕이면 아이가 관심을 보이는 책, 몇 번씩 봤던 익숙한 책으로 진행했다.

그림 집중듣기 = 소리 : 이미지 연결

이때는 '소리 : 이미지 연결'이 중요하다. 예를 들어, small 소리에 맞춰 small 글자가 아니라 작은 곰인형을 짚어주고, big이란 소리에 맞춰 big 글자가 아니라 큰 곰인형을 짚어주는 식이다. [스몰]이란 소리를 들으면 '작은 거~ 조그만 거~'란 의미만 느끼게 하면 된다.

이때의 아이들에겐 이 세상에는 영어라는 말도 있다는 것을 인식하게 해주는 것이 필요하다. 아이들이 '엄마'라는 말이 내 눈앞에 있는 사람을 지칭한다는 것을 알고, '냉장고'라는 말이 음식을 넣어두는 네모난 물건이라는 것을 아는 식으로 지금 들리는 영어소리에도 뜻이 있다는 것을 알게 되는 과정이다. [가방]이라는 소리도 bag[백]이란 소리도 '물건을 넣어 들거나 메고 다닐 수 있게 만든 도구'라는 뜻이 있다는 것을 알게 되는 과정이다. 아이는 [밥 먹자]라는 소리에 부엌으로 이동하는 것이지, [삐까라뿌까]라는 소리를 듣고 부엌으로 이동하는 것이 아니다.

이때는 한 페이지당 하나의 선명한 그림, 하나의 상황이 담긴 영어책이 좋다. 그림만 봐도 뜻이 잘 전달되기 때문이다. 그림 집중듣기를 매일 반복하다 보면, 점점 집중시간이 길어지고, 책의 두께도 두꺼워질 것이다. 이런 그림 집중듣기는 아이들이 영어 DVD를 보면서 깨달아가는 과정과 같다. 움직이는 영상이냐 아니냐의 차이다. 책 페이지는 정지된 화면이고, CD 소리는 화면 소리다.

영어책을 이용한 그림 집중듣기와 함께 영어 DVD 영상을 보며 영어소리를 듣는 것도 좋다. 움직이는 영상만 보고 끝이 아니라 영상과 함께 흘러나오는 소리들이 영상속의 움직임과 관련이 있다는 것을 알게 된다.

예를 들어, 아이가 자동차가 부딪히는 영상을 보면서 '아~ crash[크래쉬]라는 소리는 저렇게 쾅 부딪힌다는 거구나!' 스스로 깨닫게 되는 과정이다. 실제로 영어동화를 보면서 상황에 따른 소리들을 꾸준히 들어온 민준이는 상황에 맞는 말을 잘 내뱉는다. 넘어지면서 "ouch![오우취]"를 외치고, 모기에 물려서 가려운 다리를 긁으며 "itch![이치]"라고 말하고,

모자를 쓰면서 "It's so cold[이츠 소 콜드]"라고 말한다.

영어를 읽지 못하고 말하지 못해도 소리를 듣고 무언가 뜻이 담겨 있다는 것을 알아가는 과정은 정말 중요하다. 따라서 아이가 어려서 집중듣기를 못한다는 생각으로 넘기지 말고, 의미가 있는 소리로 받아들일 수 있도록 그림 집중듣기부터 해주자.

초기에는 영어책이란 물건과 친해지기, 영어소리와 친해지기, 영어소리에 뜻이 담겨 있음을 알게 해주는 걸로 충분하다. 여기서 오해하면 안 되는 것이 있다. '초기'라고 해서 어린 연령대의 아이들에게만 해당된다고 생각하면 안 된다. 이미 아이가 컸다고 해서 이 과정 중 하나라도 그냥 넘겨버리고 바로 '글자'로 넘어가면 절대 안 된다. 기초를 튼튼히 해야 다음 단계가 수월해진다는 점을 명심하자.

영어환경 만들기 - 중기

중기는 아이가 영어글자를 혼자서 읽을 수 있도록 해주는 것, 즉 영어 읽기 독립을 해주는 것에 포인트를 잡고 가면 된다. 글자 집중듣기를 하다 보면 따로 파닉스 규칙을 익히지 않아도 영어 읽기 독립까지 가는 경우가 있다. 한글도 한글책을 읽어주면 그 법칙을 자연스럽게 알아가는 아이가 있듯이 영어도 그런 아이들이 있는 것이다. 하지만 대개의 아이들에게 한글 자음과 모음을 가르치고 글자 생김새에 따라 어떻게 읽어야 하는지 그 소리를 알려주듯이, 영어도 알파벳 음가 익히기와 사이트 워드 등을 먼저 알려줘야 한다. 그래야 리더스북의 짧은 문장을 떠듬떠듬 읽는 과정부터 점차로 영어 읽기 독립을 할 수 있다.

엄마표 영어환경 만들기 중기에는 알파벳 음가 익히기, 사이트 워드(빈도 어휘), 리더스북, 간단한 워크북 풀기, 인터넷 활용하기 등의 과정이 들어간다. 초기에 영어책과 친해지기를 한 아이는 영어책에 나오는 그림도 보게 되지만 영어글자도 함께 볼 확률이 커진다. 초기를 잘 보냈다면 이 시기에 수월할 것이다. 하지만 영어책과 친해지기를 거치지 않아 그림을 보는 것도 편하지 않은 아이라면 영어책 속의 글자를 보는 것도 편하지 않을 것이다. 그러니 만약 내 아이의 영어 읽기 독립을 원한다면, 그리고 영어글자를 보고 관련 이미지가 바로 떠오르길 원한다면, 마음이 급해도 초기로 돌아가자.

알파벳 음가, 사이트 워드 등 영어글자를 읽기 위한 중기의 준비 과정은 뒤에서 자세히 살펴보자. 여기서는 '글자 집중듣기'와 '따라 말하기' 방법을 다루려고 한다. 엄마표 영어환경 만들기 초기 단계에 그림 집중듣기를 했다면 중기에는 '글자 집중듣기'를 해줘야 한다. 한글 떼기가 된 아이, 알파벳 음가와 파닉스를 진행한 아이, 영어책을 읽어줄 때 그림만 보는 것이 아니라 글자에도 관심을 갖는 아이, 즉 글자에 뜻이 있다는 것을 아는 아이라면 이젠 '글자 집중듣기'를 해주자.

❶ apple 글자 = 사과 그림
❷ [애플]이란 소리 = 사과 그림
❸ [애플]이란 소리 = apple 글자

이것은 어떻게 다를까? ①번은 소리 없이 글자와 그림을 연결시키는 것을 말하고, ②번은 소리가 나올 때 그림을 보여주는 '그림 집중듣기'를 말한다. 그리고 ③은 소리와 영어글자를 연결하는 '글자 집중듣기'를 뜻한다.

글자 집중듣기 = 소리와 영어글자 연결

글자와 그 글자가 뜻하는 바를 연결시키는 것으로 끝이 아니라 소리와도 연결을 시켜주는 것이 필요하다. 소리에 맞춰 책 속의 그림이 아닌 영어글자를 짚어주자. 소리에 맞춰 손이나 연필 뒷부분으로 짚어줘야 하니 글자가 큼직한 《나우 아임 리딩Now I'm Reading》《런투리드Learn to Read》처럼 한 페이지에 짧은 한 문장짜리 기초 리더스북을 활용하는 것이 좋다. 책 내용이 짧더라도 스토리가 기승전결 있으면 더 좋다. CD 소리에 맞춰서 영어글자를 짚어줘야 하기 때문에 처음부터 너무 빠른 CD 속도는 좋지 않다.

이런 시간들이 쌓이면 엄마가 짚어주지 말고 아이 스스로 소리에 맞춰 영어글자를 짚어가며 듣게 해도 된다. 시간이 조금 더 지나면 굳이 손가락으로 글자를 짚지 않아도 눈으로 글자를 따라갈 수 있게 되고, 아이도 그게 편하다는 것을 느낀다. 조금 더 시간이 지나면 글자를 따라가던 시선이 CD 소리보다 더 빨라지는 때가 오는데, 이때 아이는 CD 소리가 답답해서 혼자 읽어버리고 싶어 한다.

실제로 예준이가 CD 소리에 따라 눈으로 영어글자를 잘 따라가게 됐을 때 CD 재생 속도보다 눈이 빨라져서 속도를 높여달라고 했다. 매직

스쿨버스 챕터북, 어스본 영리딩, 앤드류 로스트는 1.3~1.4배로 했을 때, 로알드 달 영어소설은 1.1배로 했을 때 듣기 좋다고 했다. 그래서 속도조절을 해줬다.

이런 글자 집중듣기 과정이 중기에는 리더스북에 그치지만, 후기에는 글자 분량이 훨씬 많은 챕터북과 영어소설로 진행된다. 따라서 중기에 리더스북으로 충분히 글자 집중듣기를 해두는 것이 유리하다.

아이들이 한글 떼기를 할 때 입 밖으로 소리를 내지 않고 눈으로만 보고 귀로만 듣고 한글 떼기를 하지 않았듯이 영어도 입 밖으로 소리를 내는 것이 필요한데, 이것을 '따라 말하기'라고 부른다. 근데 따라 말하기를 힘들어하는 아이들이 많다. 다행히 여기서 말하는 따라 말하기란 자신의 생각을 말로 표현하는 수준 높은 영어 말하기를 뜻하는 것이 아니므로 충분히 실천할 수 있다. 낮은 단계의 리더스북으로 따라 말하기를 진행할 때는 책 속의 문장을 모두 다 빠짐없이 읽고 반복해서 읽으면 좋다. 하지만 높은 단계의 리더스북이라면 책의 문장을 모두 따라 말하지 않아도 되니 부담 가질 필요는 없다. 분량은 아이에 맞게 조절해주면 된다.

따라 말하기를 '단어 → 구 → 짧은 문장 → 긴 문장'으로 순차적으로 늘려간다. 아이들이 어릴 때는 "마 → 어마 → 엄마"로 점차 정확하게 내뱉기를 하듯이 영어도 어눌하든 어색하든 일단 내뱉어보는 경험이 중요하다. 밖으로 내뱉는 경험을 해본다는 데 의의를 둔다. 외국어가 낯설게 들리는 것은 그 소리들의 음역대가 한국어와 다르듯 외국어를 내뱉을 때 사용하는 입근육 역시 달라서 낯설다. 안 쓰던 입근육을 나중에 갑자기 쓰려면 큰 노력이 필요하다. 이미 굳어진 입근육을 바꾸기가 힘들기 때문이다.

또한, 따라 말하기를 하면 정독의 효과도 얻을 수 있다.

그렇다면 어떻게 따라 말하기를 하면 될까? 아이가 어릴 때는 간단한 영어단어면 된다. 엄마가 앞문장을 읽어주고 남은 뒷문장만 말하게 해도 되고, 아이가 읽을 수 있을 만큼에서 끊어줘 따라 말할 수 있게 하며 점차 그 분량을 늘려가도 된다. 또는 CD를 틀어주자. 짧은 문장은 문장의 끝에서 일시정지 버튼을 누르고, 아이가 영어문장을 눈으로 보거나 손으로 짚으면서 똑같이 따라 말한다. 긴 문장은 접속사 앞이나 '구'나 '절' 단위에서 잠깐 멈춘다. 어디서 끊어줘야 하는지 모르겠다면 CD에서 원어민이 숨을 쉬는 순간 일시정지 버튼을 누른다. 그리고 방금 나온 CD 소리와 똑같이 흉내내서 아이가 소리 내도록 한다. 앵무새처럼 똑같이 따라한다는 생각으로 하되 발음 자체보다는 높낮이와 연음에 신경 써주면 좋다(유창성 훈련). 엄마가 허밍으로 음을 찍어주는 것도 좋다.

처음에는 혀가 꼬일 것이다. 아이가 발음이 느끼하다며 따라 말하기를 거부하는 순간이 올 수도 있다. 하지만 그 순간만 넘기면 한 문장씩 따라 말하기가 척척 진행될 것이고 반복해서 따라 말하기를 하면 CD를 듣지 않고도 혼자 소리 내서 읽을 수 있는 책이 많아질 것이다.

중기에 활용할 수 있는 리더스북의 종류가 많으니 아이가 리더스북을 편하게 읽을 수 있을 때까지 글자 집중듣기와 따라 말하기를 계속 유지하자.

영어환경 만들기 - 후기

초기에 영어책과 영어소리에 친해지게 한 뒤, 중기에 영어 읽기 독립만 시켜주면, 후기에는 중기 때와 같은 방식인 글자 집중듣기와 따라 말하기로 하되 책의 레벨만 높여주면 된다.

챕터북으로 넘어설 때쯤이면 아이의 한글책 보는 수준도 높아졌을 것이다. 한 페이지에 여러 문장이 나오고 힌트 되는 그림이 많지 않아도 이해할 수 있는 수준이 된다. 엄마는 수준에 맞는 책을 찾아주기만 하고 옆에 함께 있어주는 시간을 줄여가도 된다. 엄마가 옆에 없어도 해낼 수 있는 습관이 생겼기 때문이다.

하지만 주의할 점이 있다. 듣는 CD 속도가 빨라졌다고 해서 책 내용들을 깊이 있게 이해하고 추론하는 능력까지 빨라지는 것은 아니라는 점이다. 따라 말하기를 잘한다고 책을 100퍼센트 이해하는 것이 아니다. 영어책의 레벨이 높아졌다고 아이의 영어실력도 그만큼 늘었다고 착각하면 안 된다. 후기 때는 CD 소리에 맞춰 눈만 따라가고 앵무새처럼 똑같이 말하는 능력에 그치면 안 된다. 진정으로 스토리에 빠지는 독서의 즐거움을 느끼게 해줄 때가 됐다.

물론 지금까지 과정을 통해 영어책이 편해진 아이는 이미 독서의 즐거움을 느끼고 있을 것이다. 하지만 그것에서 멈추는 것이 아니라 영어책의 내용을 있는 그대로 즐길 줄 알고 다음 내용이 궁금해지는 상황까지 가야 한다. 다행히 이 시기에 볼 만한 재미있는 챕터북들이 많다. 챕터북 레벨을 천천히 높이며 '글자 집중듣기'와 '따라 말하기'를 계속 진행하기만 해도 얻는 게 많을 것이다.

여기서 잊지 말아야 할 점이 있다. 지금까지 초기와 중기를 열심히 달려왔고 아이가 리더스북을 뚝딱 읽어내면, 엄마는 이제 북레벨 올리기에 급급해질 수 있다. 하지만 리더스북에서 챕터북으로 넘어갈 때는 글이 많아지면서 수준이 높아졌기 때문에 그것만으로도 아이는 충분히 버겁다는 것을 잊지 말자. 챕터북으로 넘어갈 때는 좀 편하게 해준다는 생각으로 진행하면 좋다. 지금까지 매일매일 진행하는 과정 속에서 습관도 잘 잡혔기 때문에 매일 하는 것은 이제 기본일 것이다. 조금 느슨하게 넘어가도 아이의 실력이 줄어들지 않으니 마음을 조금 느긋하게 갖자. 리더스북 뒷단계보다 쉬운 초기 챕터북을 진행하거나 CD 없이 쉬운 영어 그림책을 편하게 묵독하는 시간을 주면서 가야 하는 이유다.

이 시기가 되면 아이의 읽기실력이 늘어서 독해문제집이나 영자신문까지 추가해주는 부모님이 많다. 그런데 아이가 영어소설까지 편하게 볼 때쯤이 아니라면 벌써부터 여러 가지를 추가하기보단 오히려 쉬운 영어책을 편하게 볼 수 있는 시간을 더 많이 주는 것이 좋다. 한글책을 편하게 보듯이 영어책도 혼자서 편히 읽고 보는 자유로운 시간을 줘서 독서의 즐거움도 함께 느껴야 뒷심을 발휘할 수 있다.

챕터북으로 넘어가며 수준을 높이되 재미있는 캐릭터 영어책들을 놓쳤다면 보게 해주고, 칼데콧 수상작들도 보게 해준다. 실제로 예준이는 영어소설을 진행할 때도 쉬운 영어 그림책들을 봤다. 수준이 높은 영어소설《나니아 연대기》를 집중듣기하면서도, 수준이 중간인 영어소설《샬롯의 거미줄Charlotte's Web》로 따라 말하기를 하거나 쉬운 영어 그림책《닥터수스》와《까이유》를 묵독하며 휴식을 취했다. 집중듣기와 따라 말하기의 분량과 시간을 줄여주면서 그냥 혼자 편하게 책 보는 시간을 준 것이기 때문에 아이 입장에서는 느슨한 느낌이 들었을 것이다. 로알드 달 소설을 읽으면서 작가에 대해 이야기를 나누기도 하고, 칼데콧 수상작들을 읽으며 관련 영화들을 찾아보기도 하는 식으로 진정한 독서를 해나간 시기도 이때다.

엄마표 영어환경 만들기만으로 내 아이 인생의 영어가 완전히 해결되는 것은 아니다. 다만, 쌩쌩 어디로든 달릴 수 있도록 기본적인 포장도로를 깔아주는 것이다. 공부든 운동이든 기초가 탄탄해야 원하는 시기에 실력을 발휘할 수 있다. 후기에 챕터북과 영어소설의 책 레벨을 천천히 높이면서 깊이와 독서의 재미까지 더해 놓으면 화상영어, 영자신문, 독해문제집, 영어일기, 영어토론, 영어에세이, 영문법 등 영어와 관련된 모든 것이 수월해진다.

Q 초기(그림 집중듣기)-중기(글자 집중듣기)-후기(글자 집중듣기) 동안 '집중듣기'가 꼭 들어가는 이유가 무엇일까?

A 엄마표 영어환경 만들기는 영어'책'을 기본으로 진행한다. 주변에서 접하기 힘든 영어소리와 함께 독서습관을 잡고 읽기 수준을 높일 때 영어책 집중듣기를 빼놓을 수 없다. 같은 '집중듣기'여도 시기마다 아이가 받아들이게 하는 방법에 큰 차이가 있다. 초기의 집중듣기는 그림을 보면서 영어소리와 친해지고 그 소리에는 의미가 있음을 알아가는 것이다. 중기의 집중듣기는 영어소리에 해당하는 영어글자를 쫓아가면서 의미까지 같이 알아가는 것이다. 후기의 집중듣기는 아이의 책 읽기(음독)를 CD가 대신해주는 기능까지 한다는 것이다.

결국 집중듣기는 '듣기' 기능만 하고 있는 것이 아닌 '읽기' 기능의 뼈대가 된다. 영어소설을 편하게 읽게 되기까지 시기마다 맞는 방식으로 집중듣기를 해주는 것이 필요한 이유다. 모든 단계에서 집중듣기의 핵심은 영어소리에 담겨있는 뜻을 받아들이게 해준다는 것이다. 그것이 곧 영어책의 스토리를 이해해가는 힘이 된다.

집중듣기 = 집중읽기 = 책 읽기

내 아이 속도에 맞춰
스텝 바이 스텝

엄마표 영어환경을 완성하는 6Step

초기 Step 1 책이란 물건과 친해지기

　　　 Step 2 책 내용과 친해지기

중기 Step 3 음가 익히기로 제주 국제학교 따라잡기

　　　 Step 4 리더스북으로 영어 읽기 독립

후기 Step 5 챕터북으로 넘어서기

　　　 Step 6 영어소설도 자유롭게

Step별 내용을 보면 큰 뼈대가 보일 것이다. 이때 기준은 바로 '책'이다. Step별로 책의 종류가 달라지고 읽기 레벨이 높아지는 것뿐이다. 아이가 영어소설도 자유롭게 읽기 위해서는 먼저 책과 친숙해져야 하고(Step

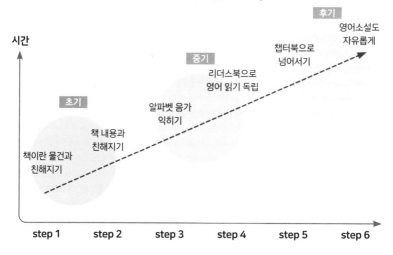

· 엄마표 영어환경 만들기 6Step ·

1, 2), 영어책을 스스로 읽기 위해 알파벳 음가를 익힌 후 리더스북으로 읽기 독립을 해야 하고(Step 3, 4), 깊이 있는 독서를 위해 책의 수준을 높여주어야 한다(Step 5, 6).

엄마표 영어환경 만들기의 큰 뼈대를 '책'으로 삼고 정한 이유는 가장 명확하고 효율적이고 남는 장사였기 때문이다. 아이에게 가장 큰 자산이 될 '독서습관'을 잡아줘야 한다면 굳이 한글책, 영어책 구분하지 말고 모두 활용해 독서습관을 잡아주는 게 효율적이라고 생각했다. 아이의 인생은 수능을 보고 대학에 들어가면 끝이 아니다. 평생 갖고 갈 수 있는 독서습관을 반드시 잡아주고 싶었다.

그래서 집중듣기를 오래 하지 않아도 '책을 손에 잡았다'는 것만으로도 기뻤고, 영어단어를 암기해서 한글로 적는 활동을 하지 않아도 '영어소리를 듣고 영어책도 보았다'로 만족할 수 있었다. 또, 아이가 영어책을 보고 그림 그리고 놀기만 해도 '영어책은 재미있는 것으로 인식하는 중'이라고 생각했다.

하지만 그냥 책이 아닌 '영어'책이었기에 일상에서 접할 수 없는 영어 소리도 함께 챙겨야 했다. 6Step을 밟는 진행과정에서 영어소리 노출과 함께 효과적으로 영어책 읽기가 바로 '집중듣기'였고, 영어책을 이용해 듣기, 정확하게 읽기, 말하기까지 동시에 해결할 수 있는 방법이 바로 '따라 말하기'였으며, 영어책을 읽고 쌓인 이야기들은 쓰기를 위한 저축이었다.

각각의 Step을 진행할 때 '집중듣기'와 '따라 말하기'를 활용하자.

아플 때, 시기에 맞춰 해야 할 것이 있을 때 등 순간순간 상황에 따라 곁가지를 뻗을 수도 있지만, '집중듣기'와 '따라 말하기' 두 가지 방법이 효율적일 것이다.

핵심이 되는
두 가지 진행방법

'집중듣기'와 '따라 말하기'의 중요성

솔직히 '집중듣기'와 '따라 말하기'라는 두 가지 진행방법을 핵심이라고 이야기한다는 것이 조금은 조심스럽다. 아이들이 영어를 습득할 수 있는 방법은 수만 가지가 있기 때문이다. 그럼에도 불구하고 확실하게 말할 수 있는 것은, 듣기·말하기·읽기·쓰기의 기초들을 '독서습관'과 함께 챙길 수 있다는 점이다.

엄마표 영어환경 만들기의 핵심이 '책'이라는 것을 명확하게 알고 있다면, 여러 가지 방법 중 제일 효과적으로 영어책을 활용할 수 있는 방법이 이 두 가지라는 걸 이해할 것이다.

집중듣기

그림 ➡ 글자

따라 말하기

단어 ➡ 구 ➡ 짧은 문장 ➡ 긴 문장

'따라 말하기'로 자연스럽게

한국인은 한국어로 말할 때 사용하는 입근육(조음기관)이 발달할 수밖에 없다. 그런데 영어는 한국어를 할 때와는 다른 입근육을 사용한다. 우리가 외국인이 하는 말을 들었을 때 '혀를 굴린다'는 느낌을 받는 것도 이 때문이다. 주로 사용하는 입근육의 부위가 다르다.

집중듣기로 정확하게 들었다면 입근육을 이용해서 실제로 소리 낼 줄도 알아야 하는데, 그 과정이 바로 '따라 말하기'라고 할 수 있다.

따라 말하기가 '발음'만을 위한 것은 아니다. 실제로 예준이는 따라 말하기를 하면서 보다 '정확한 읽기'를 하게 됐다. 따라 말하기를 하기 위해서는 들리는 소리를 있는 그대로 따라 말할 줄도 알아야 하지만, 더 정확한 따라 말하기를 하기 위해서는 철자를 하나하나 정확하게 봐야 했다.

즉, 따라 말하기가 정독의 한 부분이 돼 세심하고 정확한 읽기를 이끌어냈다. 아무리 글자를 보면서 집중듣기를 한다 하더라도 CD 소리에 맞춰 덩어리로 글자를 보고 넘어가는 것이지, 철자 하나하나까지 세심하게 보면서 넘어가지는 않는다. 책의 레벨이 오를수록 더욱 그렇다. 뉘앙스를 느끼면서 그때그때 이해하며 넘어가게 마련이다. 따라서 정확한 읽기를 위해서라도 따라 말하기는 필요하다.

문법을 몰라도 느낌으로 어떤 문장이 자연스러운지 익히는 것도 따라 말하기를 통해 가능하다. 처음에는 버벅거릴 수 있지만 점차 유창해지는 것을 경험하게 될 것이다. 따라 말하기를 할 때 큰 힘을 들이지 않게 되면 책 내용 파악에 쓸 에너지가 더 많아진다. 더불어 자신의 목소리로 한 번 더 듣게 되니 '듣기' 부분까지 덤이다. 이렇듯 따라 말하기를 하면 입근육을 사용하는 말하기, 반복해서 듣기, 정확하게 읽기까지 그 효과가 엄청나다.

예준이는 듣고 난 뒤에 따라 말하기를 하는 것에서 멈추지 않고 한 걸음 더 나아갔다. 여러 번 반복해서 혼자서 말하기까지 한 뒤에 녹음해서 들어보는 것까지 했다. 집중듣기는 다음 스토리로 진도를 나갔다면, 따라 말하기는 며칠 동안 같은 내용으로 진행했다. 한 문장을 CD로 듣고 일시정지한 뒤 그 문장을 똑같이 따라 말하기를 해봤다. 그런 방식으로 한 페이지나 한 챕터를 모두 연습한다. 첫날은 버벅대는 것이 당연하다. 옆에서 어디에서 쉬면 좋을지 높낮이가 어느 부분이 좀 이상한지, 연음부분을 놓치진 않았는지 등 CD 소리와 똑같지 않은 부분을 체크해주면 좋다. 엄마가 책 내용을 알면 더 좋지만 그렇지 못해도 이 부분은 허밍으로라도 누구나 해줄 수 있다. 그 다음날 다시 또 같은 방식으로 연습을 하고, 3일째도 그런 식으로 연습을 하면 보통 4일째는 CD를 듣지 않아도 혼자서 유창하게 읽을 수 있는 상태가 된다. 4일째 되는 날은 예준이가 혼자서 읽는 모습을 동영상으로 찍어주고 들어볼 수 있게 해줬다.

한편, 집중듣기는 아이의 수준보다 살짝 높은 레벨의 책으로, 따라 말하기는 아이의 수준이나 수준보다 낮은 책으로 가는 방법도 있다. 예준이가 영어소설을 집중듣기할 때 따라 말하기는 챕터북으로 진행한 적이 많았다. 집중듣기와 따라 말하기 모두 영어소설로 진행할 때는 따라 말하기 분량을 한 쪽 정도로 적게 해줬다. 그리고 반드시 같은 책으로 두 가지를 하지 않아도 된다. 아이 컨디션이 이 두 가지 방법을 다 하지 못할 상태일 때는 쉬운 영어 그림책 묵독, 영어독해 문제집 유닛 한 개 풀기, 영화보기 등 중간중간 곁가지들로 대체하는 것도 방법이다.

핵심이 되는 두 가지 진행방법을 어떻게 적용하는지는 시기마다 계속 다룰 것이다.

'꾸준히'를 가능하게 하는 자존감 향상

영어 자신감만 높여주면 습관은 저절로

뭐부터 시작해야 되는지 막막했던 마음이 해결되고 공통된 흐름과 진행방법도 어느 정도 파악했다면, 이젠 그보다 더 중요한 '유지'의 문제를 생각해봐야 한다. 어떻게 꾸준히 유지시켰는가는 언제 시작했는가보다 더 중요한 부분이기 때문이다.

엄마가 만들어주는 것이지만 실제로 활동하는 사람은 아이다. 그래서 '유지'를 위해서는 엄마의 마음 상태뿐만 아니라 아이의 마음 상태도 챙겨야 한다. 결론부터 말하면 유지의 핵심은 '만만함'이다. 엄마표 영어환경 만들기 과정 내내 아이가 '영어 별거 없네~'라고 느끼게 해주는 것, 아이 스스로 그렇게 생각할 줄 아는 마인드가 곧 '만만함'이다. 만만함을 느끼게 하여 영어 자신감을 높여주면 습관은 저절로 잡힌다.

스스로 "난 할 수 있어. 내가 다 해냈어"라고 느끼는 것이다. 이것은 스스로를 자랑스러워하는 자부심, 즉 자존감이다. 한 사람의 일생에서 중요한 부분이 되는 '어린 시절'에 반드시 키워줘야 할 부분이 자존감이다. 이런 마음가짐은 어떤 실패도 두려워하지 않고 무엇이든 해보고자 하는 열정과 연관돼 있어 더욱 중요하다. 이렇게 중요한 자존감은 매일매일의 성공경험이 쌓여서 형성된다.

예준이의 '영어로 인한 자존감'은 굉장히 높다. "난 영어를 잘한다. 나에게 영어는 굉장히 쉽다"라고 생각하고 있기 때문이다. 객관적인 영어실력을 떠나서 아이 스스로가 영어에 대해서 느끼는 느낌이 중요하다. 예준이는 어떻게 이렇게 느끼고 있는 것일까? 바로 '매일매일의 성공경험' 덕분이다.

사람들은 성공을 경험할 때마다 '내가 해냈다. 난 대단하다'라는 생각을 하게 된다. 자신을 스스로 자랑스러워하게 돼 계속해서 성공의 맛을 보고 싶어 한다. 엄마의 도움 없이 아이 혼자 양말 신기에 성공하거나 혼자서 양치를 하거나 젓가락질을 하는 등 모든 것들이 성공경험에 해당한다.

그렇다면 매일 성공을 경험하려면 어떻게 해야 할까? 매일 50문제의 수학문제를 푸는 아이와 매일 5문제를 푸는 아이가 있다고 가정하자. 매일 50문제를 푸는 아이는 어떻게든 50문제를 모두 푸는 날도 있겠지만 40문제, 45문제를 풀고 지치는 날이 더 많을 것이다. 이 아이는 매일 5문제를 푸는 아이보다 6배 이상 문제를 풀었지만 '오늘도 다 못 풀었네'라는 생각으로 하루를 마무리한다.

반면에 매일 5문제를 푸는 아이는 '아~ 다했다. 이 정도는 나 혼자서도 할 수 있다. 오늘도 모두 풀었다'라는 성공경험을 쌓고 하루를 마무리한다. 여기에서 '매일'이 핵심이다. 이런 성공경험을 매일 느끼게 해주려면 50문제가 아닌 5문제, 즉 아이가 충분히 해결할 수 있는 '적은' 분량을 할당해줘야 한다.

예준이는 매일 5분이라도 아이가 소화할 수 있을 만큼만 영어책을 보거나 CD를 들었다. 어릴 때부터 매일 영어 집중듣기를 해온 아이지만 4학년 때 집중듣기를 한 《워리어스》의 목표는 매일 한 꼭지로 약 20분 분량이다. 만약에 책 한 권 집중듣기를 목표로 잡았다면 어땠을까? 해내는 날보다 그날 해야 할 분량을 모두 마치지 못한 날이 더 많았을 것이고 이로 인해 실패를 자주 경험했을 것이다. 아이가 얼마나 오래도록 집중듣기를 했느냐보다 중요한 것은 그날 해야 할 분량을 모두 '끝내는' 성공경험이라는 것을 잊지 말자.

아무리 재미있는 책이라도 1시간 넘게 한곳에 앉아 집중듣기하는 것은 어른도 쉬운 일이 아니다. 어떤 하루는 성공을 했다고 하더라도 몇 년 동안 매일 그렇게 하기는 힘들다. 지킬 수 없는 하루 1시간 듣기였다면 '오늘도 다 못 들었네'라는 실패경험을 자꾸만 쌓았을 것이다.

이것이 아이가 느낄 때 만만하다는 느낌이 드는 영어책들로 진행해줘야 하는 이유다. 쉬워야 성공할 수 있고 성공경험이 쌓여야 자존감도 높아진다.

왜 영어로 인한 자존감을 높여야 할까?

아이들이 스마트폰 게임을 좋아하는 이유는 재미있기 때문이다. 재미 있을 때 '도파민'이라는 기분 좋은 호르몬이 발생하는데 이것이 '게임을 또 하고 싶다'는 느낌을 준다. 도파민은 기분이 좋아지는 호르몬이기 때 문에 우울증 처방약으로도 사용되는 물질이다. 좋은 경험과 느낌을 지속 적으로 경험하고 싶은 것은 당연하다. 그런데 게임에서 오는 도파민은 과도한 도파민이라서 게임 이외의 작은 자극은 지루하게 생각하게 만드 는 문제가 있다.

하지만 도파민을 잘 사용하면 아이들에게 강력한 엔진으로 작용할 수 있다. '오늘도 내가 영어책 한 권을 읽어냈다', '오늘도 3페이지 집중듣기 를 해냈다', '오늘도 영어독해집 유닛 한 개를 풀었다'라는 경험을 자주 하 도록 해주면 계속해서 영어를 하고 싶게 만드는 천연 도파민이 된다.

작은 성공경험 ➡ 좋은 기억(느낌) ➡ 천연 도파민 발생

➡ 자기주도성(습관) ➡ 영어로 인한 높은 자존감

천연 도파민이 나오면 엄마표 영어환경 만들기는 이미 대성공이다. 그 좋은 느낌을 또 얻으려고 또 하고 싶어지게 되기 때문이다. 오늘 1권을 읽었는데 내일은 2권도 읽을 수가 있다. 누가 하라고 하지 않아도 하게 되는 자기주도성이 생기게 된다.

영어책 읽기를 하고 싶지 않은 날이라도 어제 했던 방식으로 오늘 한 번 더 하는 것이 그다지 어렵지 않게 된다. 작은 성공경험으로 영어에 대한 좋은 느낌이 들고 이런 좋은 느낌을 주는 천연 도파민이 꾸준히 발생하니 자기주도성은 절로 생기게 된다. 즉, 영어로 인한 자존감을 높이면 습관은 저절로 잡힌다.

그리고 자존감이 높은 아이는 영어뿐만 아니라 무엇이든 해낼 수 있다. 작은 것 하나하나 꾸준히 해내면 무엇이든 할 수 있다는 법칙을 터득했기 때문이다.

실제로 예준이는 이 법칙을 알고 있다. 초등 2학년 때 구구단을 외우는 중이었는데 처음에 굉장히 힘들어했다. 왜 이걸 외워야 하는지도 모르겠다고 했다. 그렇게 하루 이틀이 지나면서 몇 주가 지나서는 "엄마, 어제보다 잘되네. 내일은 더 잘하게 되겠지?"라고 말했다. 줄넘기, 리코더, 주산 등 아이가 크면서 처음 접하는 모든 것들을 대할 때의 태도가 그랬다. 처음부터 잘하지 못하는 것은 당연하다고 받아들였고 자꾸만 연습하면 결국은 점점 좋아진다는 걸 알게 됐다. 예준이의 영어로 인한 자존감은 사람들은 저마다의 능력이 제각각이라는 것을 받아들일 줄 알게 되는 계기도 마련해준 것이다.

3,000~4,000시간을 영어듣기 임계량이라고 한다. 영어 성공을 위한 영어듣기 인풋 양을 채우기 위해서는 하루에 3시간씩 적어도 3년을 영어소리에 노출시켜야 한다는 말이다. 하지만 이것은 실천하기 힘든 일이다. 물론 그것이 가능한 아이들도 있다. 하루에 30분씩 영어책을 본다고 할 때 나머지 2시간 30분은 라디오든 DVD든 영어영상매체를 보는 식으로 말이다. 그러나 이것에 찬성할 부모가 몇이나 될지 모르겠다. 하물며 영어를 싫어하고 낯설어하는 아이들에게 하루 3시간 노출은 너무 가혹하다. 조금 더 현실적인 계획이 필요하다.

이제는 3시간이라고 생각하지 말고 매일 성공경험을 쌓는다고 생각하자. 'Even a penny technique'이라는 법칙이 있다. 일단 아주 작고 해볼 만한 것으로 물꼬를 트면 그 다음이 따라올 확률이 커진다는 법칙이다. 하루 10분의 영어 성공경험은 15분이 되고 30분도 된다. 영어가 편해질 수 있도록 노출 시간을 점점 늘려간다고만 생각하자. 그렇게 매일 영어 근육을 키운다고 생각하면 실천가능한 엄마표 영어환경 만들기가 된다.

준사마의
시크릿 가이드

매일 실천할 수 있는 예

◆ 리틀팍스 동화 두 개만 보기 **+** 잠들기 전 아이가 봤던 리틀팍스 동화 틀어놓기(영상 없이 소리만 듣기)

◆ 《노부영》 읽어주기 **+** 읽어줬던 《노부영》 책의 CD 틀어놓고 춤추기

◆ 알파벳 음가 A~Z까지 한 번씩 읽기 **+** 알파벳 카드놀이

◆ 《런투리드》 1번 책 세 쪽만 세 번 읽기 **+** 아이가 놀거나 밥 먹을 때 《런투리드》 1번 책 CD 틀어놓기

◆ 《JY First Readers》 34번 책에서 반복되는 구문만 읽기 **+** 책에 나온 '사이트 워드' 벽에 붙여놓고 눈에 익히며 읽기

◆ 《아서 어드벤처》 그림책 한 권 집중듣기 **+** 유튜브에서 책제목 검색하여 영상 보여주기

◆ 《매직 트리 하우스》 3번 책 Chapter 한두 개 집중듣기 **+** 《어스본 영리딩》 Chapter 한 개 따라 말하기

◆ 《매직스쿨버스》 Chapter 한 개 따라 말하기 **+** 《매직스쿨버스》 DVD 보기

◆ 《샬롯의 거미줄》 Chapter 한두 개 집중듣기 **+** 《나니아 연대기》 한 쪽 따라 말하기

◆ 《로알드 달》 Chapter 한두 개 집중듣기 **+** 《미국교과서 읽는 리딩》 유닛 한 개 풀기

영어가 너무 싫대요

 아이 **"엄마, 영어책 읽기 싫어요"**

엄마표 영어환경 만들기를 하기로 마음을 굳게 먹고 영어책을 읽어주고 있는데도 아이가 갑자기 영어가 싫다고 선포하는 경우가 있다. 아예 영어 CD를 틀지 못하게 하는 아이도 있다. 아이의 영어 거부가 심할 때 부모는 당혹스럽다. 이럴 때는 어떻게 해야 할까?

영어가 싫다는 아이의 말에 크게 반응할수록 영어를 싫어하는 마음은 더 강화된다. 아이가 영어를 거부하는 현상에 너무 크게 반응하지 말자. 엄청 큰일이 난 것처럼 부풀리지 말자.

그저 한순간일 수 있다. 그냥 넘길 수 있는 부분들도 아이의 말과 행동에 너무 큰 의미를 부여해 예민하게 반응하면 진짜 큰일이 돼버린다. 그리고 그것으로 인해 더 중요한 것을 놓칠 때가 많다. 아이의 말과 행동이 아니라 '마음'과 '눈빛'을 들여다보면 영어가 싫다는 표면적인 '말'은 큰일처럼 느껴지지 않을 것이다.

"영어책 읽기 싫어? 그래, 그런 날도 있지. 얼른 자~."

영어책 읽기 싫다는 아이의 마음을 있는 그대로 읽어주면 된다.

"너 어떻게 하려고 그래? 다른 애들은 매일 하는데! 꼭 해야 하는 영어가 싫다면 어쩌라는 거야. 영어책 다 갖다 버려?"라고 말하면 영어에 대한 거부감이 더 커질 수 있다. 아이는 그냥 오늘 하루 몸이 피곤해서 그렇게 말했을 수도 있다. 그냥 오늘 하루 귀찮아서 그럴 수도 있고 더 놀고 싶어서 그럴 수도 있다. 또는 특별한 이유 없이 그냥 기분 탓일 수도 있다. 그러니 일을 너무 크게 만들지 말자.

아이들이 밥 먹기 싫어할 때 "엄마, 밥 먹기 싫어"라고 말한다. 그 말은 평생 동안 밥을 먹기 싫다는 뜻이 아니다. 단순히 지금 밥이 먹기 싫은 것뿐이다. 슬럼프가 왔을 때 어떻게 대해야 하는지만 알면 극복은 생각보다 쉬워진다. 중간중간 오는 고비를 굉장히 큰일이 난 것처럼, 절대 일어나지 말아야 할 일이 일어난 것처럼 반응하지 말자. 오히려 슬럼프는 상황에 따라 수시로 올 수 있다고 여겨야 한다.

아이가 영어를 대하는 마음 또한 확 바뀔 수 있다. 완전 멈추지 말고 얇게라도 이어가면 된다. 영어책을 싫어하는 아이의 현재 모습에 집중하지 말고 영어책을 잘 보게 될 아이의 미래 모습에 집중하자.

'그래~ 그래라~ 결국엔 너 영어 좋아하게 될 거야~.'

그리고 아이가 영어책이 싫다고 말하는 이유가 너무 쉬워 시시해서 그런지, 어려워서 그런지, 재미없는 것인지, CD 속도가 빠른지, 몸이 피곤한 건지, 영어책을 교재로 바라보는 것인지 등을 체크해보자. 답은 엄마가 이미 알 것이다. 포기만 하지 않으면 내 아이에게 맞는 방법이 반드시 찾아진다.

아이가 제일 원하는 '놀이시간'을 빼앗는 영어 따위는 절대 하기 싫은 것이 당연하다. 제발 당연한 것이라고 생각하길 바란다. "왜 싫어할까?"라고 묻는 순간 늪에 빠질 것이다. 차라리 "영어를 싫어하는 것은 당연한데 어떻게 하면 그 마음을 조금이라도 바꿔줄 수 있을까?"라고 묻자.

예준이는 초등 3학년 여름방학 때부터 수학학원에 가기 시작했다. 학원에 다닌 지 한 달 정도 지났을 때 대뜸 이렇게 말했다.

"엄마, 근데 왜 수학은 안 해줬어?"

처음엔 무슨 말인지 이해하지 못했다. 영어시간은 편한데 수학시간은 불편하다면서 선생님이 하는 소리가 무슨 소린지 하나도 모르겠다는 것이다. 영어는 낯설지 않은데 수학은 낯설다고 했다. '아, 어릴 때부터 조금씩이라도 영어를 접하게 해준 것이 아이가 컸을 때 덜 힘든 거구나!'라는 생각이 들었다.

예준이처럼 남들보다 느린 아이들은 더욱 그렇다. 지금 당장을 보지 말고 멀리 보자. 계속 가려면 아이가 영어를 싫어하지 않고 좋아하게끔 환경을 만들어주는 것이 먼저다.

다르게 생각해보면, 아이가 "엄마, 영어가 너무 싫어"라고 말한다면 감사해야 한다. 엄마표 영어환경 만들기 진행과정에 문제가 생겼다는 신호로 여길 수 있는 순간이기 때문이다. 평소엔 점검할 일이 없었을 텐데 아이의 신호 덕분에 더 귀 기울이고 점검할 수 있으니 감사해야 한다.

엄마에게 신호를 보내지 않고 엄마가 시키는 대로 살다가 나중에야 신호를 보내는 아이들도 있다. 하지만 지금 자신의 마음을 표현한 아이는 마음이 건강한 아이로 잘 크고 있다는 증거이자, 엄마에게 마음을 표현해도 될 정도로 엄마와 관계가 좋다는 뜻이니 오히려 감사해야 한다. 싫다는 아이 마음을 읽어주고 기다려주자. 아이가 나중에 영어가 낯설거나 싫어서 손도 대기 싫어 하지만 않으면 된다.

더욱 놀라운 것은 이런 마음가짐으로 하루하루 지내면 결국엔 아이의 영어실력이 늘어있다는 것이다. 지금 당장은 실력이 제자리 같아 보이지만 1년 전의 내 아이를 생각해보면 분명 그 자리 그대로는 아닐 것이다. 아이는 자라고 영어실력도 자라고 있다. 아이가 영어가 싫다고 하는 것은 평생일 리가 없다. 결국은 잘하게 될 것이다.

 엄마 **"벌써 영어 DVD를 보면 스트레스 받지 않을까요?"**

알아듣지 못하고 이해하기 힘든 언어를 계속 듣는 것이 스트레스가 될 것이라고 생각하는 분들이 많다.

이 말은 맞기도 하고 틀리기도 하다. 예를 들어, 어릴 때 영어유치원에 다닌 아이들이 낯선 환경에서 낯선 언어를 계속해서 들어야 하는 상황에 놓이면 스트레스를 받는 경우가 있다. 가만히 듣고만 있어도 되는 공간이 아니라 자신의 생각을 표현해야 화장실도 갈 수 있고, 한 마디라도 할 수 있어야 자기방어도 할 수 있기 때문에 초반에 받는 스트레스는 상당할 것이다.

영어 DVD를 보는 공간 역시 낯선 환경이라고 가정한다면 스트레스가 될 수 있다. 하지만 엄마표 영어환경 만들기가 추구하는 영어 DVD 보여주기는 자연스러운 소리 노출을 통한 인풋 채우기다. 아이는 편한 집에서 스토리가 있는 영상을 보며 영어소리를 듣기만 하면 된다. 영어 DVD

를 보고 반드시 아웃풋을 해야 하는 것도 아니고 이해할 수 없는 장면을 보고 있는 상황도 아니다. 게다가 아이들은 눈으로 본 장면들에 대해 정확히 영어를 모르더라도 상황을 유추하게 되는 경우가 많다.

만약 영어 DVD를 보면서 이해하지 못하는 것 때문에 염려가 된다면 굉장히 쉬운 영어 DVD를 틀어주면 된다. 장면 하나에 문장 하나 정도로 쉬운 DVD라면 처음에 이해하지 못했더라도 두 번째, 세 번째 볼 때는 상황을 이해할 수 있을 것이다. 영어를 이해하느냐 못 하느냐에 초점을 두지 말고 화면 속 스토리를 이해하느냐 못 하느냐에 초점을 두면, 그 장면에 입혀진 소리는 자연스레 알아가게 된다. 이것이 자연스러운 엄마표 영어환경 만들기다.

아이가 영어 DVD를 거부한다면 아마도 그것은 낯선 영상이기보다 낯선 소리 때문일 것이다. 한국어에 이미 익숙해진 경우 말이다. 이러한 경우는 아이가 장면을 거부하는 것이 아니기 때문에 음소거 상태로 영상만 보여주는 것도 하나의 방법이다. 소리가 없어도 스토리는 이해할 수 있다. 영어를 알아듣지 못해서 스토리를 파악하지 못하는 것이 아니라는 뜻이다. 초반에 겪게 되는 낯선 영어소리에 대한 거부감만 극복하면 된다. 만약 음소거 상태로 틀어준 영상이 재미있었다면 영상 보는 것을 좋아하는 아이들의 특성상 효과음을 듣고 싶어서라도 소리를 틀어달라고 할 것이다.

또는 아이가 보든 안 보든, 엄마가 함께 보거나 집에 있는 인형과 함께 앉아서 보며 인형과 재밌게 대화를 해보자. 대부분의 아이들은 엄마의 행동에 엄청나게 신경을 쓴다. 옆에서 왔다 갔다 하거나 어느새 옆에 와서 앉을 것이다.

그리고 이보다 더 좋은 방법은 영어가 낯선 소리처럼 느껴지지 않도록 어렸을 때부터 영어동요를 수시로 듣게 해주는 경험을 쌓는 것이다. 어렸을 때 들은 영어동요는 가사의 뜻을 이해하지 못하더라도 소리 자체에 대한 거부감을 없애준다. 이러한 시간들이 쌓이고 난 뒤에 영어소리에도 우리말처럼 '의미'가 담겨 있다는 것을 알게 해주면 된다.

 엄마 **"여러 주제를 담은 영어전집을 좋아할까요?"**

영어전집이 주는 장점은 많다. 다양한 주제로 골고루 책을 보게 돼 책 편식을 막아준다. 그리고 아이가 선택하는 책을 보고 아이가 좋아하는 주제를 파악하는 데도 도움이 된다. 때로는 아이의 새로운 흥미를 발견하게 해주는 것이 영어전집의 장점이다.

하지만 아이들에게 더 권하고 싶은 것은 영어단행본이다. 영어전집들은 대부분 다루는 주제만 바뀌고 비슷한 사이즈에 비슷한 그림풍으로 돼 있다. 그러다 보니 책 내용에서 재미를 느끼기 전의 아이들에게는 거기서 거기인 책이 될 수 있다. 반면에 영어단행본은 한 권 한 권이 저마다의 색깔을 갖고 있어 남다른 재미를 느끼게 해준다.

그렇다면 아이가 어릴 때는 영어전집과 영어단행본 중 어떤 것을 선택하는 것이 좋을까? 나는 내 아이만의 전집을 만들어주는 것을 추천한다. 아이가 좋아하는 스타일의 단행본들을 모아서 하나의 전집을 만드는 것이다.

엄마표 영어 초반엔 책이란 물건과 친해지는 것이 포인트이기 때문에 한 권 한 권이 개성 있는 영어단행본들이 아이들을 유혹할 확률이 높다. 사운드북도 좋고 촉감북도 좋고 토이북도 좋다. 손으로 만지고 놀 수 있는 조작북들로 내 아이만의 전집을 만들어주자!

Chapter

3

엄마표 영어환경 만들기_초기

책 읽기로
얻을 수 있는 장점
모두 챙기기

✓ '엄마표 영어환경 만들기' 초기는 본격적으로 혼자서 영어책을 읽기 전의 시기다.

✓ 영어책을 기본으로 진행하고 독서습관까지 잡을 수 있는 방법이므로 '책'과 친해지는 환경 만들기에 초점을 맞추자.

✓ 중기와 후기로 갔을 때 영어책을 제대로 흡수하기 위해서는 책 자체에 대한 거부감이 없어야 한다.

✓ 영어소리도 영어책도 낯설지 않게만 해주면 된다.

Step
1

책이란 물건과 친해지기

책이 가장 기본이다

처음엔 책을 무서워한 아이

- 심심할 땐 뭐하느냐는 질문에 "그냥 책을 본다"고 대답한다.

- 몸이 힘들 땐 "엄마, 나 그냥 책보면서 좀 쉴게~"라고 말한다.

- 외출했다 돌아와서 "엄마 없는 동안 뭐했어?"라고 물었더니 "책 봤지. 엄마가 집에 없어서 살짝 무서울 땐 책이 내 친구야"라고 대답한다.

- 초등 3학년 때 로알드 달 아저씨의 영어소설을 재미있게 읽고 나서 한글 번역본, 영화, 작가에 대해 묻더니 하나씩 호기심을 해결했다.

- 영어독해 문제집 〈미국교과서 읽는 리딩〉을 혼자서 푸는 데 어려움이 없고, 학교 영어는 껌이라며 자신감 넘친다.

- 미국에서 전학 온 한국말을 못하는 친구와 영어로 대화하는 것이 쉽다며 "엄마, 다 알아들었어. 그냥 말이 나와~"라고 말한다.

책과 친한 아이 예준이의 모습이다. 예준이는 방과 후 활동이나 학원, 과외 등 어떤 영어 사교육도 받은 적이 없다. 하지만 한글책, 영어책 구분 없이 편하게 읽는 아이로 성장했다. 독서가 일상이 됐고 영어가 편하고 자신 있다며 당당하게 말한다. 하지만 처음엔 이렇게 될 거라고 전혀 생각하지 못했다.

"으앙~~~~~"

리모컨을 뺏자 엄청나게 서러운 듯 꺼이꺼이 우는 6개월 된 아이가 있다. 리모컨을 손에 쥐어주자 울음을 멈추고 물고 빨면서 알록달록한 화면에 시선고정! 바로 빠져든다. 이 아이가 예준이였다. 나는 아기들을 위한 책이 있다는 사실조차 몰랐던 바보 같은 엄마이자 어린 아기에게 TV를 틀어줬던 무지한 초보 엄마였다.

그런데 어느 날, 내가 보려고 침대에 놓아둔 태교동화책과 임신출산육아 백과사전을 보고 있는 아이의 모습을 발견했다. 보고 싶으면 실컷 보라며 자주 꺼내줬더니 표지가 너덜너덜해지도록 한 장씩 넘기면서 보는 날이 많았다.

'아차! 모빌, 동요, 동시도 좋지만 아이 수준에 맞는 책이 필요하구나! 아이가 그림만 봐도 되잖아! 내가 읽어주면 되잖아!'

이런 생각을 한 것이 14개월 무렵이다. 그래서 주위에서 추천을 받아 《명품 꼬마 그림책》을 중고가 14만 원에 구입했다. 아이 수준에 맞는 책을 갖춘 것이 돌도 더 지나서라니! 지금 돌이켜보니 참 후회스러운 시간들이었다. 아이가 뒤집거나 기지 못하고 누워만 있는 시기가 알고 보니 황금시기였다. 이때 같이 누워서 책을 읽어줬어야 했는데 예준이의 눈빛을 놓쳤다.

　그리고 또 후회되는 일은 60권이 넘는 전집을 한꺼번에 사줬다는 것이다. 책을 사주면 당연히 좋아할 줄 알았는데 아이의 반응은 예상과 달랐다. 그 예민한 아이에게 많은 양의 책을 갑자기 들이댄 것이다. 14개월의 예준이가 만난 수십 권의 그림책들은 독이었다. 아무리 좋은 그림책도 책과 친해져야 할 시기에는 한 권씩 차근히 보여줬어야 했다. 조금씩 천천히 한 권씩!

　'책' 이야기를 빼놓고는 엄마표 영어에 대해서 말할 수 없을 만큼 중요한 부분이다. 사실 처음부터 엄마표 영어환경 만들기를 염두에 두고 책과 친해지기 프로젝트를 한 것은 아니다. 아이에게 책을 보여주지 않은 것을 후회하고 강하게 깨달은 그때부터 나는 오로지 책 생각뿐이었다. 책이란 물건 자체랑 친해져야 독서습관을 잡든 어떻든 할 것이 아닌가. 엄마표 영어는 생각할 겨를도 없었지만, 감사하게도 책과 친한 아이로 만들어주다 보니 엄마표 영어환경 만들기는 저절로 됐다. 그러니 이 내용을 대충 넘기지 않길 바란다. 예준이가 책이란 물건과 친해지게 해주기 위해 어떻게 했는지 알아보자.

책과 친해지는 과정

첫째, 인식 변화

책과 친해지기 프로젝트의 시작은 부모의 인식변화다.

"TV를 보여줄 수도 있지", "아이가 놀 수 있도록 장난감을 쥐어주는 것이 무슨 문제가 있냐", "어떻게 하루 종일 책만 보냐"라고 말하는 부모가 있을 수 있다. 예전의 나처럼 "한글을 읽을 줄 알게 되면 책을 보여줘야지"라고 알고 있는 부모도 있을 것이다.

이렇게 생각을 하고 있다면 TV와 장난감 자극에 이미 노출돼 익숙해진 아이의 모습은 '분명 문제가 있다'는 인식부터 해야 한다. 아이가 접할 수 있는 것이 책, 자연, 음악, 몸놀이 등 다양한데 TV와 장난감이 우선시된다면 조율이 필요하다는 생각을 해야 한다. 부모의 인식변화가 중요하다. 인식한 순간부터라도 잘못을 바로 잡으면 된다.

아이에게 책을 보여주지 않은 것이 큰 실수였음을 깨달은 뒤에야 비로

소 '책'이란 물건에 아무런 자극을 받지 못하는 아이 모습이 문제로 인식됐다. 예준이를 변화시키기 위해 필요한 것이 무엇일까 생각해봤다. 결론은 "책과 친해지게 해주자"였다. 그래서 행동했다.

15개월의 예준이는 문화센터 40분 수업 중에 30분은 내 무릎에 앉아서 지켜만 보고 있다가 끝나기 전에야 움직이기 시작하는 아이였다. 그만큼 예민하고 적응이 느린 아이였다. 이런 아이였기에 '책과 친해지기 프로젝트'는 더욱 쉽지 않았다. 내 아이는 15개월이었지만 책 연령은 지금 막 태어난 1개월도 안 된 신생아라는 생각으로 노력했다. 일단 책이라는 물건에 아이의 호응을 얻어내야만 했다.

둘째, 환경 변화

우선 장난감을 최소화했다. 아이가 장난감을 갖고 노는 동안 당장은 내 몸이 편할지 몰라도 장난감에 시선을 빼앗기면 책은 당연히 뒷전일 게 뻔했기 때문이다. 갑자기 전부 치우고 책을 들이밀면 역효과가 날 수 있어서 장난감을 조금씩 줄여나갔다. 문이 닫히거나 보이지 않는 수납장을 장난감통으로 사용했다. 책등만 보여 책 보관 용도가 돼버린 책꽂이에서는 책을 꺼냈다. 백화점 보석 진열장처럼 표지가 잘 보이도록 진열했다. 집이 좁던 말던 잡지꽂이식 책장에 아이 눈높이에 맞춰 책을 꽂아줬다. 책이 징검다리라고 말하며 깡충깡충 점프놀이를 하기도 했다.

아이가 자주 가는 식탁 옆에 무심하게 툭~ 책을 던져놓는 센스! 아이가 자주 열고 닫으면서 놀던 싱크대 서랍과 쌀통에는 작은 사이즈의 책들을 넣어뒀다. 밥을 먹다가 서랍을 열고 닫다가 책표지라도 보게 됐다. 내가

환경이 변화된 모습

주방에 있는 시간이 많다 보니 예준이도 주방에 있는 시간이 많아져서 싱크대 옆에도 책을 뒀다. 안 통하는 방법은 다른 방법으로 대체하며 예준이 손이 닿는 곳곳에 책을 두려고 노력했다.

예준이가 《명품 꼬마 그림책》에 들어있는 책 중에서 작은 사이즈의 책은 그래도 부담을 덜 느끼는 것 같았다. 《놀배북》을 사주니 거기에 들은 작은 책들도 잘 봤다.

"아이가 스스로 집어 드는 책이 과연 있을까?"

직접 눈으로 확인하고 싶은 마음에 애를 업고 헌책방에 갔다. 조그맣고 쉬운 사물인지 책을 찾다가 영어로 된 책을 발견했는데, 그게 DK사의 《Body 보디》라는 책이었다. 이렇게 영어책을 처음 만났다. 보라색 표지로 돼있고 외국 아기들 사진이 많이 나오는 신체인지 책이었다. 사이즈가 작아서 부담스럽지 않았는지 거부감 없이 잘 봤다. 5,000원에 산 DK사의 《My First Time Board Book》 시리즈 책이 예준이에게 히트를 치자 가만히 있을 수가 없어서 인터넷으로 10권 세트를 사줬다.

여기에 힌트를 얻어서 아이가 손에 들고 보기 좋은 작은 사이즈의 책들을 찾아서 한글책, 영어책 구분 없이 접하게 해주고 아기가 나오는 논픽

선류 책들도 찾아서 접해줬다. 이런 식으로 하니 사주는 족족 성공했다. 그 맛에 자꾸 헌책방에 드나들다 보니 굉장히 저렴하고 CD가 붙어있는 영어책들을 발견하게 됐다. 알고 보니 동사모의 《마이 퍼스트북My First Book》이었는데 보물 찾듯이 모아보니 15권 정도됐다. 그런데 예준이는 책은 보지 않고 CD케이스만 만지고 노는 것이 아닌가. 종이재질의 CD 케이스였는데 책표지가 그려져 있었다. 그래서 사물인지카드를 갖고 노는 것처럼 CD케이스를 가지고 놀게 그냥 뒀다. 언젠간 그 CD케이스에 그려진 책이라는 물건과 책 내용에 친해지길 바라면서 말이다.

그런 다음에는 누르면 소리가 나는 버튼이 있는 사운드북, 꺼끌꺼끌 부들부들 만지며 놀 수 있는 촉감북, 열면 툭 튀어나오는 팝업북, 퍼즐조각이 들어있는 퍼즐북, 들추면서 열고 닫으며 볼 수 있는 플랩북, 물에 젖지 않아 목욕하면서 볼 수 있는 목욕책, 천으로 된 헝겊책, 캐릭터가 장난감으로 달려있거나 손인형 기능이 있는 토이북 등 만지면서 놀기 좋은 책들을 사줬다. 이미 TV라는 큰 자극에 노출돼 있었던 탓에 밋밋한 보통 책은 반응이 없었기 때문이다.

책이라는 물건과 친숙해지도록 하는 것이 목표였기 때문에 책 내용이나 영역, 유명세, 가격 등은 따지지 않았다. 실로폰이 달린 책, 좋아하는 자동차가 퍼즐로 들어있는 책, 잡아당기면 악어 입모양이 쭉~ 길어지는 책, 《Big Yellow Sunflower》과 같이 진짜 해바라기가 튀어나오는 것 같은 책 등 무조건 쉬워 보이고 특이한 것 위주로 보여줬다. 책 모양 자체가 특별해서 충분히 장난감이 될 수 있는 조작북들이 대부분이었다.

셋째, 맞춤형 변화

여전히 TV와 장난감의 큰 자극을 이기진 못했다. 반짝반짝하면서 빨리 빨리 바뀌는 화면에 신나는 멜로디와 리듬까지 나오는 TV는 자극의 끝판왕이었고, 짜증을 내다가도 TV만 틀면 뚝 그치는 지경이었다. 이미 오랜 시간 TV에 노출된 상태였다. 이런 예준이를 더욱 더 책으로 유도하는 방법은 무엇일까 고민이 됐다.

TV 자극을 아예 없앤다고 갑자기 책을 더 많이 좋아할 것 같진 않았다. TV를 보여주는 횟수는 줄여가고 책으로 놀아주는 시간은 서서히 늘려가기로 했다. 쿵짝쿵짝 빠르게 변하는 '동요' 화면 대신 예준이가 좋아하는 자동차가 나오는 '동화' 화면을 틀어줬다. 처음엔 호응이 없었지만 점점 좋아하게 됐고 점차 조용하면서도 부드러운 그림의 TV 동화를 보여주면서 자극을 조금씩 줄일 수 있었다.

대신에 책은 더욱 재미있게 읽어줬다. 마치 책이 TV화면이 된 것처럼 아이에게 보여주면서 책장을 넘기고, TV에서 동요가 나오는 것처럼 손으론 책을 들고 입으론 동요를 불러줬다. 아이가 잠이 들면 내일 보여줄 책을 몇 권 정했고, 포스트잇에 멜로디를 메모해 뒤표지에 붙여뒀다.

《난 토끼야》란 책이 있는데 그 책 뒤표지에는 "아이 잘한다~"라고 적었다. '아이 잘한다' 동요에 맞춰서 책 속의 글자를 멜로디화 해서 읽어준 것이다. "난 토끼야~ 난 밤밤이~ 내 이름은 밤밤이야~" 이런 식으로 책장을 넘기면서 보여줬다. 그랬더니 불과 한 달 전만 해도 책을 낯설어하던 아이가 시도 때도 없이 책을 꺼내들고 와서 노래를 불러달라고 했다. 아이에게 하도 불러줘서 나도 모르게 흥얼거리던 어느 날이었다. 아이가

《난 토끼야》를 꺼내서 내 옆에 서 있는 게 아닌가! 설거지하다가 흥얼거렸던 엄마의 목소리에 반응한 것이다. 내 목소리가 TV소리가 되고 책이 TV화면이 됐더니 스스로 꺼내오는 책의 권수가 하루가 다르게 늘어갔다.

내가 알고 있는 '무엇이 무엇이 똑같을까?'와 같은 동요에 책 속의 문장을 넣어서 불러주기만 하면 됐다. 꼭 동요가 아니라도 엉터리 노래라도 멜로디만 붙이면 됐다. 당시 예준이는 모든 책에서 음악이 나오는 줄 알고 노래를 불러달라는 듯 책을 꺼내들고 와서 고개와 엉덩이를 씰룩씰룩 움직였다. 노래를 불러달라는 신호였다.

그걸로 끝이 아니었다. 책 자극을 늘리기 위해 책이 살아있는 것처럼 해줬다. 자동차가 나온 책을 들고 정말로 차가 움직이는 것처럼 아이 뒤를 "빵빵~" 소리 내면서 쫓아다녔다. 동물이 나오는 책을 들고 아이를 쫓아다니기도 했다. 강아지가 나온 책을 들고 따라다니면서 "멍멍!" 고양이가 나온 책을 들고 따라다니면서 "야옹~" 한마디로 책이 살아 움직이는 것처럼 했다. TV 자극은 줄이고 책 자극은 늘린 것이다.

넷째, 매일 책 생각

예준이가 책이랑 친해질 수 있는 방법만 생각했다. 아이가 이미 하고 있는 행동에 슬쩍슬쩍 책을 넣어주기도 했지만, 내가 먼저 유인하기도 했다. 쌀을 대야에 가득 넣고 아이가 좋아하는 쌀놀이를 먼저 하고 나서 쌀놀이에 빠져 있을 때 책을 넣어줬다. 아이가 좋아하는 놀이가 미끼가 된 것이다.

그런데 아무리 아이가 좋아하는 놀이더라도 컨디션이 좋지 않을 때는 먹히지 않았다. 그래서 컨디션을 잘 살펴가면서 했다. 아침에 일어나자마자 차분할 때와 잠자기 전에 책을 읽히기 좋다는 말도 있는데 예준이한테는 맞지 않았다. 잠자는 것을 너무 싫어하는 아이라 잠자는 분위기를 잡으면 기분까지 다운이 됐다. 아침엔 몸이 피곤한데도 잠을 더 자기 싫어서 억지로 몸을 일으키느라 기분이 별로였다. 대신 밥을 먹고 밖에서 실컷 놀고 들어와 집에서도 실컷 놀고 난 직후에 기분이 최상이었다. 이때 책을 보여줬다. 바깥에 나갔다 들어오면 오히려 에너지가 솟아나는 아이였다. 몸으로 다 놀았으니 머리로 놀겠다는 식으로 말이다. 아이가 언제 기분이 좋은지부터 파악해보자. 그리고 그때 책을 보여주면 된다.

책이랑 친해지게 해주자는 생각에 빠져 있다 보니 일상의 모든 것이 책과 연관되게 보였다. 변기가 나온 책을 들고 화장실에 가서 변기 물도 내리고, 비누가 나온 책을 들고 가서 비누거품놀이도 했다. 부엌이 나온 책을 들고 냄비를 꺼내주고 두드리게 했다. 집 안에서 접하기 쉬운 사물위주로 했더니 할 수 있는 놀이가 무궁무진했다. 우산이 나오는 책은 직접 우산을 보여주면서, 딸기가 나오는 책은 직접 딸기를 사다가 먹여주면서, 애벌레가 나오는 책은 애벌레 인형을 보여주면서 말이다. 책에 나오는 그림을 실제로 보여주고 나서 책을 보여주니 정말 효과가 좋았다.

이런 식으로 한 것이 길지도 않은 세 달이다. 네 달째 접어들자 아이도 너무 재미있는지 엄마의 노력 없이도 스스로 책을 꺼내서 오는 상황이 벌어졌다. 엄마에게 책을 가져오면 재미난 일이 벌어지고 폭풍칭찬까지 받으니 당연한 결과였다.

■■■

실천 노하우

아이가 좋아하는 것과 책을 함께 둔다

책과 친해지게 해주려고 좋아하는 것을 이용했다. 이때는 아이가 책 내용을 안 보더라도 크게 신경 쓰지 말고 책을 장난감처럼 여기도록 해주는 것이 포인트다.

- 기차를 좋아할 때 : 책으로 터널을 만들어주기. 《Freight Train》(글 · 그림 Donald Crews) 책도 함께 보기.
- 자동차를 좋아할 때 : 짝 펼칠 수 있는 책 Foldout Book으로 도로를 만들어서 자동차를 타고 밟고 지나가거나 주차장을 만들어 자동차를 주차시키기.
- 공을 좋아할 때 : 좋아하는 축구공을 이용해서 책을 보게 유도하기. 공을 튀기고 놀다가 책 위에 올려놓는다. 재미있어 보이면 아이도 따라하게 되고, 그러다가 자기도 모르게 책을 본다.

● 토마스 기차를 좋아할 때 : 고든 캐릭터가 나오는 페이지를 펴고 잠이 들었다. 얼마나 좋아하면 잘 때도 손에 쥐고 잘까 싶어 미니북, 사운드북을 비롯 토마스 캐릭터가 나오는 책들을 사줬다.

책이 자꾸 몸에 닿게

좋아하는 것이 그려져 있어도 촉감이 예민한 아이들은 책의 딱딱한 느낌 자체를 불편해할 수 있다. 자꾸 몸에 책이 닿을 수 있는 환경을 만들어 딱딱한 느낌을 극복하게 해주자.

조작북 활용

촉감북, 토이북, 사운드북 등 책 자체가 재미있는 조작북을 이용하자. 감사하게도 영어단행본에는 그런 책이 많다. 예를 들어, 《10 button book》은 단추 색깔에 맞춰서 책에 끼우면서 읽는 책이다.

책은 언제나 아이 손이 닿는 곳에

어릴 땐 옆으로 길쭉한 책장이 좋다. 20개월경 반찬통 큰 거 하나를 엎어주니 밟고 올라가서 세 번째 칸의 책도 꺼내봤다.

주 1회 도서관 데이트

아이가 다 커서도 도서관 데이트를 자주 하는데, 도서관에서는 좋아하는 라면을 사준다. 어릴 땐 평상시 사주지 않던 젤리도 사주며 기분 좋게 놀다왔다.

· 영어책으로 노는 모습 ·

책에서 본 건 실제로도 본다

예준이는 책표지를 굉장히 유심히 봤는데 책표지가 좋아서 책을 펴지 않을 때도 있었다. 내 맘대로 넘겨서 책을 펴면 표지 그림이 없어지니까 그게 싫어서 징징거렸다. 아무리 꼬셔도 안 되니 그냥 뒀다. 어떤 날은 자기 맘대로 책장이 잘 안 넘어가니 책을 집어던지기도 했다. 그럴 때면 그냥 그러려니 뒀다.

그리고 예준이가 차만 타면 핸들을 뚫어져라 보길래 핸들이 들어있는 책을 사줬다. 그리고 오락실에 데려갔다. 진짜 자동차는 예준이 힘으로 돌리기에 벅찼기 때문이다. 20개월도 안 된 아기가 핸들을 돌리고 기어도 바꾸는 모습에 지나가던 학생들이 박수치며 웃던 모습이 생각난다. 1시간 가까이 난 그냥 옆에서 앉아 있었다. 예준이는 소리 지르며 흥분의 도가니탕이었다. 악기가 나오는 책을 보면 악기를 만지러 가고, 동물이 나오는 책을 보면 동물을 보러 갔다. 간식이 나오는 책을 보면 함께 간식을 만들고 과일이 나오는 책을 보면 똑같은 과일을 사다가 먹었다. 직접 보고 만져보게 하는 게 최고다.

거창하게 생각하지 말고 하루에 하나씩만 놀아보자. 아이가 책을 좋아하게 하려면 일단 책과 친해져야 하지 않겠는가. 운명적인 사람을 만난 것처럼 책이 아이에게 갑자기 꽂히는 일은 없다. 외출할 때 가방에 미니북을 챙겨가도 좋다. 그날 밖에서 본 것들을 집에 와서 책 속에서 찾아봐도 좋다. 그냥 책이란 물건을 자꾸만 보고 만지게 해주자. 어차피 애들은 매일 놀아야 하니 책을 갖고 놀게 해주자.

책과 친한 아이를 만들자

이쯤 되면 본격적인 엄마표 영어환경 만들기의 전초전이 길다는 생각이 들지도 모른다. 얼른 파닉스 규칙도 알려주고 영어책을 혼자 읽을 수 있게 해주면 되지, 무슨 준비과정이 이렇게 긴지, 조바심이 날 수도 있다. 이렇게 생각하는 사람들에겐 STEP 1의 과정이 길어 보일 것이다.

그런데 이러한 생각이 든다면 엄마표 영어환경 만들기의 핵심이 '영어책'이라는 점을 간과한 것이다. 책 자체를 싫어하는 아이에게 어떻게 영어책을 읽어줄 것이며, 어떻게 영어책 집중듣기를 몇 년씩 시킬 수 있단 말인가. 책과 친하지 않은 아이에게 낯선 소리를 집중해서 듣고, 모르는 글자를 집중해서 보라고 하는 것은 너무 가혹한 일이다.

일단 영어책과 영어소리가 낯설지 않도록 해주는 것이 선행돼야 그 속에서 재미도 느끼고 할 만하다는 느낌도 받을 수 있다. 영어책과 친해지게 해주는 전초전은 책을 자꾸 찾게 하는 효과를 줘 독서습관을 길러준다. 이렇게 잡혀진 독서습관은 앞으로 어떤 공부를 하던지 아이를 덜 힘들게 해줄 것이다. 영어실력만 신경 쓰는 엄마표 영어환경 만들기가 아닌, 진정한 엄마표 영어환경 만들기에 성공하기 위해서는 한글책이든 영어책이든 '책과 친한 아이'가 되게 해줘야 한다는 점을 잊지 말자.

Step
2

책 내용과 친해지기

책 내용으로
그냥 놀기

책 내용과 친숙해지는 법

이제는 책 자체와 친해지는 것을 넘어서 책 내용과 친해지도록 해줘야 한다. 책 내용이 재미있어서 아이가 먼저 책을 찾도록 해줘야 한다. 유아들은 '바로, 지금, 당장'이 제일 중요한 아이들이다. 오늘도 내일도 없다. 지금 당장 재미있는 것을 찾는다. 매일 노는 것이 당연하듯이 매일 책을 찾도록 하려면 지금 당장 재미있게 해줘야 한다.

책과 친해지기 위해 책을 바닥에 깔고 징검다리 삼아 '놀았던 것'이니 책 내용과 친해지기 위해 책 내용으로 '놀아주면' 될 것이 아닌가! 그런 생각으로 책놀이를 하다 보니 예준이가 변했다.

- **20개월 중순** : 보는 책의 권수가 많이 늘었고, 안 보던 책도 꺼내봤다.
- **21개월** : 하루에 보는 책의 권수가 비약적으로 늘었다.

- **22개월** : 반복 횟수가 줄고, 권수는 늘고, 책 낯가림은커녕 새 책을 사주는 즉시 봤다.
- **28개월** : 책 좀 빨리 사달라고 졸라댔다.

도서관에서 빌려온 책들을 아무 거리낌도 없이 날름날름 보는 모습, 두꺼운 보드북과 함께 얇은 페이퍼백 형식의 책도 잘 보는 모습에서 더 많은 책들이 필요하다고 느꼈다. 백과사전도 필요할 것 같았고 한글 노출 빈도도 늘려야겠다고 생각했다. 당장 서점으로 가서 헌책이지만 직접 고른 책들을 사줬고, 근처 도서관들을 투어하듯 돌아다녔고, 책장도 사줬다. 엄마가 이끄는 것 같았지만 사실은 예준이가 엄마를 이끌었다. 예준이 속도에 맞춰 빠르게 환경을 만들어줘야 했기 때문이다.

책 한 권을 보는 집중도와 시간이 확실히 늘어난 게 느껴졌고, 더 이상 서랍 속, 바닥 진열을 하지 않아도 책등만 보이는 책장에서 알아서 책을 꺼내왔다. 그림과 사진 위주로 보기 때문에 한글책, 영어책 구분하지 않고 그냥 책이면 다 봤다. 물론 이때는 책을 읽는다기보단 책의 그림들을 보는 것이었지만 책을 낯설어하던 아이가 혼자서 책을 펼쳐본다는 것 자체로 감사했다. 아침에 일어나자마자 몇 번씩 본 책들을 보고 또 봤다. 아이가 "이게 뭐야?"라고 계속 물어서 계속 대답해주고, 노래 부르고, CD를 틀어줘야 하니 몸이 고단하기도 했다. 그래도 잠자리 주변에 이 책 저 책 쌓여있는 걸 보면서 얼마나 행복했는지 모른다. 그 책들을 냉큼 치우지 않았다. 그냥 두면 아침에 일어나서 어젯밤에 봤던 책들 중 다시 보는 책이 꼭 있기 때문이다. 그렇게 두다가 다시 손이 가지 않는 것 같으면 책장에 정리했는데 아이가 주로 보는 책이 뭔지 꼭 살폈다.

아이가 이렇게 변하기까지는 책을 읽어준 엄마뿐 아니라 '책놀이' 역할이 컸다. 책놀이는 책 내용들로 놀아주는 것으로 흔히 독후활동이라고 할 수 있다. 독후활동이라는 말이 거창해 보일 수 있지만 막상 해보면 그냥 책 내용으로 놀아주는 거다. 아이가 책놀이에 빠져들면 엄마가 들이대는 게 아니라 아이가 들이대기 때문에 아이가 해달라는 대로 해주기만 하면 된다. 하루가 빠르게 지나간다.

첫째, 놀이욕구를 풀어주고 책에 나온 것을 직접 보여주기

집에만 있다가 다니기 시작한 문화센터는 활동적인 예준이와 나에겐 활력이 됐다. 사회성 형성이나 교육적인 부분은 둘째로 치고 아이와 매일 기운내서 놀아주기 적합한 공간이 필요하던 참이었다.

셔틀버스도 타보고 자동차, 나무, 아파트, 놀이터도 구경했다. 센터에 도착해서는 선생님, 친구들과 인사도 나누고 넓은 강당을 마구 달리며 온몸의 에너지를 발산했다. 이렇게 놀고 집에 오면 짜증내는 일도 줄고 놀이욕구가 충족돼서인지 책도 더 잘 봤다. 만약 아이의 성향이 이와 반대라면 아이가 잠을 푹 자고 일어난 순간이나 잠들기 전의 편안한 분위기에서 책을 보여주는 것이 좋다. 각각의 아이마다 책을 잘 보는 타이밍이 분명히 있다.

예준이는 문화센터 1층에 있던 어항에서 붕어를 보면 붕어가 나온 책을 사랑했고, 비가 와서 우산을 들고 다녀온 날엔 우산이 나오는 책과 사랑을 나누었다. "빨개졌대요~ 빨개졌대요~ 길가의 코스모스 얼굴~" 노래를 배우고 오면 돌잡이 자연관찰의 가을 책을 꺼내봤다. 또, 토끼가 나오는 책을 좋아해서 동물원에 데리고 갔더니 코끼리랑 물개에도 관심을 보였다. 그날 집에 와서 무엇을 했을까? 맞다. 코끼리랑 물개가 나온 그림책을 봤다. 그렇게 책 내용과 점점 더 친해졌다.

둘째, 한글 떼기처럼 영어 떼기

한글 떼기와 영어 떼기는 책 내용을 스스로 읽어낼 수 있다는 점에서 책 읽기에 중요한 사건이라 할 수 있다. 한글 떼기의 적정연령이 언제라고 정할 수는 없지만 보통은 엄마가 읽어주는 것에 답답해하거나 글자에 관심을 보일 때다.

예준이는 27개월경 책 속의 그림을 보면서 "이게 뭐야~ 이게 뭐야~"라고 했던 때가 지나자 책에 적힌 제목을 손가락으로 한 자씩 짚으며 읽는 시늉을 냈다. 나는 이때만 해도 한글은 초등학교 가기 전에만 알려주면 된다고 생각했기 때문에 예준이가 관심을 보이는 타이밍을 놓쳤다. 그나마 한글을 이미지처럼 보여주기는 했다. '책놀이를 하면서 책이랑 친해졌듯이 이왕이면 아이와 매일 놀 때 한글놀이를 하면 한글이랑 미리 친해질 수 있겠네'라고 생각했다. 어릴 땐 자연스럽게 한글의 생김새를 노출시켜두고 나중에 읽는 법칙을 조금만 신경 써주면 될 것 같았다.

그래서 예준이와 책을 보다가 강아지 그림이 나오면 강아지 글자를 같이 보여줬고, 사자 그림이 나오면 사자 글자도 같이 보여줬다. 사물을 인지하던 시기에 책의 이미지와 글자를 같이 보여준 것이다. 이 과정을 통해 사물마다 각각의 이름이 있고, 그 이름은 이렇게 생겼다는 개념이 잡힌 것 같다.

이후 54개월경 《기적의 한글학습》으로 원리를 알려주며 한글을 뗐다. 그리고 쉬운 한글책을 떠듬떠듬 읽던 시기에 유치원에서 《레터랜드 Letterland》라는 교재로 알파벳 음가를 배우고 있던 예준이는 영어도 한글처럼 알파벳 한 글자마다 나는 소리들이 있고 단어로 읽을 수 있다는 것을 알게 됐다. 나는 예준이가 그림을 넘어서 글자에 관심을 보이게 된 것이 한글책과 영어책을 꾸준히 접해왔기 때문이라고 확신한다. 부모는 아이가 관심을 보일 때 원리만 알려주면 되는 것이다.

아이 혼자 책을 읽고 싶어 하는 모습이 보이면 주저하지 말자. 아이는 엄마가 바빠서 책을 못 읽어주는 상황이 오히려 힘들 수도 있다. 그때 "글자를 알면 엄마가 설거지할 때도 혼자 읽을 수 있고 좋을 텐데"라고 한마디만 던져보자. 책 내용과 친해지려면 글자 떼기 과정은 꼭 필요하다.

셋째, 책 내용으로 대화하기

현재 해외에서 근무하거나 외국인과 일하는 친구들에게 예준이 발음에 대해 물어본 적이 있는데, "사실 발음은 중요하지 않아. 중요한 것은 어휘야. 풍부한 어휘력과 자기 생각을 잘 전달할 수 있는 전달력만 있으면 돼"라고 조언을 들었다.

엄마들이 원하는 최종 목표는 '영어로 의사소통'이다. 그리고 의사소통에서 중요한 어휘력과 전달력을 탄탄하게 해주는 것이 바로 책이다. 책을 통해 간접경험을 하며 의사소통의 재료들을 채울 수 있기 때문이다. 그래서 책을 좋아하는 아이로 키우는 것이 중요하다.

엄마표 영어환경 만들기의 성공은 책을 좋아하는 아이로 만들어주느냐에 달려 있다. 이때 책이 재미있으려면 내용을 함께 공유하는 것이 효과적이다. 아이에게 영어책을 읽어주거나 CD를 틀어주는 것으로 끝내지 말고, 책 내용으로 아이와 대화해보자. 잠깐 일시정지 버튼을 누르고 모국어로 대화해도 된다. 그러면 아이가 스스로 느끼고 생각하는 진정한 책 읽기가 될 것이다.

영어책을 읽어주는 법

그냥 매일 영어책을 읽어주라고?

한글책은 매일 어떻게라도 읽어주겠는데 영어책은 생각보다 쉽지 않다. 영어단어를 모르면 도저히 방법이 없어 보이기 때문이다. 그런데 많은 사람들이 너무 쉽게 "매일 영어책 읽어주세요~"라고 한다.

"아니. 내가 못 읽는다고요! 영어글자 읽을 줄 모른다고요! 글자도 못 읽는데 어떻게 재미있게 읽어주냐고요! 그걸 어떻게 매일 하냐고요!"

어른이라면 영어 그림책 정도는 기본으로 읽는 것처럼 말하는 분위기라 제대로 읽지 못한다는 사실을 밝히기도 힘들다. 모르는 영어단어의 발음기호를 찾아가며 읽어주자니 하루 이틀은 어떻게 하겠는데 매일은 힘들다. 게다가 미리 발음기호를 찾아서 컨닝페이퍼를 만들어놓은 책 말고 다른 책을 읽어 달라고 하면 어쩌란 말인가.

이번엔 CD를 틀고 "What do you see? [왓 두 유 씨?]"를 한글로 써가면서 따라해보기도 하지만 아이에게 자연스럽게 한 권 전체를 읽어주는 건 생각보다 쉽지 않다. 한글 전래동화를 처음부터 끝까지 읽어줘본 엄마들이라면 이해할 것이다. 아이들 책 분량이 정말 만만치 않다. 쉬운 책들도 많지만 스토리 탄탄한 그림책들을 읽어주려면 발음은 둘째로 치고 내용 이해도 힘들다. 아이에게 내용을 이해시켜주자니 더 힘들다.

민준이에게 《푸름이 까꿍그림책》 시리즈 15권과 《쥐돌이》 시리즈 10권을 읽어준 적이 있는데, 너무 힘들었다. 한 권을 다섯 번 반복해서 또 읽어달라고 해서 지겹기도 하고 귀찮기도 했다. 아이의 독서습관이 중요한 것도 알고 팔베개하고 읽어주는 시간이 정말 소중하다는 것도 알지만 매일 이렇게 읽어주기는 불가능하다.

아이와 도서관에 나란히 앉아서 책을 보고 싶다고 꿈꾸며 한글 떼기를 빨리 해줬던 진짜 속마음은 '이제 내가 읽어주지 않아도 되겠다!'였다. 솔직히 너무 힘든 날은 "민준아 다섯 권만 빼와야 돼~"라면서 책 권수를 정하고 읽어주기도 한다. 한글책도 이런데 영어책은 오죽하겠는가.

너무 읽어 달라고 해서도 힘들지만 읽어주고 싶어도 아이가 거부하면 더 힘들다. 아이가 가만히 앉아서 봐주면 다행인데 안 보겠다는 아이를 달래가면서 읽어주면 진이 쪽쪽 빠지는 느낌이다. 우리 한번 현실적으로 생각해보자. 매일같이 읽어주는 것 힘들지 않은 사람이 있을까? 좀 쉽게! 실천할 수 있는 방법으로 가자!

영어책의 '그림'을 읽어주자

꼭 글자를 읽어주지 않아도 된다. 그냥 미술관에 왔다고 생각하고 그림을 편하게 본다. 스토리도 중요하지만 그림을 느끼게 해주는 것도 중요하다. 영어 그림책을 통해 수채화, 크레용화, 펜화 등 그림체와 서정, 현대, 고전 등 수많은 감성을 느낄 수 있다. 다양한 화풍을 느끼게 하려면 비슷한 화풍의 책을 모아놓은 전집보다 영어 그림책이 더 효과적이다.

그림을 보는 것도 영어책을 읽는 것이라고 생각하면 된다. 아무 사전지식이 없더라도 누구나 이미지 한 컷을 보고 그 이미지에 어떤 것이 있는지, 이미지를 보면 어떤 느낌이 드는지 정도는 말할 수 있다. 한국말로 그냥 표현하면 된다. "얘가 바다에 가려고 짐을 챙기나봐", "왜 저렇게 손 씻는 걸 싫어할까?", "어머, 너무 잘생겼다!" 등 그냥 아이와 같이 그림을 관찰하면서 이야기해가는 것이다. 지금은 책 속의 '그림'이지만 나중엔 책 속의 '글자'와 친해질 것이다.

우리는 영어책을 보면 영어글자의 뜻을 해석하고 작가가 어떤 생각으로 썼는지 추론하게 된다. 마찬가지로 영어책의 그림을 읽는 것도 그림의 뜻을 해석하고 작가의 의도를 추론하는 과정이다. 이 추론 과정은 문맥 파악에 큰 도움이 된다. 신기한 것은 그냥 그렇게 그림을 읽고 한국말로 아이와 이야기를 나누는 건데도 영어책 내용과 친해진다는 것이다. 처음부터 끝까지 전체를 읽어주지 않아도 되고 책제목만 읽어줘도 된다. 쉬운 영어단어나 영어문장이 나오면 한 번씩 읽어주면 된다. 어쨌든 아이와 영어책 내용으로 이야기 나누고 있고 영어책을 읽어주고 있는 것이다.

영어책에서 여러 인종의 또래친구들을 만나고 대자연도 만나고 가까이

서는 보기 힘든 동식물들도 만날 수 있다. 그림의 전체적인 느낌과 이미지만 느껴도 성공이다. 그림을 읽어주는 것으로 영어책 내용과 친해지기를 해보자.

기기의 도움으로 읽어주자

우리는 감사하게도 CD와 세이펜이 적용되는 수많은 책들을 접할 수 있는 시대에 살고 있다. 엄마가 읽어주는 것을 100퍼센트 대체할 순 없지만 힘들 땐 도움도 좀 받자. 나도 CD 님과 세이펜 님을 활용했다.

'리딩 플래닛'이라는 영어책 대여 프로그램을 이용했는데 한 달에 여섯 권의 책을 받아볼 수 있는 프로그램이다. 그때 받은 영어 그림책에는 지금의《노부영》책이 들어있었는데, CD를 틀면 한 페이지 읽어주고 띠리링~ 효과음이 나와서 한 장 넘기라고 알려주는 굉장한 아이였다. 게다가 그냥 낭독이 아니라 문장에 멜로디가 곁들여 있기도 하고 챈트가 곁들여 있기도 했다. 나는 그 CD 소리에 맞춰서 책장을 넘겨줬다. '엄마 입으로 낼 소리를 CD가 대신해준다'고 감사해하며 책장을 넘겨줬다.

《씽씽영어》에도 CD가 함께 들어있었기 때문에 그걸 틀고 소리에 맞춰서 책장을 넘겨줬다. 나도 술술 읽어주고 싶었지만 안 되는 걸 어떻게 하겠는가. 그렇다고 영어공부를 미리 하고 나서 읽어주자니 시간적으로 비효율적이었다. CD 님의 도움을 반드시 받아야 했다.

중고로《영어나라》라는 책도 구입했는데 버드톡이라는 것이 들어있었다. 버드펜으로 책을 누르면 버드톡에서 소리가 나오는 방식(세이펜 이전 단계 정도)이었다. CD처럼 책 전체를 읽어주는 게 아니라 책에서 버드펜으로 누르는 곳만 읽어주니 어찌나 신기하던지! 요즘은 세이펜을 많이 사용한다. 아무 책이나 세이펜으로 콕콕 찍는다고 소리가 나오는 것은 아니다. 세이펜으로 눌렀을 때 반응하는 세이펜 호환도서들만 가능하다. 이런 세이펜 호환도서들은 정말 많다! 하지만 아쉽게도 유아 영어책, 영어 리더스북까지는 세이펜 적용도서들이 많지만 챕터북과 영어소설은 세이펜 호환도서가 없으니 CD와 오디오 활용에 미리 익숙해져 놓기를 권한다. 그런데 여기서 굉장히 중요한 것이 있다. 세이펜만 던져주고 아이 혼자 알아서 책을 보라고 하면 안 된다는 것이다. 엄마가 함께여야 한다. 엄마가 소리 내서 읽어줘야 하는 걸 세이펜이 도와주니 그 정도는 하자. '내가 할 일을 CD와 세이펜이 대신해준다'고 감사하면서 책장이라도 넘겨줘야 한다. 아이가 중간에 말을 하면 일시정지 버튼을 누르면 된다. 엄마 목소리로 책 읽어줄 때 아이가 중간에 물어보면 대답해줬던 것처럼 잠깐 멈추고 대답해줘야 한다.

그리고 한 단계 더 해줄 수 있으면 좋다. 아무리 영어를 읽을 줄 모른다 해도 CD 소리만 믿고 엄마가 입을 꽉 다물고 있지는 말자. 책을 펼치고 CD를 재생시키면 트랙1은 거의 제목과 작가, 출판사 소개이고, 트랙2부터 본문이 본격적으로 시작된다. 이때 영어소리가 나오면 마치 엄마가 읽어주는 것처럼 바로 이어서 그 소리를 따라서 내뱉어주면 된다. 이상한 소리도 대충 비슷하게는 흉내 낼 수 있다. 꿀렁거리는 느낌으로 소리 자체를 흉내내서 뱉어내면 더 좋다. 무슨 뜻인지 엄마가 바로 이해되면 좋겠지만 그게 아니더라도 상관없다. CD를 가이드로 해서 엄마가 바로 따라 내뱉어주면 그게 영어책을 읽어주는 것과 마찬가지다.

《How's the weather?》 Rozanne Lanczak Williams 지음, Creative Teaching Press

《How's the weather?》 읽어주기

❶ CD를 튼다.

❷ CD에서 How's the weather? [하우즈 더 웨덜]이라는 소리가 나오면 엄마도 그냥 들리는 대로 [하우즈 더 웨덜]이라고 소리를 낸다.

❸ 삐~ 소리가 나오면 책장을 넘긴다.

❹ CD에서 It's a rainy day [이쯔어 래이니 데이]라는 소리가 나오면 엄마도 그냥 들리는 대로 [이쯔어 래이니 데이]라고 소리를 낸다.

❺ 삐~ 소리가 나오면 책장을 넘긴다.

❻ CD에서 It's a sunny day [이쯔어 써니 데이]라는 소리가 나오면 엄마도 그냥 들리는 대로 [이쯔어 써니 데이]라고 소리를 낸다.

CD 소리 한 번, 엄마 소리 한 번, 이런 식으로 읽어주면 된다. 아이가 영어글자를 읽지 못하는 시기에는 그림을 보면서 소리를 들을 것이다. 그런데 시간이 지나면 아이가 단어 하나하나를 궁금해하고 글자에 관심이 높아지는 날이 온다. 이때는 한 페이지씩 또는 전체를 읽어주는 CD보다는 세이펜을 사용하면 좋다. 세이펜을 한 문장에 갖다 대면 그 문장만 세이펜이 읽어주고, 한 단어에 갖다 대면 그 단어만 읽어주기 때문에 편리하다. 그렇게 나오는 소리를 엄마 목소리로 따라 읽어주면 되는 것이다. 비록 CD의 도움을 받았지만 그건 그냥 가이드일 뿐이고 아이에게 진짜로 책을 읽어주는 사람은 엄마로 기억될 것이다.

우리말로 이야기하며 읽어주자

이렇게 기기의 도움으로 영어책을 쉽게 읽어주게 됐지만 의미까지 전달이 잘 됐는지는 알 수 없다. 영어소리를 들려주는 걸로 끝내는 것은 진정한 책 읽어주기가 아니다. 따라서 책을 다 읽은 후나 중간중간에 책 내용으로 대화하는 것이 좋다.

대화는 어떻게 하면 될까? 그냥 우리말로 하면 된다. 책에 적힌 문장들은 영어 그대로 읽어주지만 책에 대한 대화는 한국어로 편하게 하면 된다. 영어문장을 쭉쭉 편하게 읽어주지 못해 기기의 도움을 받았더라도 책에 관한 대화는 엄마가 편하게 해줄 수 있다.

많은 분들이 영어책을 읽어줄 때는 영어만 사용해야 하는 것으로 생각한다. 나 역시 그런 시행착오를 겪었다. 《런투리드》를 진행할 때였다. 킴앤존슨이나 키다리영어샵에서 제공하는 《런투리드》 교육메일을 쉽게 찾을 수 있었다. 이것을 참고해서 아이와 나눌 수 있는 영어 대화 예시를 포스트잇에 적고 아이 책에 붙여뒀다. 당시에는 이게 천군만마 같이 느껴졌다. 영어책을 읽어줄 때는 영어로 질문을 하고 아이와 영어로만 대화를 해야 한다는 고정관념을 갖고 있었기 때문이다. 그래서 블로그에 자료들을 모으기도 하고 적극 활용했다. 하지만 오래 하기는 힘들었다.

처음부터 말이 안 되는 것이, 아이에게 어떤 질문을 해도 대답하는 사람은 결국 아이라는 것이다. 아이 입에서 어떤 답이 나올지 어떻게 미리 예상을 하겠는가. 올바른 답이 나올 수 있게 아이가 해야 할 대답마저도 엄마가 내뱉으면서 이럴 땐 이렇게 대답하는 거라고 정해주는 지경이 됐다. 지금 생각해보면 정말 어이없는 일이었다. 그래봤자 "What is this?", "What do you see?", "What color is it?", "How many~?" 정도였다.

물론 이런 질문들을 통해 도움이 되는 부분도 있긴 했지만 얻는 것보다 잃는 것이 더 많았다. 아이와 책 내용에 빠져서 이야기 나누는 그 소중한 시간에 아이도 나도 말수가 줄 수밖에 없었던 것이다. 하고 싶은 말이 분명 더 있는데 표현할 길이 없으니 그냥 입을 닫은 상태로 책 읽기가 마무리 됐던 것이다.

영어책도 책이다. 영어로 말하는 것이 자유로운 부모들은 자신의 능력을 백분 활용하면 되고, 아닌 경우는 그냥 우리말로 대화하면 된다. 우리말로 대화해도 정말 괜찮다. 책 속의 문장은 기기의 도움을 받고 책 내용으로 대화하고 질문할 땐 우리말로 하자.

이제 좀 부담이 확 주는 느낌이 들 것이다. 그런데 아이에게 읽어주려는 책 내용을 엄마가 모르면 어떤 대화를 해야 할지 감을 잡기가 힘들다. 그렇다면 엄마가 책 내용을 미리 파악하고 있으면 좋지 않을까? 영어문장이 어떤 뜻인지 알고 있으면 좋지 않을까? 우리에겐 인터넷 검색이 있다. 《How's the weather?》만 검색해도 수많은 자료가 넘쳐난다. 나는 아이와 칼데콧 수상작을 읽을 때도 네이버 검색을 적극 활용했다. 책 리뷰를 쉽게 찾아볼 수 있기 때문에 리뷰만 봐도 전체적인 줄거리 파악이 됐다. 문장 하나하나의 뜻을 알고 싶다면 '구글 번역기'를 이용해보자. 물론 번역기를 사용하지 않더라도 아이들 책, 특히 리더스북은 한 페이지당 한 문장 정도로 그림을 통해 뜻을 유추하기 쉽다.

언제까지 읽어줘야 할까?

한글책과 똑같다. 혼자서 읽을 수 있을 때까지다. 혼자서 읽을 수 있어도 계속 읽어주면 좋긴 하다. 이때는 엄마가 읽어주는 느낌이 좋아서 읽어달라는 경우가 많다. 그런데 이쯤 되면 대부분의 아이들이 CD 소리나 엄마 목소리가 느려서 기다리지 못하고, 자기 혼자 빨리 읽고 싶어 한다. 그때가 되면 영어책 읽어주기를 그만하면 된다.

이 세상에 CD와 오디오, 컴퓨터, 세이펜 등 영어소리를 재생시킬 수 있는 기기들이 있어 너무 감사하다. 나는 《The very hungry caterpillar》를 읽어줄 때 '캐러필러'라는 소리를 처음 들었다. 그렇지만 상관이 없었다. 표지에 대문짝만하게 애벌레 그림이 그려져 있었기 때문이다. 그뿐인가! 유튜브에 제목만 검색하면 책 읽어주는 영상이 넘쳐난다. 솔직히 자료가 없어서 문제가 아니라 자료가 넘쳐나서 문제다.

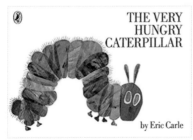

《The very hungry caterpillar》를 읽고 애벌레 인형을 만들어보는 모습

예준이가 당장 'caterpillar = 애벌레'라는 걸 아는 것이 중요하지 않았다. 책 내용에 재미를 느끼고 자꾸만 책을 찾게 되도록 해주는 것이 중요했다. 기저귀 봉지에 신문지를 구겨 넣어 대형 애벌레를 만들고 뽁뽁이로 아기 애벌레를 만들어서 갖고 놀았다. '엄마랑 영어책을 보니 재미있는 놀이도 따라오네. 영어는 재미있어!'라는 좋은 느낌을 주는 데 집중했다. 영어책만 잘 읽어줘도 되지만 놀이가 따라오면 장기적으로 가는 데 분명 도움이 된다. 아이가 지루해할 틈이 없기 때문이다.

나중에 영어독서지도사 자격증을 따면서 알게 된 것이 있다. 아이에게 영어책을 읽어주는 방법, 즉 읽기 힘Reading Power을 높여주는 기술을 전문적으로 배우려면 하루 3시간 수업을 8주 동안 해도 모자란다는 것이다. 그림책, 사전, 리더스북, 챕터북, 소설 등 영어책의 종류가 많은 만큼 효과적으로 읽어주는 방법도 많을 수밖에 없다. 하지만 엄마는 내 아이만의 전문가가 되면 충분하다. 어떤 방법을 사용하든 내 아이가 영어책 읽는 것을 좋아하게만 하면 된다.

영어책으로
놀아주는 법

즐거웠다면 그걸로 충분하다

중요한 건 아이가 책 내용과 친해지는 것이다. 어차피 매일 아이랑 놀아야 하니 영어책과 연계된 활동으로 놀아준다. 사실 처음엔 엄마표 영어를 하는 엄마들의 독후활동 사진을 보고 이해가 되지 않았다. 애를 앞혀 놓고 저렇게 시켜도 되나 싶었다. 그런데 막상해보니 싫어하기는커녕 또 하자고 하는 것이 아닌가! 아이들은 재미있으면 뭐든 즐겁게 한다. 만약 아이가 싫어하고 엄마도 힘들다면 그냥 중단하면 그 뿐이다.

앞에서 《The very hungry caterpillar》를 읽고 애벌레를 만들어봤다고 했다. 이렇게 영어책과 연관된 활동을 하는 것이 영어책으로 놀아주는 것인데, 유아 시기엔 더욱 '놀이'와 연결시켜주는 것이 좋다. 영어를 처음 접하는 시기이므로 지금 당장 즐겁고 재미있으면 된다. 사실 영어놀이는 생각보다 쉽다.

민준이가 어린이집에 다니던 초반에는 어린이집 선생님이 책을 읽어주시는 모습을 흉내내곤 했다. 일명 '선생님 놀이'다. 책만 있으면 된다. 민준이에게 "선생님~ 그게 뭐예요? 알려주세요"라고 했더니 "브브 베어~ 크크 캐앳~ 드드 더~"라면서 알파벳을 읽어주는 것이 아닌가. 게다가 책을 엄마 쪽으로 돌려주면서 선생님 흉내를 내는데 너무 귀여웠다. 분명 알파벳이 나오는 영어책 읽기를 한 건데 아이는 영어공부가 아니라 '놀이'라고 생각하게 된 것이다.

그 다음으로 쉬운 것이 바로 '영어동요 CD를 틀고 춤추기'다. 〈Shake your body〉 노래를 따라부르면서 Now touch your head가 나오면 머리를 만지고, Now touch your nose가 나오면 코를 만지면서 춤을 췄다. 이렇게 놀고 난 민준이는 그 노래와 연관된 책을 알아서 꺼내봤다.

책 내용을 따라하자

간단한 놀이 중에는 '책에 나온 장면을 따라서 그려보는 것'도 있다. 종이와 연필만 있으면 된다. 이게 조금 아쉬우면 색칠을 해도 된다. 공룡의 단단한 피부를 표현해보려고 계란껍질을 종이에 붙이면서 놀기도 했다.

예준이는 책에 나오는 물건이나 주인공을 직접 만들어보는 것을 제일 좋아했다. 《빨간 부채 파란 부채》 책을 읽고 나서 두꺼운 종이로 부채를 만들었고, 동물들을 종이컵에 그리고 뒤집어서 동물 발자국이 나오는 놀이도 했다. 풍선에 Funny, Happy, Sad 등을 적고 표정을 흉내내면서 놀기도 했다. 신체 명칭이 나오는 영어책을 보면 사람 모양을 그려주고 때타올을 만들어주니 쓱쓱 닦는 시늉을 내면서 놀기도 했다.

더 재미있게 집에 있는 때타올을 직접 손에 끼고 인형 몸도 닦아주고 엄마도 닦아주면서 놀기도 했다.

그러면 어떤 일이 일어날까? 아이가 그 책을 또 또 또 읽어달라고 가져온다. 엄마가 바빠 보이면 혼자서라도 본다. 예준이는 등원길에 "엄마 오늘은 뭐 준비해놓을 거야?"라고 물을 정도로 놀이시간을 기다렸고, 그 모습이 너무 예뻐서 '오늘은 어떤 걸로 놀까?' 고민하다 잠들어 꿈까지 꾸었다. 아이랑 영어책으로 노는 게 나도 아이도 너무 재미있었다.

하지만 주의할 점이 있다. 영어책으로 놀아주는 것이 탁월한 방법이고 또다시 책을 찾게 하는 기폭제 역할을 하는 건 맞지만, 코팅하고 자르면서 놀이를 준비하는 시간이 너무 길어 엄마가 지치면 안 된다는 점이다. 적정선을 지키며 놀아주자. 영어는 장기전이다. 엄마가 지칠 정도의 놀이는 하지 말아야 한다.

아이가 초등학생이라면 그 나이에 맞는 놀이로 연계해주면 된다. 반드시 영어 그림책으로만 할 수 있는 것도 아니다. 리더스북, 챕터북, 영어소설 속의 주제들로도 할 수 있다. 아이들이 크면서는 내용 자체로도 충분히 재미를 느끼기 때문에 놀이로 재미를 주는 횟수가 점점 줄어들 것이다.

때론 열심히 놀 준비를 하는 것보다 책을 막 대하는 것이 쉬울 수 있다. 워크시트에만 연필을 댈 수 있는 것이 아니다. 아이와 축척에 관한 책을 활용할 때는 책에 직접 선을 그어서 모눈종이처럼 만들었다. 책에서 호랑이에게 떡을 먹여주는 장면이 나오면 "호랑이야~ 많이 먹어~" 하면서 책에 직접 떡도 그려 넣어줬다. 책에 낙서를 하면 오히려 칭찬을 해줘야 한다. 아이가 재미있게 책을 보면서 놀고 있기 때문이다.

책과 놀기 좋은 환경을 만드는 아이템

① 책과 책꽂이

책장은 아이들 손에 책이 닿을 수 있게 낮은 것이 좋다. 책꽂이는 표지가 보이는 잡지꽂이 형태의 책꽂이와 벽차트형 책꽂이가 좋다. 기본적으로 아이의 책은 아이 손에 금방 닿을 수 있는 곳에 있어야 하고 책표지는 아이 눈에 잘 들어올 수 있게 해줘야 한다.

하지만 책이 반드시 책꽂이에 꽂혀 있어야 한다는 고정관념을 버리자. 식탁 밑에도 한 권, 싱크대 서랍에도 한 권, 화장실에도 한 권, 자동차에도 한 권, 엄마가방에도 한 권, 책이 있어야 할 곳은 따로 정해져 있지 않다. 아이가 엄마를 찾아서 자주 오는 부엌 바닥은 핫플레이스고, 전집 박스도 책꽂이처럼 활용할 수 있다. 민준이가 어렸을 때 한창 냉장고문을 여닫는 것에 빠졌는데, 그때 내가 책을 둔 곳은 심지어 냉장고다!

② CD와 오디오

CD와 오디오는 책과 책장 다음으로 기본이 되는 아이템이다. 아무리 좋은 기기들도 사용해야 가치가 있다. CD에 상처가 나면 다시 사면 되고, 오디오도 고장 나면 고치면 된다. 어릴 때부터 아이 스스로 CD를 넣고 재생할 수 있도록 해줘도 좋다.

③ 세이펜 또는 비바펜

예준이에게 세이펜이 있었지만 민준이에게도 세이펜을 사줬다. 아이들이 서로 싸우지 않게 하기 위한 것이기도 하지만 세이펜 용량이 가득차

직접 세이펜을 찍어보는 모습

서 음원을 넣어주지 못하는 일이 없도록 하기 위해서다. 각각의 세이펜에 어떤 음원이 들어있는지 적어뒀다. 보통 세이펜에 넣는 파일 이름은 책이름이 아니라 '64767_bk.pin' 이런 식으로 돼있기 때문에 음원 순서대로 책이름과 파일이름을 연결시켜 메모했다.

 세이펜 활용법이 어려울 것 같아서 엄두를 내지 못하는 분도 많은데, 우리가 핸드폰에 있는 사진을 컴퓨터로 전송할 때와 같은 원리라고 생각하면 쉽다. 연결 잭으로 컴퓨터와 세이펜을 연결시켜주면 내 PC에 해당 드라이브가 뜬다. 그러면 그 폴더로 들어가서 'book' 폴더에 음원을 전송해주면 된다. 음원은 세이펜 사이트 '음원 다운로드'에 들어가면 검색으로 찾을 수 있다. 만약 세이펜 호환도서 까이유 책을 샀다면 세이펜 사이트에 들어가서 '까이유'라고 음원을 검색한다. 해당 음원을 찾았다면 세이펜과 컴퓨터가 잘 연결돼 있는지 확인한 뒤에 '음원 다운로드' 버튼을 눌러주면 된다. 어떤 책들은 세이펜으로 읽히지 않고 비바펜으로만 읽히는 것도 있기 때문에 비바펜도 있으면 좋다. 글뿌리출판사의 톡톡펜처럼 특정 펜을 사용하는 출판사들도 있다.

④ 독서대

예준이가 책을 읽을 때는 엎드리든 눕든 쿠션에 기대든 그대로 두는 편이다. 아이들 스스로 제일 편한 자세를 취하기 때문이다. 예준이는 평소에는 안 그러다가 책을 보면서 손톱을 물어뜯기도 하는데, 집중력을 높이기 위한 각성 중 하나로 생각되어 그냥 둔다. 책을 한 시간 가까이 집중해서 보는 것은 어른들에게도 쉬운 일이 아니다. 그래서 어떤 자세로 바꾸든 아이가 하는 대로 뒀다.

하지만 아이들 허리가 휠까 봐 걱정이 돼 독서대를 사줬는데, 처음엔 독서대가 튼튼해야 한다는 생각만 하고 나무로 된 독서대를 사용했다. 그런데 이 독서대는 아이 혼자 옮기기 버겁다는 단점이 있었다. 그래서 아이들이 혼자 옮기기도 편하고 독서대 밑으로 다리도 쭉 뻗을 수 있는 YIYO 랩탑 데스크를 사줬다. 엄밀히 말하면 독서대는 아니지만 아이들 독서대로 활용하기에 안성맞춤이다. 책뿐만 아니라 아이패드로 리틀팍스를 볼 때도 활용한다. 독서대에는 항상 책을 올려두어 아이가 펼치고 싶도록 해뒀다. YIYO 랩탑 데스크는 바닥이나 침대 위에서 활용하기 좋지만 아이들 책상 위에 두기에는 공간을 많이 차지했다. 그래서 책상 위에는 적당한 사이즈의 철제 독서대(AST 슬림 독서대, 大자)를 놓아뒀다.

⑤ 프린터와 자석칠판

프린터가 있으면 아이들이 리틀팍스에서 재미있게 본 영어 애니메이션을 책으로 만들어줄 수 있다. 아이들의 마음은 하루에도 몇 번씩 바뀌고 집중력도 짧기 때문에 해달라고 할 때 바로 해주는 것이 좋다. 문방구나

PC방까지 갔다 오면 이미 다른 놀이에 빠져 있을 확률이 높기 때문이다. 자석칠판도 활용도가 높다. 이곳에 벽 차트를 붙여놔도 되고 사이트 워드를 붙여놓아도 좋다. 무엇보다 마커펜으로 아무 때나 쓱쓱 그리며 놀기 좋고 한글이나 영어 자석을 붙여서 글자 익히기에도 좋다. 책의 주인공 이미지 뒤에 자석을 붙여서 칠판에 붙여주면 알아서 역할놀이에 빠져들 수도 있다.

⑥ 포스터

아이가 크면서 시기마다 알면 좋은 내용들이 있다. 주제별로 다양한 포스터들을 쉽게 구할 수 있는데 이런 포스터들은 반드시 벽에만 붙여야 하는 것은 아니다. 냉장고, 방문, 화장실 등 아이 눈높이에 맞춰서 붙여주자.

영어책을
선택하는 법

아이가 직접 고른 '내 아이의 관심사'

아이와 도서관에 가서 어떤 책을 고르는지 관찰해보자. 아이가 손수 고른 책이 정확한 답이다. 탈것을 좋아하는 아이에게는 탈것과 관련된 책을 주면 된다. 민준이와 도서관에 가면 타요 책, 뽀로로 책 등 캐릭터 책들을 골랐다. 특히 디즈니 카를 좋아해서 디즈니 책들을 보여주면 좋아했다. 그 다음으로 자주 고른 책은 바다생물이 나온 책이었다. octopus, shark, turtle 등 바다생물 영단어를 검색하면 관련 책들이 많다. 이렇게 고른 책들은 대부분 성공했다. 예준이의 관심사는 바퀴, 버스, 만화, 마술, 생명과학, 생태계 교란식물, 요요, 야구, 랩 등으로 바뀌어갔는데 그때마다 관련 책들을 찾아줬다. 내 아이가 고른 책은 현재 내 아이의 관심사이므로 그것과 관련된 책을 고르면 실패하지 않는다.

아이의 대박책부터 꼬리물기

무엇보다 최고의 책은 이미 아이에게 히트를 친 책이다. 내 아이의 대박책이 있는가? 그렇다면 그 책을 기점으로 꼬리물기 방식으로 책 고르기를 하면 된다. 내 아이만의 대박책과 비슷한 색감이나 같은 작가가 쓴 다른 책으로 꼬리물기를 하면 책 선택의 성공률이 높아진다. 예준이는 실제 사진이 들어간 책들을 좋아해서 논픽션류의 책들을 많이 사줬고 대부분 성공했다. 로알드 달Roald Dahl 작가의 책 한 권이 히트를 쳤을 때는 로알드 달 작가의 다른 책들도 잘 봤다.

이처럼 영어책을 선정할 때는 아이가 좋아하는 주제를 다룬 영어책을 계속해서 보여주자. 그것이 실마리가 돼 다음 책이 자연스럽게 나온다. 책이 쌓이면서 영어책끼리 꼬리에 꼬리를 물기 때문에 그 다음 책을 자연스럽게 고를 수 있다.

논픽션류를 좋아하는 예준이에게 《DK 영어사전》을 보여줬고, 기초 리더스북으로 《JY First Readers》을 보여줬다. 《런투리드》 중에서도 그림보단 사진이 많은 책 위주로 보여줬다. 논픽션으로 된 단계별 리더스북을 찾다가 그레이트북스의 《Learn Abouts》를 보여줬고, 아이가 과학에 관심을 보여 논픽션으로 과학을 다룬 월드컴의 《브레인뱅크Brain Bank》와 스콜라스틱의 《이머전 리더JY Immersion Readers》도 보여줬다. 이렇게 아이가 좋아하는 스타일의 책과 아이가 좋아하는 주제를 계속해서 보여주면 책 선정이 쉬워진다.

마음에 드는 책을 만나면 그 작가의 책, 그 시리즈의 책, 그것과 비슷한 책, 그 다음 번호 책을 보면 되므로 내 아이가 좋아하는 책을 한시라도 빨리 발견해내는 것이 이득이다. 보통의 영어전집은 20만~100만 원까지 천차만별이다. 그런데 그 전집을 샀을 때 성공하라는 법이 없다. 그렇다면 아이가 좋아할 만한 스타일의 단행본을 모아서 엄마가 전집을 만들어주면 어떨까? 어릴 때 예준이만의 전집을 만들어 준 적이 있다. 추석 때 들어온 돈으로 공, 거미, 악어, 포크레인, 기차 등 예준이가 좋아하는 내용만 묶어서 27권을 한번에 샀다.

아이의 북레벨에 맞는 책

아이에게 너무 쉬운 책도 아이에게 너무 어려운 책도 아닌, 지금 아이 수준에 딱 맞는 책을 선택하는 것이 좋다. 너무 당연한 말인데도 입소문이 난 책들을 사다 보면 정작 내 아이의 수준은 놓치고 갈 수 있다. 항상 내 아이의 위치를 점검해서 알고 있어야 한다. 엄마표 영어환경 만들기가 '책'을 근간으로 수준을 차근차근 올려가는 방식이기 때문에 '북레벨'에 대해서도 기본적으로 알고 있어야 한다. (249쪽 참고)

검증된 도서 참고

① 선배맘네 책장 목록

엄마표 영어환경 만들기를 해오면서 참고했던 선배맘들이 많다. '송이 할머니' 카페가 '꾸준히'에 도움을 준 공간이었다면 선배맘들의 블로그는 다음 책 선택에 도움을 준 공간이다. 단, 선배맘 아이들의 나이를 기준으로 삼지 말고 내 아이의 현재 나이에 맞춰서 살펴봐야 한다.

② 뉴욕 공공도서관 추천도서 목록

뉴욕 공공도서관www.nypl.org/childrens100 사이트에 들어가면 100 Great Children's Books 100 Years를 볼 수 있다. 뉴욕 공공도서관에서 선정한 어린이 영어책 100권이다. 지난 100년간 사랑받은 책들을 모아놓은 목록이기 때문에 스테디셀러다. 책제목이 ABC 순서로 적혀 있고 PDF 파일도 다운받을 수 있다.

③ 미국초등교사 추천도서 목록

전미교육협회www.nea.org/grants/teachers-top-100-books-for-children.html 사이트에 들어가면 Teachers' Top 100 Books for Children을 볼 수 있다. 전미 교육협회의 교사들이 아이들을 위해 추천한 책 100권이다. 전미교육협회는 미국의 교원들을 대표하는 교원단체다. 미국에서도 규모가 가장 큰 노동조합에서 교사들을 대상으로 조사한 결과인 만큼 신뢰가 간다. 하지만 초등교사 추천인 만큼 더 어린 연령대의 아이들에게 맞지 않는 책도 있으니 참고만 하자.

④ 영어 온라인서점 인기도서 목록

웬디북에 들어가서 인기검색어를 확인해보는 것도 영어책을 선택하는 하나의 방법이다. 영어에 관심 있는 부모들이 주로 고른 책들이기 때문에 가장 실용적이다.

1위 노부영(노래로 부르는 영어동화)

2위 리틀 크리터(Little Critter)

3위 해리 포터(Harry Potter)

4위 매직 트리 하우스(Magic tree house)

5위 어스본 영리딩(Usborne Young Reading)

6위 로알드 달(Roald Dahl)

7위 플라이 가이(Fly guy)

8위 메이지(Maisy)

9위 앤서니 브라운(Anthony Browne)

10위 페파피그(Peppa Pig)

기타 스텝 인 투 리딩(Step into reading), 제로니모(Geronimo), 아이 캔 리드(I can read)

※ 2018년 3월 기준 웬디북의 인기검색어

영어 관련 온라인서점의 인기검색어는 몇 년째 큰 변동이 없는 것이 특징이다. 그만큼 아이들이 잘 보는 책이 어느 정도 정해져 있다는 뜻이다. 따라서 아이에게 어떤 책을 보여줘야 할지 모를 때는 인기검색어에 오른 책들로 승부해보면 좋다.

웬디북 외에도 동방북스나 키즈북세종, 북메카, 도나북 등 영어원서를 판매하는 온라인서점에 들어가보면 주간 베스트 폴더나 스테디셀러 폴더가 따로 지정돼 있다. 《The Wonderful Wizard of OZ》《Magic Tree House》《Spot 시리즈》《Olivia 시리즈》《I Spy 시리즈》 등은 예준이가 어릴 때도 인기도서였는데 지금도 인기도서다. 이런 책들은 실패할 확률이 낮다.

· 독서습관이 잡힌 모습 ·

준사마가 실제로 활용한 책 목록

지금까지 꾸준히 활용한 책들 중에서 다양한 영어 그림책 외에 중요한 것만 모아놓으니 제법 그럴 듯한 책 목록이 만들어졌다. 보통의 엄마 누구라도 엄마표 영어환경 만들기를 실천한다면 자연스럽게 책 목록이 만들어질 것이다.

⊘ 유아기 영어전집

씽씽영어, 잉글리쉬 에그, 잉글리쉬 타임, 벤엔벨라, 똘똘이영어, 노부영 베스트, 토키북, 베이비 사이언스, 피카북, 플레이타임 인 잉글리쉬, 씽투게더, 그림책으로 영어 시작

⊘ 파닉스

레터랜드, YJ파닉스 키즈, 스마트 파닉스

⊘ 읽기 독립

Sight Word Readers, First Little Readers, JY First Readers, Learn to Read, Now I'm Reading

⊘ 사전

DK My First Dictionary, 어린이 영어사전, 어린이 First 영어사전, 어린이 Magic 영어사전

⊘ 칼데콧 수상작

Yo! Yes?, Flotsam, NOAH'S ARK, Owl Moon, The Moon Jumpers, Jumanji, The Man Who Walked Between the Towers, No Snow, Blueberries for

Sal, The Gardener, Mice Twice, The Spider and the Fly, A Story A Story, Stone Soup, Goldilocks and the three bears, Why mosquitoes buzz in people's ears, The Little Island, Green, The Adventure of Beekle: The Unimaginary Friend, May I Bring a Friend?, Strega Nona, Sam and Dave Dig a Hole, Shadow, Miss Rumphius, The girl who loved wild horses

⊘ 픽션 리더스북

Step into Reading, Oxford Reading Tree, I can read, Hello readers, Read it yourself, Caillou, Froggy, Clifford, Berenstain Bears, Curious George Curious, An Arthur Adventure, The Magic School Bus Science Readers, Alien Adventure Project X

⊘ 논픽션 리더스북

Brain Bank, Scholastic Emergent Readers, Learn Abouts, Time-to-Discover, I Spy, DK Readers, National Geographic kids

⊘ 챕터북

Fly Guy, Chameleons, Comic Rockets, Mercy Watson, Nate the Great, Arthur, Usborne Young Reading, Andrew Lost, The Zack Files, A to Z Mysteries, Judy Blume, Horrid Henry, Magic Tree House, The Flat Stanley, The-Storey Treehouse, The Magic School Bus, Ballpark Mysteries

⊘ 영어소설

Fantastic Mr. Fox, The Witches, Charlie and the Chocolate Factory, The Magic Finger, Matilda, George's Marvelous Medicine, Charlie and the Great Glass Elevator, Esio Trot, Classic Starts 시리즈, Chronicles of Narnia, The 39 Clues, Warriors, Charlotte's Web, MR Popper's Penguins, Holes, Diary of a Wimpy Kid, How to train your dragon

첫 번째 벽, 남의 집 아이만 잘하는 것 같아서 불안해요

 엄마 **"비교할수록 걱정이 커져요"**

엄마표 영어환경 만들기를 진행 중인 선배맘의 블로그에 가보면 책을 술술 읽는 아이, 책을 읽고 난 뒤 자신의 생각을 영어로 줄줄 말하는 아이, 영어 독서감상문을 한 페이지 꽉꽉 채우는 아이 등 정말 대단한 아이들이 많다. '부럽다', '애 잡네', '저 집이니까 되는 거지'라고 생각할 수도 있지만, 어떻게 생각할지는 엄마의 몫이다.

나는 엄마표 영어환경 만들기를 하고 있는 선배맘의 블로그를 볼 때마다 이렇게 생각했다. '저 아이가 계속 성장해 그 과정을 앞으로도 볼 수 있으면 좋겠다. 저 아이가 더 멋져지고 더욱 성장해서 예준이가 보고 따라갈 길잡이가 사라지지 않으면 좋겠다. 저런 점은 베껴서 예준이에게 적용하면 좋겠다. 정말 멋지다. 예준이도 저렇게 잘하게 되겠지'라고 말이다. 만약 당신이 지금 다른 집 아이와 내 아이를 비교하고 질투하고 있다면 차라리 성장의 질투이길 바란다. 그 질투심이 자극제가 돼 아이와 더열심히 엄마표 영어환경 만들기를 하길 바란다.

'남의 집 아이만 똑똑한 것 같다'는 생각이 밀려올 때 엄마가 스스로 자책하며 좌절감에 빠지지 말자. 그저 '좋지 않은 생각이 머리로 들어왔구나. 곧 있으면 그 생각이 나갈 것이다'라고 생각해보자. 그들의 좋은 점을 내가 하나라도 건져오면 나에게 이득이지 않겠는가. 이런 생각으로 접근하면 세상의 모든 현상들이 교훈으로 다가올 것이다. 그 집의 아이를 바라보면서 비교할 것이 아니라 하나라도 더 배우려고 해야 한다. 남의 집 아이만 잘하는 것 같아서 불안하고 자신의 아이와 비교하고 있는 부모라면 더더욱 말이다.

엄마표 영어환경 만들기를 진행하고 있는 다른 집 아이를 경쟁자라고 생각한다면 경쟁자만 이기면 그뿐이니 그 집 아이만 이기면 그만이다. 그런데 애초에 엄마표 영어환경 만들기의 목표가 무엇이었는가. "영어에 자유로운 내 아이!" 바로 그것이다. 그렇다면 그것에 집중해야지 왜 다른 집 아이에게 집중을 하는가. 다른 집 아이를 이기는 것이 왜 목표가 돼버리는가 말이다. 다른 곳에 에너지 빼지 말자. 집중할 것은 그 집 아이와 내 아이를 비교하는 것이 아니라 내 아이에게 맞는 부분을 선택적으로 취하는 것이다. 그것이 이득이다. 그렇기 때문에 다른 집 아이를 경쟁자로 바라보며 비교할 필요가 없고 불안해할 필요도 없다.

열심히 해야겠다는 마음이 들도록 만들어주는 다른 집 아이에게 오히려 감사하자. 그리고 자신만의 노하우를 타인에게 공개하는 정보 생산자이자 무료 공유자인 다른 집 부모에게도 감사하자. 감사히 여기면서 배울 부분만 받아들이면 된다.

아이를 키우는 부모들끼리는 '말하지 않아도 알아요~' 하는 마음으로 도움을 주고받는 관계가 돼야 한다. 특히 엄마표 영어환경 만들기를 진행하는 사람들, 그중에서도 온라인을 통해 진행기를 적는 사람들은 비교의 대상이 아니라 응원해주고 함께 정보를 교류하는 존재로 인식해야 한다. 그래야 엄마표 영어에 대한 정보가 더 많아질 것이고, 자신의 아이도 더욱 발전하며 서로 이득을 얻을 수 있다.

나아가 자신이 선배맘에게 도움을 받은 것처럼 나중에 자신이 선배맘의 위치가 되었을 때 다른 사람에게 도움을 줄 수 있는 사람이 됐으면 좋겠다. 그래서 그런지 나는 온라인상에서 엄마표 활동하시는 분을 만나면 묘한 동질감까지 들었다. 이런 마음가짐으로 선배맘들의 블로그에서 많은 도움을 받았다. 그렇기 때문에 나 또한 누군가에게 힘이 되길 바라는 마음이다.

오프라인상에서도 잘하는 다른 집 아이의 모습을 보면서 배 아파하지 말고 뒤에서 질투하지도 말고 경쟁상대로 보지도 말고 안 좋은 점을 찾아내려고도 하지 말자. 차라리 그 아이의 나이를 확인하고 '지금 3학년이구나. 우리 애는 2학년 때 저 책을 읽게 될 거야'라고 상상해보자. 그래도 비교할 대상을 찾고 싶다면 과거의 내 아이와 현재의 내 아이를 비교하면 된다.

그런데 비교로 인한 불안보다 더 큰 문제가 있다. 바로 내 아이의 모습이 모두 못난 부모를 만난 탓이라며 자책하는 것이다. '내가 돈을 더 많이 벌었더라면', '내가 영어회화에 능수능란했더라면' 비교의 끝에는 늘 자책이 따라온다. 나 역시 했던 생각들이다. 하지만 이런 생각을 한다고 달라질 건 없다. 누가 뭐래도 내 아이의 엄마는 나일 수밖에 없다. 자신이 엄마인 사실을 바꿀 수는 없지만 엄마인 내 마인드는 바꿀 수가 있으니 마인드를 바꾸면 된다.

엄마표 영어환경 만들기를 하는 도중에 비교, 불안, 자책 등의 감정들이 올라온다면 '엄마의 마음' 문제를 극복하는 것이 중요하다는 것을 기억하고, 굳건히 내 아이의 최종 목표만을 생각하자.

두 번째 벽, 영상물 노출이 염려돼요

 엄마 **"영어책만 하루 3시간 봐야 하나요?"**

예준이가 집중듣기와 따라 말하기를 하는 데 걸린 시간이 30분 정도라면, 학교에서 영어 수업시간 40분을 더해도 영어 노출시간은 1시간 10분이다. 영어가 외국어인 EFL English as a foreign language 환경이라 따로 더 영어에 노출되기는 쉽지 않았다. 집중듣기나 따라 말하기를 과하게 요구해서 책읽기마저 싫어하게 하고 싶지 않았다. 그래서 영어 노출 시간보다 '책'에 포커스를 두고 꾸준히 유지시켜 나갔고, 하루에 영어가 노출되는 시간은 적지만 기간을 길게 잡으면 된다고 생각했다.

하지만 영어책과 영어 CD로만 영어에 노출시키는 것은 현실적으로 쉽지 않다. 이때 영어 DVD와 같은 영상물이나 하이브리드 CD, CD-ROM 등과 같은 다양한 형태로 보완해줄 수 있다.

반응이 나타나기까지 최소 3,000~4,000시간의 듣기가 필요하다는 언어 임계량을 채울 수 있는 방법이 책과 CD만 있는 것이 아니다. 책이라는 기본을 놓치지 않으면서 아이의 상황에 따라 다른 것도 활용했다. 편하게 쉬운 영어 그림책 보는 시간을 주거나, 영어 영상물을 보여주거나, 집중듣기나 따라 말하기 했던 CD를 잠자기 전에 틀어줬다. 영상물을 과하게 사용하는 것이 아니라면 마냥 차단할 수는 없다.

 엄마 **"영상을 차단하긴 힘들어요"**

영상을 눈으로 보면서 영어소리를 귀로 듣는 것은 책으로 접하는 영어와는 또 다른 재미를 준다. 장기간의 엄마표 영어환경 만들기를 영어책과 오디오 CD만으로 채운다면 아이도 부모도 지칠 수 있기 때문에 영상물을 적절히 활용하는 것이 좋다.

영상물의 장점

① 동기 부여 - 영어 공부를 해야 하는 자극을 받을 수 있다.

방탄소년단이 미국 토크쇼에서 인터뷰하는 모습을 유튜브로 본다면 아이도 자신이 꿈꾸는 멋진 사람이 되고 싶다는 생각을 하고, 영어를 더 잘하고 싶다는 자극을 받을 수 있다.

② 장기전 - 피곤하거나 지겨울 때 활용하면 꾸준히를 돕는다.

아이가 유난히 피곤해할 때는 무리해서 집중듣기하기보단 영상물을 보면서 쉬게 해주자.

③ 문화 탐방 - 영어권의 문화와 분위기를 배울 수 있다.

〈레미제라블〉〈로미오와 줄리엣〉〈타이타닉〉〈사운드 오브 뮤직〉〈쇼생크 탈출〉〈바람과 함께 사라지다〉〈아이 앰 샘〉과 같은 좋은 영화를 통해 그 나라만의 문화와 분위기를 배울 수 있다.

④ 독서습관 - 영상과 책을 비교하는 재미를 준다.

책에서 본 내용을 영화로 만나는 것은 색다른 경험이다. 아직 책과 덜 친한 아이들은 영화로 흥미를 끈 뒤 책으로 연결시켜주면 좋다.

⑤ 보상 효과 - 효과만점 보상이 된다.

민준이가 영어도서관에서 영어책 세 권을 열심히 보고 받은 보상은 리틀팍스, 까이유, 티모시네 유치원, 토끼네 집으로 오세요, 도라, 페파피그, 슈퍼와이 등의 영어 DVD였다. 물론 이런 보상이 통했던 이유는 '일요일 아침에만 TV를 볼 수 있다'는 우리 집만의 규칙이 있었기 때문이다. 영어 DVD는 일요일 아침이 아니어도 볼 수 있으니 영어책에 대한 보상으로 효과적이었다.

⑥ 음악 - 감수성도 얻을 수 있다.

'I Believe I can fly~'와 같은 좋은 팝송의 뮤직비디오를 보여주거나 듣게 해주면 영어실력뿐만 아니라 음악적 감수성까지 덤으로 얻을 수 있다.

⑦ 교육 - EBS 강의 등 원어민 강사의 영어강의를 볼 수 있다.

⑧ 관계 - 아이와 대화거리가 생긴다.

팝 뮤직비디오를 보면서 인종에 대한 이야기나 음악적 감성에 대해 이야기를 나눌 수 있다. 영화 〈아이 엠 샘〉을 함께 보고는 부성애, 장애인에 대한 차별에 대한 이야기를 나눌 수 있었다.

하지만, 아무리 영상물의 장점이 많다고 해도, 엄마표 영어환경 만들기는 어떤 방법으로든 영어만 잘하면 되는 방법이 아니다. 포인트를 영어에만 두지 말고 영어'도'에 두길 바란다. 아이 인생 전체를 두고 진정 중요한 것이 무엇인지 안다면 영어책을 기본으로 하고 영상물은 곁가지로 활용해야 한다는 말에 동의할 것이다.

기본적으로, 아주 어릴 때는 아직 완성되지 않은 시력과 건강에 안 좋은 전자파 등을 생각해서 영상을 보여주지 않는 것이 좋다. 때론 책읽기를 통해 얻을 수 있는 상상력에 방해요소가 될 수도 있다. 영상물의 장단점을 잘 이해한 후, 부모의 생각을 확실히 잡고 규칙을 정해 적절히 활용하도록 하자.

·영상물 활용하기·

책과 영화를 함께 활용하는 모습

〈하늘을 걷는 남자(The man who walked between the towers)〉

〈쥬만지(Jumanji)〉

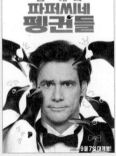

〈파퍼씨네 펭귄들(Mr. Popper's Penguins)〉

〈찰리와 초콜릿공장(Charlie and the Chocolate Factory)〉

영어 영상물 중 리틀팍스www.littlefox.co.kr를 권하고 싶다. 리틀팍스는 애니메이션, e-book 동화, 동요, 단어장, 프린터블북(미니북 만들기), 녹음, 학습기록, 퀴즈, 스피치 콘테스트 등이 제공되는 온라인 영어도서관이다. 총 3,900여 편의 영어동화 보기가 가능한데, PC뿐 아니라 스마트 기기로도 볼 수 있어 편리하다.

미피, 맥스앤루비, 페파피그, 슈퍼와이, 찰리와 롤라, 티모시네 유치원, 까이유, 도라 익스플로러 등 유명한 영어 DVD가 많은데, 그것들을 다 봤다거나 가격에 부담이 된다면 리틀팍스가 대안이 될 수도 있다. 월 회비를 결제해야 볼 수 있는 유료 사이트임을 참고하자.

① 무료 영상으로 맛보기

리틀박스에는 1~9단계까지 다양한 영어동화가 있다. 동화 중에서 아이가 원하는 것을 선택하게 한다. 'TIRE TOWN SCHOOL'을 선택했다면 화면 왼쪽 상단에 '무료'라는 표시부터 클릭해서 보여주자. 자막이 없는 상태로 설정하고 아이가 잘 보면 그냥 두자. 만약 반응이 없다면 "어머, 얜 누구냐~ 얘 뭐하냐~ 왜 저래?" 이런 식으로 자꾸만 영상에 집중시켜주면 좋다. 영어소리가 나오는 게 싫다고 하면 음소거 시켜주거나 귀를 막고 그냥 화면만 보라고 해보자. 일단 아이 마음속에 '저 영어동화 다음 내용이 궁금하다'라는 생각이 들어가게만 해도 성공이다. 아이가 좀 빠져든 것 같으면 잘못 누른 척 영어소리가 흘러나오게 하자.

그래도 영상에 관심을 보이지 않는다면 다른 영상을 시도해보자. 리틀 팍스를 처음 접하는 아이라고 해서 무조건 1단계만 보여줄 필요는 없다. 높은 단계더라도 아이가 관심을 보이는 것을 보여준다. 아이가 자리를 떠난다면 그냥 엄마가 앉아서 보자. 아이가 오다가다 한 장면이라도 보고 들을 수 있도록 말이다. 점점 늘려가는 수밖에 없다. 그래도 안 된다면 일주일 뒤에 시도해보자.

주의할 점은 영상물은 어디까지나 영어노출 방법 중 하나일 뿐이기 때문에 마구 들이댈 필요는 없다는 점이다. 그 에너지를 책을 들이대는 에너지에 쓰는 것이 나을지도 모른다. 무엇이 됐든 아이가 원하는 다른 방식을 찾아야 한다.

② 영상으로 본 동화를 프린트해서 활용

리틀팍스 영상으로 봤던 동화 중에서 민준이가 원하는 동화를 프린트해줬다. 바로 스테이플러로 제본해주지 않고 각각의 장면을 펼쳐주면 아이 스스로 장면 순서를 배열한다. 이미 봤던 영상이기 때문에 글자를 몰라도 이미지만으로 스토리를 구성하는 것이다.

또 다른 활용법은 플래쉬카드 놀이하듯 아무 장면이나 엄마가 읽으면 아이가 해당 장면을 찾아내는 것이다. 활용 후 미니북으로 만들어주면 읽어달라고 하는데, 때론 엄마가 잘못 읽은 것을 지적할 정도로 자연스럽게 스토리를 연결하게 된다.

"엄마 '써쓰'가 뭐야? 애플 써쓰."

"아, 사과 소스야. 사과잼 같은 거~."

그림들을 프린트해서 동화책을 만들었다.

"엄마 '가라지'는 뭐야? 빅 가라지?"

"커다란 차고지지."

또한, 영상 속에 나오는 행동과 그 상황에 맞는 영어소리를 동시에 듣는 것이기 때문에 따로 한국말로 이해시켜주지 않아도 스토리를 파악하는 데 문제가 없다. 민준이가 리틀팍스를 보면서 웃기도 하고, 파리채 들고 "Shoo~ fly"를 외치거나, 물을 쏟아놓고 "Oh My God!"을 외치며 상황에 맞는 반응을 하니 도움이 된다는 것을 짐작할 순 있다. 만약 아이가 아무 반응 없이 보고 있다고 해도 걱정할 필요가 없다. 왜냐하면 이해가 전혀 되지 않으면 아예 보려고도 하지 않을 것이기 때문이다.

③ 좋아하는 시리즈를 찾아 베드타임에도 활용

예준이도 민준이도 리틀팍스 안에 있는 동화들을 골고루 좋아했는데 특히 반복해서 본 동화들이 있다. 1단계 ABC Book, Bat and Friends, The Big Green Forest, Tire Town School, 2단계 Bird and Kip, Wacky Ricky, 3단계 The Carter Family, 4단계 Rocket Girl, 5단계

Journey to the West, The Jungle Book, 6단계 Monster Academy, 7단계 Red Magic이다.

매주 새로운 동화가 업데이트 되다 보니 다음 스토리가 궁금해서 많이 기다린다. 시리즈로 이어지는 동화들이 많으니 일단 좋아하는 스토리 하나를 찾아내면 꾸준히 보는 것은 아이들이 알아서 하게 된다.

낮에는 자막 없이 귀로 들으면서 화면을 보고, 밤에는 화면이 보이지 않게 두고 '이어보기'를 눌러 소리만 들으면서 자게 한다. 그러면 낮에 눈으로 봤던 장면을 소리에 맞춰 머릿속에 다시 그려보면서 잠들 수 있다. 잠들고 나서도 30분가량은 틀어놨다가 끈다.

소개한 여러 방법을 활용하기에 너무 부담스럽다면 그냥 틀어주고 보여주는 것만 해도 된다. 리틀팍스가 장점이 많지만 아이가 거부한다면 굳이 리틀팍스를 보여줄 필요는 없다. 내 아이에게 맞는 방법을 찾아 매일 꾸준히 해주는 것이 중요하다. 세이펜이든 CD든 다른 DVD든 매일 영어소리가 나는 것을 틀어주자.

세 번째 벽, 영어책값이 너무 비싸요

 엄마 **"책값이 부담돼서 시작하기 겁나요"**

그렇다면 오히려 더 엄마표 영어환경 만들기를 해야 한다. 나 역시 다시 아이들의 어린 시절로 돌아간다 해도 엄마표 영어환경 만들기를 해줄 것이다.

영어 어학원의 월 수업료는 1시간 30분 수업, 주 3회에 약 25~30만 원이다. 교재비가 더해지면 더 늘어난다. 내 주변에는 보통 초등 저학년은 서강SLP, 초등학교 고학년은 정상어학원, 중학교생은 청담어학원 등을 많이 보내는 편이다. 영어유치원의 경우는 월 수업료 90~160만 원에 한 학기 교재비가 120만 원 정도다. 영어에 효과를 얻었으면 다행인데 그 반대라면 비싼 돈 들여서 귀한 아이를 고생시킨 꼴이다. 어떤 엄마는 이렇게 말하기도 했다.

"어차피 영어학원에 보내기 시작하면 쭉 보내야 하잖아요. 그럼 고정 지출비용이 될 텐데 벌써부터 보낼 필요는 없죠. 초등 3학년 정도 되면 그때부터 쭉 보낼 거예요."

이 말은 그 전까진 아무것도 할 필요가 없다는 말로 들린다. 하지만 과연 아이의 영어실력을 위한 자극 효과가 3학년까지 잘 기다려줄까? 그때가 되면 엄마가 학원에 가란다고 잘 가줄까? 아이의 미래를 생각하는 부모라면 주말에라도 도서관에 함께 가서 영어책을 빌려와 보여주는 것이 맞다.

① 도서관

영어책값이 비싸서 걱정이라는 분에게 영어도서관을 이용하라고 말하면 영어도서관이 집 근처에 없다고 대답한다. 그렇다면 그냥 도서관이라도 가라고 말하면 일반 도서관에는 아이들 영어책이 별로 없다고 대답한다. 마지막으로, 그 별로 없는 영어책들을 아이에게 모두 보여주기는 했는지 묻게 된다.

동네 도서관의 어린이실에 어린이를 위한 영어책이 한 권 이상은 분명 꽂혀 있을 것이다. 그 한 권이라도 내 아이가 만날 수 있도록 해주자. CD가 달린 책은 CD와 함께 대여할 것을 권한다. 그리고 아이에게 반응이 좋았던 책은 표지를 찍어두자. 표지 이미지들만 모아서 봐도 아이가 좋아하는 스타일을 파악하기 쉽다. 그리고 작가 이름을 알고 있으면 나중에 영어책을 구매할 때 도움이 된다.

힘들게 빌려온 책은 독서대나 바닥에 놓아두자. 아이 눈에 띄게 전시하라는 뜻이다. 책을 펼치지 않고 책표지라도 눈에 익히면 다음에 그 책을 고를 확률은 높아진다. 사람은 익숙한 것에 끌리는 법이다.

또한, 이웃에게 영어 교과서라도 얻어서 읽어주라고 말하고 싶다. 가끔은 '드림'으로 아이들 영어책을 처분하는 분들도 있다. 중고나라 카페에 들어가서 '영어책 드림'이라고 알람을 설정해놓으면 관련 게시글이 올라온 순간 알람을 받을 수 있다. 어린이집에 다니는 아이들은 어린이집에서 가져오는 영어책을 활용해도 좋다. 어떤 영어 그림책이라도 좋다. 일단은 확보해서 읽어주자. 영어책값이 비싸서 아이에게 영어책을 읽어줄 수 없다고 말하기 전에 어떤 방법이 있을지 적극적으로 찾아보자.

② 온라인 도서대여점

아이와 함께 도서관에 직접 방문하기 힘든 경우에는 온라인으로 도서를 대여할 수 있는 방법이 있다. 대여인 만큼 분실이나 파손에 유의해야 한다.

• 리브피아(www.libpia.com)

한글책도 대여하므로 영어 폴더로 들어가서 검색하면 된다. GK~G7까지 리딩레벨별, 0세~청소년까지 연령별, 그림책~코스북 등 분야별로 구분하여 책 고르기에 좋다. 《노부영》은 CD와 함께 대여하는데 권당 1,000원의 대여비가 들고, CD가 없는 영어 소설류는 권당 800원 정도이며, CD가 없는 초기 리더스북들은 600원 정도다. 보통 20일간 대여할 수 있다.

• 리틀코리아(www.littlekorea.kr)

한글책을 함께 대여한다. '영어 대여' 폴더로 들어가서 검색하면 된다. 대여방식은 두 가지다. 1일 간격으로 대여기간을 선택할 수 있는 일반대여와 100일, 365일 동안 대여하는 통큰대여가 있는데, 연령별로만 구분된다. 유명 전집들을 대여할 수 있어 좋지만 권당 대여는 없다. 《마메모》 2만 5,000원, 《옥스퍼드 리딩트리 1단계》 1만 2,000원, 《노부영》 다섯 권 묶음 5,000원, 《씽씽 파닉스 스토리북스》는 2만 원 정도다.

● **북빌(www.bookvill.co.kr)**

한글책 대여는 없고 영어책 대여만 전문적으로 한다. 미국 초등 기준 1단계(영유아)~9단계(중등 이상)로 구분해놓은 폴더도 있지만, 아이들이 좋아하는 Mr. men, Dr. Seuss, Arthur, Max & Ruby, Clifford, Olivia, Charlie & Lola, Berenstain Bears, Little Critter 등 캐릭터별로 책을 구분해 놓은 폴더들이 있어 인상적이다. 앤서니 브라운 그림책을 따로 모아두기도 하고, 단계별로 BEAT BOOK SET를 구성해 엄마들의 고민을 덜어준다.

● **민키즈(www.minkids.co.kr)**

영어책뿐 아니라 한글책도 대여한다. 특히 엄마표 영어 관련 육아서들도 대여가 가능하며, 《런투리드》 등에 달린 부모 가이드북도 대여가 가능하다. Harcourt Story Town, Houghton Mifflin, LITERACY PLACE, Treasures 등 중고가격이 5만 원에 가까운 미국 초등 교과서도 대여가 가능하고, DVD뿐 아니라 비디오와 CD도 대여한다. 영어책은 0~3세, 4~7세, 초등 1~3학년, 초등 4~6학년 등으로 연령이 구분돼 있다.

③ 온라인 서점과 온·오프라인 중고서점

○ **온라인 서점**

● **웬디북**(www.wendybook.com)

영어책 전문 온라인 서점. 새 책인데 할인율이 높은 것
도 많다. Froggy 시리즈 페이퍼백 3종 세트의 정가는
25,200원인데 61퍼센트 할인해서 9,900원에 구매할 수 있다. 《Richard
Scarry's The Gingerbread Man》은 정가가 6,000원인데 60퍼센트 할
인해서 2,400원이다.

2017년 초 예준이가 《워리어스》를 원서로 찾을 때였다. 영어소설이니
두꺼운 책인데다 여섯 권 세트라서 가격이 비쌀 거라고 생각했다. 그래
서 중고나라에 먼저 검색했더니 25,000원이었다. 그리고 정가를 알아보
기 위해 웬디북에서도 검색해봤다. 그런데 새 책 가격과 크게 차이가 나
지 않았다. 워리어스 1부 'The Prophecies Begin Box Set(페이퍼백 1~6
권 박스세트)'의 정가가 51,600원인데 43퍼센트 할인해서 29,300원이었
다. 권당 4,800원꼴이다. 이처럼 새 책인데도 저렴하게 살 수 있다.

영어 온라인 서점에는 웬디북뿐만 아니라 하프프라이스북, 동방북스,
쑥쑥몰, 에버북스, 도나북, 키즈북세종 등이 있다. 이들 온라인 서점의
'특가도서'를 통해 70퍼센트 넘는 할인율을 접할 기회도 종종 있다. 아이
가 크면서 챕터북과 영어소설로 진입하면 영어책값이 더 줄어든다. 인기
많은 책들은 중고서점에 나와도 금방 판매되는 편이니 영어 온라인 서점
에서 그냥 새 책을 사는 것이 나을 수도 있다.

○ 온라인 중고서점

• 개똥이네

www.littlemom.co.kr

• 해오름 중고장터

http://shop.haeorum.com/book

• 네이버 중고나라

http://cafe.naver.com/joonggonara

• bookdepository

www.bookdepository.com

○ 오프라인 중고서점

보통 얇은 페이퍼북 형태의 그림책들은 2,000원 정도다. 서울 지하철 역 근처, 서울뿐 아니라 대구나 부산 등 지방 알라딘 중고서점에도 아이들을 위한 영어책이 의외로 많이 있다. 나 같은 경우에는 개포동에 있는 서적백화점과 야탑역에 있는 책선생 분당점을 자주 이용한다. 오프라인 중고서점은 아이와 같이 다닐 수 있는 집과 가까운 곳으로 정하는 것이 가장 좋다.

④ 체험단

유아책 서평단이나 교재 체험단, 서포터즈를 활용한다. 아이의 연령, 블로그 방문자수, 원하는 키워드를 사용하는 후기 등 출판사에서 모집하는 기준에 해당되면 신청할 수 있다. 적게는 한 권에서 많게는 한 세트를 보내주는 체험단이 되면 적게는 1개에서 많게는 10개 정도 후기를 정해진 기간 내에 올려야 한다. 후기 내용에는 받은 책을 활용한 사진이나 동영상이 들어가야 한다. 받은 책과 활용하는 모습을 찍어 주 1회 후기 작성을 하는 등 조금만 노력하면 아이에게 필요한 책을 받아볼 수 있기 때문에 굉장히 유용하다. 후기 작성을 잘하면 우수 후기자가 돼서 문화상품권이나 그 다음 책을 또 받아볼 수 있고, 후기 작성을 위해 규칙적으로 영어책을 활용하게 되니 꾸준한 활동에도 도움이 된다.

영어책은 기본이고, 미술놀이, 과학놀이, 원어민 강좌 체험권, 화상영어 체험권, 자전거, 독서대, 자석칠판, 필기구, 육아서, 영화관람권, 문화상품권, 사례금 등 블로그에 후기를 작성하는 대가로 받은 것들이 많다. 심지어 독서지도사자격증도 돈 한 푼 들이지 않고 땄다. 모집할 때 시상품이 무엇인지 그 시상품이 내 아이에게 필요한 것인지 등을 살피자. 하지만 이 체험단 활동에는 장점만 있는 것이 아니니 신중하게 이용해야 한다. 아이의 진도나 상태가 체험단이 요구하는 스케줄에 맞게 딱딱 진행되는 것이 어려울 때도 있고, 책 레벨이 내 아이와 맞지 않는 경우도 있기 때문에 주의해서 신청해야 한다. 별생각 없이 책을 받고 후기를 꼭 써야 하는 상황이 되면, 때론 도움이 되는 순수한 활동후기가 아니라 시간만 잡아먹는 일이 될 수도 있다.

⑤ 책테크

책테크라는 말은 책+재테크를 말한다. 희소가치가 있는 책을 미리 예상하고 사두는 경우는 적극적인 책테크가 된다. 하지만 필요해서 사뒀던 책인데 시간이 지나면서 절판이 돼 구할 수 없게 됐을 때 자연스럽게 책테크가 이루어질 수도 있다. 그렇게 갖고 있던 책 정가의 3~10배가 넘는 가격으로 되팔리는 경우도 있는데, 이때 책의 희소성이 빛을 발한다. 희귀 음반들을 모으거나 우표를 모아 이윤을 내는 것과 같은 원리다.

예를 들어, 《해리 포터》와 같은 시리즈물의 매니아층은 자신이 모으는 전체 시리즈에서 책 한두 권을 분실했을 때 그것을 채우기 위해 많은 금액을 지불하기도 한다. 실제로 《신비한 동물사전Fantastic Beasts and Where to Find Them》이라는 책은 정가가 5,000원 미만이었음에도 불구하고 현재 절판돼 중고가가 25,000원이 넘는 현상이 벌어지고 있다.

그런데 엄마표 영어환경 만들기에서 말하는 '책테크'는 가지고 있던 책의 가격이 오르면 되팔아서 이윤을 내는 방식이 아니다. 출판사 서포터즈 활동으로 받았던 책을 모두 활용한 뒤에 중고로 되파는 것을 말한다. 중고로 되판 후 받은 돈을 이용해 다른 영어책을 사준다면 그것이 책테크가 되는 셈이다. 실제로 오프라인 중고서점에 가면 되팔려 나온 중고 영어책들을 많이 볼 수 있다.

⑥ 마음이 통하는 엄마와 교류

블로그 이웃 중에 엄마표 영어환경 만들기 중인 이웃이 많다. 그중 한 분과 오프라인 중고서점에 함께 가곤 한다. 같은 학년의 아이를 키우다 보니 비슷한 레벨의 영어책을 고를 때가 많다. 우리는 중고서점에서 필요한 영어책을 각자 사고 2~3개월이 지나면 책을 바꾸어 본다. 배송비만 들이면 영어책 한 세트를 2~3개월 또 활용할 수 있는 것이다. 마음이 통하는 엄마와 교류해보자. 비싼 영어책값을 줄일 수 있다.

⑦ 진정한 가치를 생각해보자

지금 당장 보여지진 않지만 아이도 엄마도 지식을 적금하고 있다고 생각해보자. 나는 경제적으로 넉넉한 편이 아니어서 집에만 있는 것이 편하지 않았다. 이런 상황 속에서도 아이들과 함께하는 시간의 가치가 더 중요했기 때문에 직장에 나가는 대신 집에서 할 수 있는 일을 찾았다.

책을 읽는다는 것은 자신만의 고유한 지식자산과 삶의 지혜가 쌓이는 것이다. 추후 책으로 얻은 자산이 어떻게 사용되는지 생각해볼 필요가 있다. 돈으로 환산할 수 없는 '책과 친한 아이'라는 가치를 생각해본다면 지금 당장 책을 사는 돈이 아깝다는 생각은 분명 바뀔 것이다. 또, 책을 통해 만들어지는 아이와의 깊은 유대감을 생각한다면 영어책값을 투자라고 생각할 수 있을 것이다.

영어책값이 비싸고 영어학원비가 부담되는 가정에는 '영어도서관'을 강하게 권하고 싶다. 엄마표 영어의 핵심인 '꾸준히'를 기본으로 내 아이에게 올바른 영어습관을 심어주고 싶은 엄마에게 많은 도움이 된다.

영어도서관은 다양한 영어책을 레벨별로 구비해두고, CD나 DVD와 같은 영상물을 재생할 수 있는 오디오와 컴퓨터를 구비해둔 곳이다. 보통의 도서관처럼 도서관 내 책과 각종 시설을 누구나 사용할 수 있으며 도서관 이용료 역시 무료다.

요즘은 영어학원이나 영어교재 관련 업체들이 '영어도서관'이라는 어휘를 무분별하게 사용하고 있어 혼란을 주기도 하지만, 영어도서관은 말 그대로 온갖 종류의 영어도서, 영어문서, 영어기록, 영어출판물 따위의 영어자료를 모아 두고 일반인이 무료로 볼 수 있도록 한 시설이다.

예전에 비해 지역마다 도서관이 많이 있다는 것은 좋은 소식이다. 일반 도서관과 어린이도서관에만 가도 영어도서 코너가 따로 마련돼 있을 정도다. 하지만 영어도서관보다 도서의 양과 부가시설이 부족하다.

① 수시로 다니는 영어도서관

두 아이가 현재 매일 오후 5시에 들르는 영어도서관은 서울 강남구 일원동에 위치한 다움영어도서관이다. 이곳은 1시부터 7시까지 운영된다. 이곳에 가면 5시부터 고등학생 형, 누나들이 3~5명가량 테이블과 쇼파에 앉아있는데, 도서관을 주로 이용하는 4~10세 아이들에게 책을 읽어주기 위해서다.

"민준아~ 책 세 권 골라와~."

아이가 자신이 읽고 싶은 책 세 권을 고르면 순서대로 고등학생들과 짝이 된다. 아직 읽지 못하는 아이들에겐 읽어주고 스스로 읽을 줄 아는 아이들은 읽으면서 모르는 부분을 체크받기도 한다. 원하는 친구에겐 한글 해석도 해주고 질문에 대답을 해주면서 자유롭게 대화하는 식으로 책 읽기가 진행된다. 이런 시스템이 가능한 이유는 고등학생들의 재능기부가 봉사점수에 반영되기 때문이다. 상부상조의 구조다.

물론 고등학생들과 반드시 함께할 필요는 없다. 예준이의 경우는 요즘 혼자서 편하게 묵독하는 것을 즐기고 있기 때문에, 민준이가 누나 옆에 앉아서 책 읽어주는 소리를 듣는 동안 혼자서 책을 본다. 책을 본 뒤에는 보상이 따르는데 바로 영어 DVD다. 책을 읽은 아이는 파일에 책제목을 기록하고 사서선생님에게 검사를 받고 DVD를 고를 수 있는 영광을 얻는다.

하루에 영어책 세 권 읽기와 영어 DVD 30분 보기는 영어학원에서 배우는 것과 비교했을 때 별것 아닐 수도 있다. 하지만 엄마표 영어를 직접 진행해본 결과, 어릴 때의 '습관'이 정말 중요하다는 것을 알기 때문에 책을 단 한 권도 읽지 않고 분위기만 느끼고 오더라도 매일 영어도서관에 들르는 습관은 어마어마한 것이다.

이곳에는 상시로 프로그램이 운영 중이다. 민준이가 7세 때는 '다 함께 놀자' 프로그램을 통해서 7세 친구들과 1주일에 1시간씩 영어수업을 들었고, 예준이가 11세 때는 한영외고 형, 누나들에게 영자신문을 배울 수 있었다. 12세 때는 군대 가기 전에 자신의 재능을 기부하겠다는 형에게 그룹 과외식으로 미국교과서를 두 달 동안 배웠다. 수업료가 무료인 것은 기본이고 아이들 눈높이에서 설명해주는 봉사자분들의 기부정신도 배울 수 있다.

물론 신청자가 많아서 대기를 해야 하지만 대기명단에 이름만 올려놓고 영어도서관에 자주 오지 않는 친구들은 자연스럽게 제외되기 때문에 열심히 영어도서관에 다니면 차례가 온다. 영어를 배우는 아이들에게도 좋고 영어를 가르치는 봉사자들에게도 좋으며 사교육비에 허덕이는 부모들에게도 좋다.

하지만 집 주변에 영어도서관이 없는 경우가 많아서 안타깝다. 그래도 너무 실망할 건 없다. 일반 도서관이라도 분명 영어책이 있을 테니, 닳고 닳도록 책을 이용하면 될 것이다. 아니면 조금 거리가 있더라도 나들이 삼아 제일 가까운 영어도서관을 다녀보는 것도 좋겠다.

② 영어도서관 활용법

좋은 곳이란 인식을 심어주자

처음부터 영어책을 잘 볼 것이란 기대는 버리자. 일단 영어도서관이라는 공간과 친해지는 시간이 필요하다. 아이에게 하고 싶은 말이 많고 규칙을 말해주고 싶더라도 최대한 잔소리를 미루자. 부정적인 이미지가 심어지면 안 된다.

부모가 직접 공간을 소개한다

사서선생님도 계시지만 아이 손을 잡고 책장에 어떤 책이 있는지 함께 살펴보는 시간을 가지면 좋다. 특히 처음 몇 주는 영어책 읽기가 아니라 공간과 친해지도록 해주는 것이 관건이다. 초반에는 책을 읽지 않고 나와도 상관없다는 마음으로 그 공간에 머물길 거부하지 않게만 해주면 된다.

원하는 책을 직접 고르도록 선택권을 주자

처음에는 책등만 보이는 영어책들을 부모가 몇 권씩 꺼내서 표지를 보여주는 시간이 필요하다. 하지만 나중에는 위치에 따라 어떤 종류의 책들이 꽂혀 있는지 아이 스스로가 파악하게 된다. 원하는 스타일의 책이 생기고, 보고 싶은 DVD도 생기니 아이가 선택하도록 해주자. 레고시티, 티모시네 유치원, 구름빵, 뽀로로, 까이유 등 아이가 원하는 DVD면 어떤 것이든 좋다. 어린아이들의 경우에는 부모가 영어책 세 권 정도를 꺼내서 고르라고 하며 선택지를 좁혀주되, 최종 선택은 아이가 스스로 하게끔 해주는 것이 좋다.

함께 가는 또래친구를 만들어주자

민준이가 7세 때는 어린이집 같은 반 친구들 4명과 영어도서관에 같이 갔다. 함께 가도 각자 책을 읽게 되지만 친구랑 같은 공간에 있다는 이유만으로도 좋아했다. 20~30분 정도 함께 시간을 보내고 근처 놀이터에서 놀고 헤어지면 좋은 보상이 된다. 어떤 친구는 영어도서관에 갔다가 친구가 없으면 그냥 나오기도 할 정도였고, 어떤 친구는 영어도서관에 들

르지 않고 바로 집으로 가면 울기도 했을 정도로 친구들끼리 뭉치는 장소
가 됐다.

핵심은 자연스럽게 '습관 잡기'

시간이 지나면서 당연히 가야 하는 곳으로 습관을 잡아가는 것이 중요
하다. 평생 가주는 것이 아니니 습관이 잡힐 때까지만 해보자. 예준이는
엄마가 있건 없건 영어도서관에 혼자 갔다 온다. 어떤 날은 영어도서관
에 들르지 않고 집으로 바로 간 적이 있었는데, 이상하게 생각하며 "왜 안
가요?"라고 물었다. 습관을 잡아주면 안 가는 것이 오히려 이상해진다.
민준이에게는 책 읽어주는 형과 누나들에게 감사한 마음을 잊지 않게 매
번 인사하라고 이야기해줬다.

거창하게 뭔가 하는 느낌을 버리자. 아이들 하원길에 편의점 들르듯,
문방구 들르듯 그냥 자연스럽게 들를 수 있도록 해주자.

· 영어도서관을 이용하는 모습 ·

준사마의
시크릿 가이드

전국 영어도서관

※ 국가도서관통계시스템에서 나오는 '영어도서관' 중 일부를 정리했다.

⊘ 서울

용두 어린이영어도서관 www.l4d.or.kr/ddmeach

서울특별시 동대문구 무학로 133(용두동 234-40) TEL : 02-921-1959

송파 어린이영어 작은도서관 www.splib.or.kr/spelib

서울특별시 송파구 신천동 14(오금로1) 신천빗물펌프장 4~5층 TEL : 02-415-3567

마포 어린이영어도서관 https://mplib.mapo.go.kr/englib

서울특별시 마포구 도화4길 53 도화자치회관 2층 TEL : 02-716-3987~8

용암 어린이영어도서관 www.yelc.go.kr/index.html

서울특별시 용산구 신흥로3가길 21-7, 2층(용산2가동) TEL : 02-798-4181~2

청파 어린이영어도서관 www.celc.go.kr/index.html

서울특별시 용산구 청파로49길 34, 4층(청파동) TEL : 02-702-0641~2

꿈나래 어린이영어도서관 http://cafe.naver.com/dreamenglishlibrary

서울특별시 마포구 월드컵로13길 80 TEL : 02-323-1840

강서 영어도서관 http://blog.naver.com/gangseoelib

서울특별시 강서구 곰달래로 57가길 26(화곡동 809-3) 화곡4동 주민센터 2층

TEL : 02-2061-2270

양천 영어특성화도서관 www.yeh.or.kr

서울특별시 양천구 목동 동로 81 해누리타운 7층 TEL : 02-2654-8493

신도림 어린이영어 작은도서관 http://lib.guro.go.kr

서울특별시 구로구 신도림로13길 51 TEL : 02-2069-0185

✅ **부산**

부산 영어도서관 www.bel.go.kr

국내 최초로 설립된 영어 전용 도서관, 2009년 7월 1일 개관

부산광역시 부산진구 가야대로 734(부전동) TEL : 051-818-2800

영도 어린이영어도서관 www.yeongdo.go.kr/library.web

부산광역시 영도구 함지로79번길 6(동삼동, 영도도서관) TEL : 051-419-4821

✅ **대구**

대구 중구 영어도서관 https://jungguenglib.blog.me

대구광역시 중구 달구벌대로440길 27 대봉1동주민센터 TEL : 053-661-3961~4

✅ **경기**

용인 영어도서관 www.elibrary.or.kr

경기도 용인시 수지구 진산로11번길 2 (비전센터) 4층 Tel : 031-261-7006

⊘ 경남

양산 영어도서관 http://englib.yangsan.go.kr

경상남도 양산시 대평들1길 9-10,(소주동) TEL : 055-392-5940

밀양시립 영어도서관 http://eng.myclib.or.kr

경상남도 밀양시 중앙로 265(삼문동) TEL : 055-359-6049~50

사천시 어린이영어도서관 http://elc.sacheon.go.kr

경상남도 사천시 사남면 월성리 491번지 TEL : 055-855-8852

⊘ 전북

완주군립 둔산 영어도서관 http://lib.wanju.go.kr

전라북도 완주군 봉동읍 둔산2로 62 TEL : 063-290-2249

무료로 영어자료를 구할 수 있는 사이트

◆ **Kizclub**

www.kizclub.com

◆ **totschooling**

www.totschooling.net

◆ **Kidzone**

www.kidzone.ws

◆ **Dltk-kids**

www.dltk-kids.com

◆ **Homeschool share**

www.homeschoolshare.
com

◆ **Activity Village**

www.activityvillage.
co.uk

◆ **Starfall**

http://more.starfall.com/
info/downloads.php

◆ **All Kids Network**

www.allkidsnetwork.com

◆ **Education Free Worksheets**

www.education.com/worksheets

◆ **Sparkle Box**

www.sparklebox.co.uk

◆ **abc teach**

www.abcteach.com

◆ **First-school**

www.first-school.ws/preschool/printable-activities/index.htm

◆ **Coloring-Book**

www.coloring-book.info

엄마표 영어환경 만들기_중기

'한글 떼기'처럼
'영어 떼기'가
수월해진다

✓ '엄마표 영어환경 만들기' 중기는 그림과 소리를 넘어서서 글자와 소리로 가야 하는 시기다.

✓ 한글책처럼 영어책도 떠듬떠듬 읽다가 혼자 읽을 수 있게 '영어 떼기'를 해주자.

✓ 알파벳 음가를 하나하나 익히며 영어 읽기 독립을 하자.

✓ 초기 리더스북부터 수준을 높여가자.

음가 익히기로
제주 국제학교 따라잡기

국제학교 부럽지 않은
엄마표 영어환경

솔깃한 제주 국제학교 이야기

학부모 강의를 듣던 중 '영어, 엄마'라는 공통된 키워드가 있는 분과 대화가 계속 이어졌고 금방 말이 통했다. 그분은 현재 제주에 거주하면서 SJA St. Johnsbury Academy Jeju 에서 일하고 계신다.

"제주 국제학교라는 말을 들으면 비싼 학비, 어려운 시험, 들어가기 힘든 곳이란 생각이 들어요."

"아휴, 아니에요. 물론 학비가 비싸다고 생각할 수도 있는데 외국으로 연수를 보내는 것까지 생각해봤던 부모님이라면 그렇지 않을 거예요. 들어가기 힘든 것도 예전에나 그랬지 요즘은 기준이 많이 낮아졌어요."

나는 이 말에 조금 놀랐다.

'아니 돈만 있으면 들어갈 수 있다는 것인가? 영어를 뛰어나게 하지 못해도?'

제주에 국제학교가 처음 개교한 것이 2011년이다. 아직 시작단계라는 뜻이다. 개교 초반에는 '누구나'보다는 '특별한'이라는 마인드로 열었던 학교들이 시간이 지나면서 '특별한 것도 기본이 어느 정도 된 다음에 가능하겠구나'라는 생각을 하게 됐다. 영어를 잘하는 학생들 위주로 뽑다 보니 '특별한'에는 잘 부합됐지만 학교를 유지할 만큼의 그 기본을 채울 수 없었던 것이다. 쉽게 말해 학교운영을 위한 기본 인프라 구축이 필요했다는 것이다. 시간이 지나면서 졸업생이 나왔다. 그 학생들이 예일대, 스탠퍼드대, 옥스퍼드대 등 명문 대학에 진학했다는 소식으로 홍보가 많이 됐다. 하지만 여전히 학생 수가 많지 않다. 게다가 처음에는 2개였던 국제학교가 이제는 4개로 늘어나면서 문턱은 더 낮아졌다.

그래서 이제 제주 국제학교는 영어를 뛰어나게 잘하는 아이를 뽑는 것이 아니라 학교에 적응을 잘할 것 같은 아이를 뽑아 영어를 잘하도록 만들겠다는 생각을 갖게 된 것 같다. 실제로 NLCS North London Collegiate School Jeju 의 면접은 또래친구들과 물감놀이를 할 때 외국인 선생님에 대해 거부반응이 있는가, 없는가에 관한 관찰이 전부다. KIS Korea International School 는 영어보충반도 운영해서 실력차이를 좁히려는 노력도 한다. SJA는 현재 1년짜리 알파벳 파닉스 프로그램을 운영한다.

물론 요즘 추세가 그렇게 바뀌고 있다는 것이지 여전히 누구나 들어갈 수 있는 곳은 아니다. 제주 국제학교에 합격하기 위해 준비를 해봤던 분이라면 그 과정이 만만치 않음을 알고 있을 것이다. 하지만 확실한 것은 초기보다는 입학 문턱이 낮아졌다는 점이다.

여기서 주목할 것은 합격하기 위한 준비과정보다 더 힘든 것이 있다는 것이다. 바로 합격 후의 학교 적응이다. 모든 것이 영어로 이루어지는 수업을 소화해내는 것은 쉬운 일이 아니다. 환경에 적응할 줄 알고 수업을 소화해 내려면 열심히 할 수밖에 없는 구조다. 적응에 실패한 아이들은 빠져나가고 열심히 하는 아이들만 남게 된다. 토론수업, 독서수업, 체육수업 등 국제학교의 수업방식을 미리 경험하고 학교를 미리 투어해보는 국제학교 대비반이 성행할 정도다. 학교에 보냈다가 중간에 그만두느니 미리 적응을 시켜서 들여보내겠다는 것이다.

제주 국제학교 학부모카페는 현재 19,000여 명의 학부모가 가입돼 있는데, 이곳의 글들만 봐도 입학 후가 더 중요함을 짐작할 수 있다.

- 국제학교 입학시키려고 인터뷰 준비부터 대비반 학원까지, 들인 돈도 많은데 아이가 매일 웁니다.
- 열심히 준비시켜서 합격시켰더니 숙제도 다 해줘야 할 판이에요.
- 어제 제주로 이사 왔는데, 1년만 살다가 아이가 기숙사 적응하는 거 보고 돌아갈 거예요.

역시 '학교 적응이 힘들다'라는 내용이 주를 이룬다. 국제학교는 학비가 비싸고 시험이 어려워서 들어가기 힘든 곳이라기보다 '살아남기' 힘든 곳이라는 게 팩트다. 아이가 적응을 잘해주면 고맙지만 그것이 아니라면 너무 가혹한 일이다.

물론 국제학교가 해외연수보다 좋은 점도 있다. 일단 아이를 해외로 보내면서 겪는 일들이 최소화된다. 해외연수를 떠나는 아이들이 초·중·고등학생들이라는 점을 생각해볼 때 공부도 공부지만 부모의 보호에서 벗어난다는 점이 염려된다. 제주 국제학교는 마음만 먹으면 만날 수 있는 거리에 있다는 점에서 부모와 아이에게 정서적 안정감을 줄 수 있다. 반면에 모든 것이 외국 학교의 프로그램으로 짜여 있지만, 엄마의 치맛바람처럼 한국 학교에서 벌어지는 일이 일어날 수도 있다는 점이 단점이다.

우리는 최고의 영어교육을 목표로 한 국제학교에서 진행하고 있는 '프로그램'을 눈여겨볼 필요가 있다. 많은 프로그램이 있겠지만 여기서는 SJA의 Early Childhood Program 중 쓰기Writing 부분만 살펴보자. (오른쪽 내용 참고)

'알파벳 글자와 그 글자에서 나오는 소리를 탐색한다'는 것은 알파벳 음가 익히기를 뜻한다. 국제학교의 쓰기 프로그램 내용만 놓고 본다면 이 정도는 엄마표 영어환경 만들기를 통해 못해줄 것도 없다는 생각이 든다. 한때 아이 교육에 필요한 돈이 부족하다고 생각하며 속상해했던 적도 있다. 하지만 아이 교육은 생각하기 나름이 아니던가. 굳이 돈을 들이지 않아도 노하우를 배워올 방법은 많이 있다. 여기저기에 좋은 점이 있으면 내 아이에게 맞는 점을 쪽쪽 뽑아 흡수하면 된다. 국제학교의 프로그램 역시 그렇다. 내 아이에게 맞는 곳이라면 보내지만, 그렇지 않다면 장점만 쪽쪽 흡수해서 아이에게 활용해보자.

Early Childhood Program of Studies 2017~2018

Writing

The students explore the letters and sounds of the alphabet through a variety of activities. As their knowledge of letter-sound correspondence and site vocabulary increases, they will begin to transfer these thoughts and ideas to paper.

학생들은 다양한 활동을 통해 알파벳 글자와 소리를 탐색한다. 글자와 소리가 일치하면서 지식과 현장의 어휘가 증가하면 학생들은 생각과 아이디어를 종이에 적기 시작할 것이다.

제주 국제학교 4곳

ⓥ KIS

한국 국제학교(Korea International School)

www.kis.ac

- ◆ 개교일 : 2011년 9월 19일(초·중), 2013년 8월 19일(고)
- ◆ 학교 형태 : 국제학교(공립-초·중, 사립-고), Day & Boarding school
- ◆ 운영 주체 : YBM(구 시사영어사)
- ◆ 교과 과정 : 북미 WASC(US), IBDP
- ◆ 인원(재학생/총 정원) : 481명/782명(초·중), 250명/480명(고), Co-ed
- ◆ 초대 교장 : 제프리 프랫 비디 박사(Dr. Jeffrey Pratt Beedy)
- ◆ 대지 면적 : 39,061㎡(초·중), 37,064㎡(고)

유치원~12학년. 초등 저학년이 많이 다닌다. '모두가 행복하자'라는 것에 포커스를 둔 곳으로 편하게 영어환경을 만들어주고 싶은 부모가 많이 보낸다. 교내 학생 상담가가 체계적이고 많다.

ⓥ NLCS

노스런던컬리지에잇스쿨 제주(North London Collegiate School Jeju)

www.nlcsjeju.co.kr

- ◆ 개교일 : 2011년 9월 26일
- ◆ 학교 형태 : 국제학교(사립), Day & Boarding school
- ◆ 운영 주체 : NLCS(Edgware, London)
- ◆ 교과 과정 : IGCSE & IBDP
- ◆ 인원(재학생/총 정원) : 658명/1,508명, Co-ed
- ◆ 초대 교장 : 피터 델리(Mr. Peter Daly)
- ◆ 대지 면적 : 104,385㎡

유치원~13학년. 영국식. 모두 영어 사용만. 교사의 한국어 대화를 교장이 경고할 정도로 규제가 강하다. 고학년이 되면 많이 보내는 곳이다. 12학년에게는 IB디플로마 과정을 대비하게 하여 영국대학이나 유럽대학으로 갈 때 도움이 된다.

⊘ BHA

브랭섬 홀 아시아 학교(Branksome Hall Asia)

www.branksome.asia

- ◆ 개교일 : 2012년 10월 15일
- ◆ 학교 형태 : 국제학교(사립)
- ◆ 운영 주체 : Branksome Hall(Toronto, Canada)
- ◆ 교과 과정 : IB PYP, MYP 및 IBDP
- ◆ 인원(재학생/총 정원) : 300명/1,212명, 남녀공학(K~G2), 여학교(G3~13)
- ◆ 초대 교장 : 글렌 라도코비치(Mr. Glen Radojkovich)
- ◆ 대지 면적 : 94,955㎡

캐나다 계열. G3 이후는 여학생만 재학. 교사 1인당 학생 10명 정도로 소규모 학습이 가능한 곳이다. STEM 프로그램에 Visual-arts(시각예술)를 더한 특별한 교육시설을 갖추고 있다.

⊘ SJA

세인트존스베리 아카데미 제주(St. Johnsbury Academy Jeju)

www.sjajeju.kr

- ◆ 개교일 : 2017년 10월 23일
- ◆ 학교 형태 : 국제학교(사립), Day & Boarding school
- ◆ 인원(재학생/총 정원) : 445명/1,254명, Co-ed
- ◆ 대지 면적 : 102,171㎡

미국(버몬트) 계열. 유치원(preK3~Kinder), 초등(1~5학년), 중 · 고등(6~12학년) 과정 편성. NEASC 인증. 전체 교원 중 80퍼센트 이상이 석사학위 이상이고 10퍼센트는 미국 본교 출신이다. 인성, 탐구심, 공동체의식 중시. 과학과 기술과목에 초점을 두는 만큼 호기심이 많은 초등시기에 가는 추세다.

◆ 관련 용어 설명

Co-ed : 남녀공학
Day school : 통학학교
Boarding school : 기숙학교
PYP(Primary Years Programme) : 초등과정
MYP(Middle Years Programme) : 중등과정
IBDP(The International Baccalaureate Diploma Programme) : 국제학력인증 프로그램
NEASC(The New England Association of Schools and Colleges) : 미국교육부의 학교 인증제도
IGCSE(International General Certificate of Secondary Education) : 국제 영국식 중등교육자격시험
STEM(Science, technology, engineering, and mathematics) : 과학, 기술, 공학, 수학

알파벳 음가 익히기

영어 읽기의 기초

파닉스를 중요하게 생각하는 것은 좋은데 그러다 보니 파닉스 교육기간이 너무 길어진다. 때론 영어 읽기를 위한 교육이 아니라 파닉스 규칙 익히기를 위한 교육처럼 보인다. 우리는 좀 더 실질적으로 다가가야 할 필요가 있다.

영어 읽기 독립 초반에 제일 먼저 해야 할 것은 무엇일까? 각각의 알파벳에서 어떤 소리가 나오는지, 즉 알파벳이 어떤 소리를 갖고 있는지 알게 해주는 것이다. 그래야 그 글자를 보고 읽을 수 있다. 바로 '알파벳 음가 익히기'가 필요하다. 각각의 알파벳에서 나오는 대표소리들만 정확히 익혀도 웬만한 글자는 읽을 수 있다. 여기에 sh, ch와 같은 이중자음에서 나는 소리 등 특별한 음가들만 추가적으로 익히면 된다. 이것이 파닉스에서 배우는 내용들이기 때문에 따로 파닉스 규칙을 배울 필요도 없다.

ㅏ ㅑ ㅓ ㅕ [아야어여], ㅗ ㅛ ㅜ ㅠ ㅡ ㅣ [오요우유으이] 소리와 함께 글자를 익힌 것처럼 a[애], b[브], c[크] 등으로 소리와 글자를 익히게 해주면 된다. 그리고 자음과 모음이 결합해서 한글 단어가 됐듯이, 영어를 읽을 때도 알파벳 소리를 결합시켜서 빠르게 읽어주기만 하면 된다.

별면 부록인 '알파벳 음가 익히기' 차트는 들고 읽어도 좋고 벽에 붙여놓고 읽어도 좋다. 아이의 눈은 알파벳 글자를 보게 손으로 짚어주고, 귀로는 그 글자에 해당하는 소리(음가)를 듣도록 해주자. 아이가 따라 말하면 자신의 목소리를 한 번 더 듣게 돼 효과는 배가 된다.

'알파벳 음가 익히기' 차트 활용법

- 알파벳 글자모양을 손으로 짚으며 음가를 내뱉는다.

- 예를 들어, A를 [에이]라고만 알려주지 말고, [애]라고 읽는다고 알려준다. A를 짚으며 [애애 애플]이라고 한다.

- ㄱ이 '기역'라는 이름을 갖는다는 걸 알려주면서 'ㄱ'과 모음 'ㅏ'가 만났을 때 [가] 소리가 난다는 것을 알려주듯이 영어도 마찬가지다.

- 대·소문자를 동시에 말한다. 대문자는 큰소리로 읽고, 소문자로 작은 소리로 읽는다.

- 쓰기 활동이 가능한 아이는 쓰면서 음가를 내뱉는다.

스타폴(www.starfall.com)
메인화면에 있는 ABC로 들어간다. 알파벳을 하나씩 클릭해 들으면서 음가를 익히기에 유용한 곳으로, 부록 알파벳 음가 차트와 함께 활용하면 좋다.

알파벳 음가 익히기(부록 차트 활용)

Aa apple [애애 애플]	[에이, 어] 소리가 나는 경우도 있다.	Nn note [느느 노오트]	
Bb bear [브브 베어]		Oo orange [오우오우 오우렌지]	어와 아의 중간소리
Cc cat [크크 캣]	[쓰] 소리가 나는 경우도 있다.	Pp plane [프프 플래인]	f와 구분할 것, 입바람으로 종이딱지 할 때처럼 팍 터지는 소리
Dd dog [드드 도그]		Qq queen [쿼쿼 쿼인]	
Ee elephant [에에 엘레펀트]		Rr rabbit [뤄뤄 래빗]	
Ff fish [프프 퓌쉬]	[프]와 [흐]의 중간발음, 위의 이빨과 아랫입술이 만나 바람 빠지는 소리	Ss star [쓰쓰 쓰탈]	
Gg gorilla [그그 고릴라]	[즈] 소리가 나는 경우도 있다.	Tt tree [트트 트리]	
Hh hat [흐흐 해트]		Uu umbrella [어어 엄브렐라]	[유] 소리가 나는 경우도 있다.
Ii igloo [이이 이글루]	[아이] 소리가 나는 경우도 있다.	Vv violin [으브으브 바이올린]	
Jj jam [쥐쥐 주엠]		Ww window [워워 윈도우]	
Kk kite [크크 카이트]	c와 같은 소리	Xx fox [크쓰크쓰 폭쓰]	
Ll lion [르르 라이온]		Yy yo-yo [여여 여오여오]	
Mm monkey [므므 먼키]		Zz zebra [으즈으즈 지브라]	

이렇게 반복하다 보면 cat을 혼자 발음할 수 있게 된다. 각각에서 나는 소리들을 합치기만 하면 되기 때문이다. 예준이의 경우는 알파벳 카드 중 c카드, a카드, t카드 총 3장을 순서대로 배치하면서 각각의 음가들이 만나 단어가 읽어진다는 것을 알게 됐다. 이렇게 각각의 소리들을 빨리 발음하면 된다는 규칙을 알게 되면서 혼자서 읽을 줄 아는 단어들이 급속도로 늘어났다.

ㄱ [그] + ㅏ [아] = 가 [그아→가]로 읽어냈듯이

ㅁ [므] + ㅜ [우] + ㄹ [르] = 물 [므우을→무울→물]로 읽어냈듯이

가암 ➜ 감

기일 ➜ 길

고옴 ➜ 곰

바압 ➜ 밥

이와 같은 방식으로 각각의 알파벳이 갖고 있는 대표 음가들을 순서대로 빨리 말하면 거의 대부분의 영단어를 읽을 수 있다.

빠르게 소리 내기 ➡

cat : 크-애-트 ➜ 크애트 ➜ 캐트 ➜ 캣

lemon : 르-에-므-오-느 ➜ 레므온 ➜ 레몬

sun : 쓰-어-은느 ➜ 쓰어은 ➜ 써은 ➜ 썬

bed : 브-에-드 ➜ 브에드 ➜ 베드

이런 방식으로 하면 파닉스에서 배우는 단모음과 자주 사용하는 끝말을 따로 익힐 필요가 없다.

    ⑩ a : –am, –ad, –at / e : –en, –ed / i : ig, id / o : –ox, ot / u : un

ai, ee 등 복모음을 따로 익힐 필요도 없다.

cl, br, sk 등처럼 복자음을 따로 익힐 필요도 없다.

알파벳 대표 음가들과 ir, er[얼], ea[이~], ch[취], sh[쉬], th[뜨, 드], ng[응](느그가 아닌 받침 이응소리)과 같은 특별한 음들만 익히면 된다.

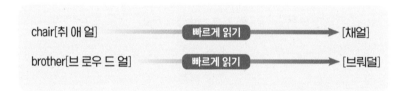

파닉스 규칙을 완벽하게 습득한다고 해도 모든 영어가 읽히는 것이 아니다. 예외의 경우들이 많기 때문이다. 이런 부분은 시간이 지나면 자연스럽게 해결되는 일이지, 파닉스 규칙을 완벽하게 익혀야만 해결되는 일이 아니다. 그러니 처음부터 하나하나 너무 완벽을 추구하기보단 차라리 알파벳의 대표 음가와 추가되는 몇 가지 음가들부터 익히자. 익힌 뒤에는 영어책 속의 쉬운 문장들로 그 규칙을 직접 적용해보자. 이때는 영어책의 내용을 알기 위해 영어글자 읽는 연습을 하고 있다는 것을 아이가 알도록 해줘야 한다. 파닉스를 왜 배우는지 모르는 아이들이 많다. 알파벳 음가를 익혀 책속 내용에 직접 적용해보면서, 파닉스와 영어책이 따로따로가 아니라 영어책을 읽기 위한 중요한 과정임을 알게 해주자.

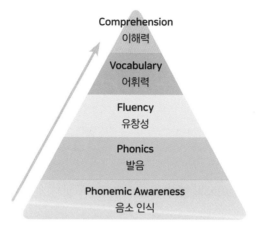

· 5가지 필수 읽기 구조 ·

Comprehension
이해력

Vocabulary
어휘력

Fluency
유창성

Phonics
발음

Phonemic Awareness
음소 인식

이런 시간들이 쌓이면 어느 정도 읽어지면서 재미를 느낄 것이다. 첫술에 배 부르지 않다. 일단 기본적인 단어들이 읽어지면 아이는 스스로 읽는 재미에 빠져서 영어책 읽기를 좋아하게 될 것이다.

파닉스를 안 한 채 바로 책 읽기로 들어가면 불안해하는 분들이 많다. 파닉스 규칙이 아예 필요없다고 말할 순 없지만 파닉스가 반드시 필요하다고 생각하는 것도 고정관념이다. 기본적인 알파벳 음가 익히기 후 바로 영어 떼기에 도전해도 좋다. 익힌 알파벳 음가를 실제 책 속의 문장에 적용시켜보는 것이다. '5가지 필수 읽기 구조'에서 발음Phonics 보다 음소 인식Phonemic Awareness 이 먼저 나오는 이유다.

그런데 이런 알파벳 음가 익히기조차 알려주지 않아도 영어책을 꾸준히 읽어주다 보면 자연스럽게 영어책을 읽는 아이들이 있다. 한글을 따로 가르치지 않았지만 읽는 아이들이 있는 경우와 같다. 하지만 모든 아이가 그런 것은 아니며, 아이들에게 어느 정도 읽는 규칙을 알려주면 좀 더 쉽게 규칙을 익힐 수 있다. 엄마표 영어환경 만들기에서 쉽고 자연스러움을 강조하더라도 읽는 규칙은 알려줘야 한다.

대부분의 부모는 영어교육의 첫 번째가 파닉스라고 생각하면서 파닉스를 너무 중요하게 생각하는 경향이 있다. 그러다 보니 읽기를 위한 파닉스가 아닌 파닉스를 위한 파닉스가 돼버릴 위험이 있다. 너무 긴 시간 파닉스를 가르치기보다는 알파벳 음가 익히기가 더 기본이고 간단하다는 것을 잊지 말자. 어차피 많은 파닉스 규칙들을 모두 외울 수 없을 뿐더러 예외도 많다. 영어 읽기 초반에는 영어글자 읽는 방법, 즉 대표 음들을 알려주고 직접 책에서 부딪혀보는 것이 오히려 낫다.

알파벳 음가 익히기는 언제 해주면 될까? 글자에 관심을 보이는 시기가 제일 좋은 시기지만, 한글 떼기가 되지 않은 유아들에게도 해줄 수는 있다. 알파벳 하나하나를 이미지로 인식한다고 본다면 그 이미지에서 나오는 소리를 결합시켜주는 것이기 때문이다.

예준이는 36개월 때 알파벳 차트를 보면서 대표 음들을 흉내 냈다. 엄마가 하는 말을 따라할 수만 있으면 대표 음가 소리 내보기는 어릴 때도 가능하다.

the	a	of	his	on
to	I	in	that	they
and	you	was	she	but
he	it	said	for	had

사이트 워드 익히기

'사이트 워드sight word'는 말 그대로 자꾸만 눈으로 보고 익히면 되는 어휘들이다. 알파벳 음가 익히기 다음에는 사이트 워드를 익히는 것이 좋다. 영어 문장에 자주 나오는 어휘High Frequency Word 이기 때문이다. 자주 사용되는 만큼 그에 해당되는 소리를 익혀두면 아이가 책에서 읽을 줄 아는 어휘가 많아져서 읽기에 자신감이 생길 것이다.

그런데 사이트 워드도 알파벳 음가 익히기 방법을 적용해서 읽으면 되지 왜 별도로 알아둬야 할까? 알파벳을 보고 대표 음가를 정확히 소리 내어 읽을 줄 아는 아이여도 잘 읽혀지지 않는 부분을 만날 수 있기 때문이다. 알파벳 음가를 익히면 웬만한 사이트 워드도 읽어지기는 하지만, 때론 a[어], the[더], my[마이], was[워즈], what[왓]처럼 대표 음가와 다르게 읽어지거나 우리말로 해석해주기 애매한 사이트 워드들도 있다. 우리말 해석이 애매한 어휘들은 이미지로 제시해서 알려주기도 힘들다. 하지

• 어휘 빈도수 •

빈도순	어휘	빈도횟수	빈도순	어휘	빈도횟수
1	the	5578746	16	I	566846
2	of	2728247	17	he	515154
3	and	2313881	18	as	481294
4	to	2289460	19	by	472843
5	a	1926141	20	you	465491
6	in	1687481	21	at	419039
7	that	923054	22	are	417296
8	is	886650	23	this	404074
9	it	834407	24	not	401871
10	was	801621	25	have	398043
11	for	760425	26	had	387885
12	's[possessive]	631302	27	his	383379
13	on	630343	28	from	373299
14	be	601369	29	but	365051
15	with	587786	30	they	338226

만 영어 문장에서 굉장히 자주 사용된다. 그래서 별도로 알아두면 좋다. (별면 부록 참고)

벽에 붙여놓고 보면서 읽어보고 책으로 자꾸 만나면서 익히는 방법이 좋다. 위의 표를 보면 빈도수에 따라 순위별로 어휘들을 적어뒀다. 책에 많이 등장하는 1위부터 순서대로 익히자.

아이와 한글 떼기를 하다 보면 한글 문장에도 자주 사용되는 말이 있다는 것을 알 수 있다. 보통 '-에서, -을, -고, -의, -은, -과'와 같은 조사나 '-습니다, -입니다'와 같은 어미들이 해당된다.

예 밥을 먹었습니다.   친구와 도서관에 갔습니다.

나는 집에서 잠을 잤다.   나의 얼굴을 봐라.

오늘은 비가 왔다.   그녀는 학생입니다.

이런 글자들은 한글을 읽는 원리에 맞춰 읽기도 하지만 책에서 자주 만나면서 저절로 익혀지기도 한다. 사이트 워드도 이렇게 생각하고 부담 없이 영어글자 자체를 계속 아이 눈에 노출시켜주고 소리를 들려주면 익숙해질 것이다.

참고로, 유튜브에서 'Sight word'라고 검색하면 무료 영상을 많이 찾을 수 있으니 적절히 활용하자. 미국, 캐나다 유학 시 1년 소요 비용이 4,000~5,000만 원이고, 국제학교 입학금이 340만 원 정도, 수업료와 기숙사비가 연 3,700만 원 정도인 것을 생각해봤을 때 엄마표 영어환경 만들기 초반에 알파벳 음가 익히기를 하고 사이트 워드를 익히는 것은 시간이나 비용 면에서 큰 이득이다.

Step
4

리더스북으로
영어 읽기 독립

스스로 읽을 수 있게 '영어 떼기'

한글 떼기의 원리를 그대로

아이가 학교에 들어가기 전인 6~7세 정도가 되면 엄마들은 마음이 바빠진다. 학교 가기 전에 혼자서 책을 읽을 수 있도록 '한글 떼기'를 해줘야 하기 때문이다.

엄마가 읽어주는 책을 보다가 저절로 한글을 떼는 아이들도 있고, 벽에 붙어있는 자음과 모음 차트를 보고서 스스로 떼는 아이들도 있다. 한글 모양 자석을 붙이며 놀다 보니 뗐다는 아이들도 있고, 영상을 보다가 떼는 아이들도 있고, 가나다 동요를 부르다가 떼는 아이들도 있다. 이런 경우는 자연스럽게 깨우친 경우로 '복 받았다'라고 생각하면 된다.

대개는 한글을 읽는 '방법'을 알려줘서 그 원리를 깨치도록 하는 것이 보편적이다. 자음과 모음의 결합으로 글자가 만들어지는 원리부터 알려주는 방법을 사용하거나 '가'로 시작하는 단어와 '나'가 들어가는 단어, 아이가 좋아하는 주제(색깔, 계절, 탈것)를 이용한 통문자 학습방법을 사용한다. 예준이의 경우는 글자 결합의 원리를 터득하는 방법으로 깨쳤다.

읽기 독립 = 떼기 = 혼자 읽을 수 있게 됨.

한글의 원리를 터득하고 나면 바로 문장을 술술 읽게 되는 것이 아니라 한 글자씩 떠듬떠듬 읽게 되는데 아직 익숙하지 않기 때문에 밖으로 소리 내어 읽는 연습이 필요하다. 읽는 연습을 위해 큰 글자로 적혀 있거나 한 두 줄짜리 문장과 반복 어구가 많은 한글 읽기 독립책(예 《꼬마미키》)을 사용하기도 하고, 받침이 없는 글자들로만 이루어진 책부터 받침글자로 점차 늘려나가게끔 체계화된 한글 동화책(예 《신기한 한글나라》)을 사용하기도 한다. 전래동화처럼 글의 양이 많고 옛이야기를 들려주는 방식의 동화책들은 엄마가 읽어주거나 아이가 읽기 독립이 됐을 때 비로소 혼자 읽는 책이다. 따라서 이제 막 읽기 시작한 아이에게 읽어보라고 하는 책으로는 적합하지 않다. 즉, 좋은 책이나 교재들이 아무리 많아도 아이에게 필요한 종류의 책을 적절한 때에 활용해줘야 한다.

이렇게 한글 떼기에 대해 이야기하는 이유는 영어도 마찬가지기 때문이다. 영어 역시 아이의 성장에 따라 그때그때 맞는 종류의 책을 활용해줘야 한다.

엄마표 영어환경 만들기를 시작하는 분들이 맨 처음에 많이 활용하는 책은 《노부영》이다. 이것은 영어동화인데 책의 문장들을 멜로디화 시켜서 아이들에게 인풋의 즐거움을 느끼게 해주는 '듣기'에 포커스를 둔 책이다. 《잉글리쉬 타임》은 회화체와 노래 위주의 '말하기'에 포커스를 둔 책이다. 《씽씽영어》《튼튼영어 주니어》《잉글리쉬 에그》 등의 쉬운 영어 그림책들은 유아기 아이들에게 엄마가 읽어줘 아이들의 듣는 귀를 트여 주는 그림 위주의 책들이다. 영어 읽기 독립인 영어 떼기에 사용해도 되 지만 영어 떼기가 목적인 책은 아니라는 소리다.

아이에게 영어책 읽어주기를 계속해주면서 점차 아이 혼자서 읽을 수 있도록 영어 읽기 독립을 시켜줄 필요가 있다. 이때 이왕이면 영어 읽기 에 포커스를 둔 책을 활용하면 좋다. 아이가 혼자서 영어책을 떠듬떠듬 읽게 되고 어느 정도 편하게 읽을 수 있게 된 후에는 글의 양을 점차 늘려 가면 된다. 아이들이 한글책 글의 양을 늘려나갔던 것을 생각해보면 이 해가 빠를 것이다.

미국 학교에서도 영어 떼기를 위해 소리에 집중하고 소리와 글자를 연 결하는 연습을 시킨다. 짧은 시간이 아니라 유창하게 읽게 될 때까지 긴 시간 동안 교육한다. 영어를 모국어로 사용하는 나라에서조차 영어 읽기 독립을 위한 노력을 기울이는 것이다. 하물며 한국어가 모국어인 우리 아이들이 영어 떼기를 건너뛰거나 단기간에 끝내 버린다는 것은 기초를 무너뜨리는 일이다.

아이는 계속 커가는데 항상 엄마가 읽어줄 수는 없다. 힘들지만 떠듬떠 듬 읽는 시기를 지나 아이 혼자 묵독으로 편하게 읽게 됐을 때 비로소 책 읽는 속도도 빨라진다. 그렇게 되면 아이 입장에서 재미난 책을 접할 기 회도 많아지게 된다. 아이 혼자 한글책을 읽을 수 있도록 해줘야 하듯이 영어책 역시 아이 혼자서 읽을 수 있게 읽기 독립을 해줘야 한다.

영어 떼기를 위해 활용하기 좋은 책

알파벳과 알파벳 음가, 사이트 워드를 익힌 후에는 그 법칙을 직접 적용하면서 떠듬떠듬 읽어볼 책이 필요한데, 그것이 바로 기초 리더스북이다. 다행인 것은 이런 리더스북의 종류가 많고 구하기도 쉽다는 것이다. 많은 리더스북들 중에서 내 아이에게 반응이 좋은 책을 활용하면 된다. 단, 영어 떼기 초반에는 뒷단계보다는 PRE단계, 1단계인 기초 리더스북이 적합하다.

예준이가 초기에 도움을 많이 받았던 책은 《Now I'm Reading》이다. 미국 초등학교 교사가 자신이 가르치는 학생들 중에 영어 떼기를 못한 아이들을 위해 만든 책인데, 만들어진 목적이 '영어 읽기 독립'이기 때문에 굉장히 체계적이다. 우리나라의 엄마들이 한글 떼기를 할 때 한솔《한글나라》나 웅진《한글 깨치기》를 찾는 것처럼 미국 엄마들은 《Now I'm Reading》을 찾는 경우가 많다.

우리나라의 엄마들이 아이 한글 떼기를 해주면서 너무 학습적으로 시키고 싶지 않듯이, 미국 엄마들도 읽기 독립을 해주긴 해주되 피식 웃을 수 있는 짧은 스토리의 책, 챈트도 있어 리듬감 있게 활용할 수 있는 책, 글의 양이 많지 않은 책, 문장이 진하고 크게 적혀 있는 책을 찾는다. 한글 교재가 ㄱㄴㄷ 순서로 체계적으로 흘러가고 배운 원리를 적용해볼 수 있도록 짧은 문장부터 구성되듯이, 《Now I'm Reading》도 파닉스 규칙을 기본으로 끌고가면서 '글자 읽기'에 초점을 두고 있기 때문에 영어 떼기에 효과적이다.

그런데 '읽기'에 초점을 두다 보니 라임rhyme에 맞춘 단어를 사용해서 다소 생소한 단어들이 나온다는 단점도 있다. 예를 들어, a 발음을 익히기 위해 apple와 같은 쉬운 단어도 나오지만, ape 유인원와 같이 어린아이들에겐 어려운 단어도 나온다. 그리고 읽다 보면 혀가 꼬이기도 한다. 아나운서들이 정확한 뉴스 전달을 목적으로 입을 풀어주기 위해 '간장공장 공장장은 간공장장이고~'라며 발음연습을 하는 것처럼, 이런 발음연습을 하다 보면 혀가 꼬이는 현상이 일어난다. 발음부분 유창성까지도 염두에 두고 만든 책이라 3단계쯤 되면 혀가 꼬이기도 하는데, 이 부분만 넘어서면 다른 리더스북들이 너무 쉽게 느껴지게 된다.

《Sight Word Readers》《JY First Readers》《Learn to Read》와 같은 기초 리더스북으로 기초를 다진 뒤에는 《ORT Oxford Reading Tree》《Hello Readers》《I Can Read》《Step into Reading》《Now I'm Reading》《Read it yourself》《Brain Bank》 등의 리더스북들을 단계별로 넓고 탄탄하게 쭉 활용해나가면 된다. 그 이후에는 글의 양을 점점 늘려 챕터북과 영어소설까지 쭉쭉 가면 된다. 어른이 돼서도 독서를 계속해야 되는데 아이들의 영어책 읽기를 1~2년 안에 다 끝낼 수는 없다. 따라서 영어책 읽기를 장기적으로 보고 한글책 글의 양을 늘려나가듯 영어책 글의 양도 늘려간다고 생각하자.

영어 떼기에서 주의할 점

《ORT》 같은 대부분의 리더스북을 살펴보면 읽기 연습을 돕는 리더스북이라는 느낌보다 '그림책'이라는 느낌이 강하다. 그러다 보니 많은 엄마들이 리더스북을 그림책으로 혼동하는 경우도 많다. 리더스북은 단지

'읽기'에만 집중하지 않고 아이들이 재미있게 읽도록 그림책의 요소도 포함해서 만들었다. 이것이 장점이기도 하지만 단점으로 작용하기도 한다.

바로 엄마표 영어환경 만들기를 하는 엄마들이 너무 오랫 동안 리더스북으로 영어 떼기를 진행한다는 것이다. 한글 떼기를 하는 목적을 생각해보자. 아이가 한글문장을 잘 읽게 되면 더 이상《한글나라》나《기적의 한글학습》과 같은 책은 읽히지 않는다. 아이가 한글 읽기 독립을 마쳤는데도 계속해서 읽기 독립을 위한 책만 읽히는 것이 아니라 전래동화, 명작동화, 사회동화, 위인전들도 읽어나간다.

영어도 마찬가지다. 리더스북은 읽기를 위한 도구이기 때문에 다른 책들보다 내용이 조금 억지스럽거나 축약돼서 재미가 덜할 수 있다. 그럼에도 불구하고 엄마들은 내 아이가 리더스북에서도 큰 재미를 느끼길 원한다. 이점을 주의해야 하는데, 단계가 잘 나눠져 있어 엄마표 영어환경 만들기를 진행하기에 편하다는 이유로 너무 오랜 시간 초기 리더스북에 머무는 실수를 하게 된다.

물론 재미난 리더스북들도 많다. 스토리도 좋으면서 그림책 요소를 포함하고 있는 리더스북들이 그렇다.《ORT》의 경우는 1단계부터 마지막 단계까지 스토리가 연결되고 등장인물들도 이어져서 책 읽는 재미를 느끼기에 좋은 책이다. 하지만 책 읽기의 재미는 영어 그림책, 챕터북, 영어소설 등에서 더 많이 느낄 수 있다는 것을 잊으면 안 된다. 우리가 영어 떼기를 해주려는 목적이 결국은 아이가 혼자서 영어책을 읽게 해주기 위해서라는 걸 잊지 말자. 영어 읽기가 어느 정도 안정권에 들어선 뒤에는 글자 자체를 읽을 수 있느냐보다 책 내용에 중심을 두어야 한다. 책을 책으로 바라보는 개념, 즉 책을 읽으면서 아이가 느끼고 교훈을 깨닫는 것 말이다. 영어소설까지 편하게 보길 원한다면 글자를 읽는다는 것을 넘어서 문학작품으로 느끼는 것으로 중심을 옮겨야 할 것이다. 리더스북은 단지 이것을 위해 영어 떼기를 해주는 책이라고 생각하면 된다. 이 세상에는 재미있는 책들이 너무나 많다.

한글처럼
'영어 떼기'

영어 떼기 방법

보통 아이들은 한글이 완벽하지 않아도 일단 떠듬거리며 읽는다. 영어도 그렇게 시작하면 된다. 파닉스를 완벽하게 마무리한 뒤에야 영어책을 읽을 수 있다고 어렵게 생각할 필요가 없다. 그냥 한글처럼 '영어 떼기'를 하면 된다.

나 역시 처음엔 시행착오를 겪었다. 한글 떼기처럼 하면 될 것을 어렵게 생각하고 계속 한곳에서 맴돌았다. 예준이는 82개월이 되기 전에 이미 세이펜으로 소리를 몇 번 듣고 따라 읽기 연습을 하면, 바로 혼자서 읽을 수 있는 수준이었다. 그런데도 영어 떼기를 해줘야겠다는 생각을 하지 못했다. 너무 어렵게 생각했기 때문에 시도를 늦게 한 것이다.

한글 떼기를 할 때는 한글 CD를 틀어놓고 계속해서 따라 말하게 하고 무한 반복해서 읽기 연습을 시키지 않는다. 한글 1단계 책부터 11단계까지 단계에 맞춰 차근차근 시키지도 않는다. 엄청나게 듣고 따라 읽는 연습시간을 갖지도 않는다. 그냥 한글의 음을 익히고, 자음과 모음의 원리를 알고 난 뒤에는 바로 쉬운 한글책을 떠듬떠듬 읽어보면서 시도를 한다.

그런데 왜 영어는 그렇게 오랜 연습시간을 갖게 했는지 모르겠다. 영어도 CD나 세이펜의 도움 없이 쉬운 영어책을 그냥 떠듬떠듬 읽어보면 되는데 말이다. 세이펜을 영어 문장에 찍어 보면서 듣고 똑같이 따라하는 시간도 분명 필요하다. 하지만 자신이 배운 알파벳 음가를 영어 문장에 직접 적용해보는 시간도 필요한 것이다.

한글 떼기를 할 때 아이가 잘못 읽으면 손으로 짚어주면서 올바른 소리를 들려주고, 동화책의 스토리는 물 흘러가듯이 알려준다. 영어 떼기도 그렇게 해주면 된다. 처음에는 너무 깊이 들어갈 필요가 없다. 아이가 원하는 책으로 그냥 편하게 읽는 시도를 하면 된다. 책 속의 문장들과 단어들이 어떤 소리를 내는지, 음가를 생각해서 떠듬떠듬 읽어보는 과정이 분명히 필요하다. 그것이 영어 떼기의 첫걸음이다.

알파벳 음가 익히기와 사이트 워드를 어느 정도 익힌 상태에서는 틀리더라도 혼자 읽어보게 하자. 모르는 단어가 나오면 어떤 소리가 날지 짐작해보게 하면서 읽어나가게 해주자. 틀려도 괜찮다고 말해준다. 물론 집중듣기와 따라 말하기 연습을 하고 나서 혼자 읽어보기를 할 때보다 읽기의 자연스러움은 떨어진다. 하지만 되든 안 되든 혼자서 읽어보려고 하는 시도 속에서 영어글자를 하나하나 집중해서 보게 되는 장점도 챙길 수 있다.

❶ CD 집중듣기 ➜ 따라 말하기 ➜ 혼자서 읽어보기

❷ 바로 혼자서 읽어보기

①번의 과정으로 책 읽기 연습을 한다면 cat이라는 단어를 봤을 때 c.a.t. 한 글자씩 보게 되는 것이 아니라 CD에서 [캣]이라는 소리가 나왔으니 별 고민 없이 'cat=캣'이라고 생각할 것이다. 하지만 ②번의 과정으로 되든 안 되는 CD의 도움 없이 혼자 읽어보려고 할 때는 '크.애.트. → 크애트 → 캐트 → 캣'이 되면서 왜 cat이 캣으로 발음되는지 깨닫게 된다.

이런 과정이 많이 쌓인 뒤에는 리더스북의 단계를 높이면서 페이지당 읽어야 할 문장을 조금씩 늘린다. 처음에는 잘 읽지 못하는 부분도 점차 잘 읽게 되는 현상을 목격할 것이다. 아이가 처음에는 [토]라고 읽었던 to가 나중에는 너무도 자연스럽게 [투]라고 나올 것이다. 못해도 규칙을 적용해가면서 일단 한번 읽어보고, 읽다가 틀리는 것은 올바른 발음을 다시 들어보고 똑같이 내뱉어보기도 하면서 연습하면 된다.

아이의 목소리를 녹음해서 본인이 직접 들어보는 시간을 갖게 해주면 좋다. 초등학생이고 간단한 쓰기가 가능하다면 리더스북 한 권이 마무리될 때 간단하게 워크북도 풀어보면 좋다. 스티커 붙이기나 선긋기를 하면서 내용을 한 번 더 되짚어보게 돼 반복이 된다. 자기 전에는 그날 읽어보려고 노력했던 책의 올바른 발음이 나오는 CD를 틀어주면 영어 떼기와 듣기 둘 다 도움이 될 것이다.

요즘 영어책들은 CD로 음원을 제공하는 것이 필수가 됐다. 그리고 책들도 세이펜이 적용되는 경우가 많다. 그러다 보니 아이가 혼자 시도해 볼 기회도 없이 바로 CD를 틀고 듣게 하는 경우가 많다. 하지만 영어 읽기 독립으로 고민이 많다면 아이가 좋아하는 책의 CD를 틀어주기 전에 아이가 무작정 직접 읽게 해보자.

그것을 시도해볼 시기는 부모만이 알 수 있다. 글자에 관심 있는 아이라면 알파벳 음가 익히기와 사이트 워드를 어느 정도 익힌 뒤에 바로 시도해보라고 권하고 싶다. 영어듣기가 당연히 필요하지만, 어느 순간에는 먼저 듣고 시작하는 영어책 읽기가 아니라 무작정 혼자서 읽어보는 시간을 주는 영어책 읽기도 필요하다. 시기별로 방법을 다르게 하자.

이쯤 되면 파닉스와 기초 문장 읽기를 위해 영어학원에 보내는 것이 아까워질 것이다. 특별한 집이니까 가능한 거라고 말하기 전에 이 방법을 적용해보길 바란다. 시도를 해봐야 내 아이가 할 수 있는지 없는지를 알 것 아닌가. 단, 아이가 거부하거나 떠듬거리면서도 읽지 못할 때는 조금 더 시간이 흐른 뒤 다시 시도해보자. 너무 무리해서 들이대는 것은 좋지 않다.

MOM's TIP 읽기 독립 순서

① 알파벳 음가 익히기
② 사이트 워드 익히기
③ 기초 리더스북 손으로 짚어가며 읽어보기
④ 입에 익숙해지도록 반복해서 읽어보기
⑤ 리더스북의 단계를 조금씩 올려주기

리더스북 이해하기

픽션과 논픽션 리더스북

리더스북은 아이들이 혼자서도 책 속의 문장을 읽을 수 있도록 돕기 위한 책이다. 그래서 단계별로 나누어진 것이 많다. 아이들이 본격적으로 글자를 읽기 시작하는 초기에는 긴 문장보다는 짧은 문장 읽기부터 해야 한다. 점차 문장을 늘려가야 하기 때문에 리더스북의 단계가 높아질수록 문장 수도 늘어난다. 영어 그림책이 '그림'을 중심으로 하듯이 리더스북은 '읽기'를 중심으로 한다. 물론 그림과 읽기에 집중한다고 스토리가 아예 없다는 뜻은 아니다. 그만큼 책이 어디에 포커스를 둔 책인지 책의 종류에 대해 알면 활용할 때도 좋다.

특히, 초기 리더스북은 한 페이지에 짧은 한 문장이 들어가 있어야 한다는 특성상 그림보다 사실적으로 바로 전달하기 쉬운 '사진'이 주로 활용된다. 여러 종류의 영어책들 중 유독 리더스북에 논픽션류가 많은 이유다. 그러다 보니 어릴 때 노부영과 같은 영어 그림책을 주로 봤던 아이들 눈에는 리더스북이 더욱 낯설어 보일 것이다. 영어글자를 읽어야 하는 것도 낯선데 그림이 아닌 다소 딱딱해 보일 수 있는 사진들로 이루어진 책이니 그럴 만하다.

그런데 아이들 중에는 예준이처럼 실제 이미지가 들어간《DK My First Board Book》과 푸름이《이미지 리딩북》스타일을 좋아하는 아이들이 있다. 이런 아이들은 이 시기에 덕을 보는 셈이다. 예준이가 읽고 활용했던 리더스북들은 영어 온라인도서관의 논픽션 책들,《이머전 리더》《런어바웃》《브레인뱅크》등 대부분이 논픽션류다.

우리나라에는 논픽션류의 리더스북만 있는 것이 아니다. 픽션류 리더스북도 많다. 그중에서 가장 유명한 것은《ORT》다. 권과 권 사이가 연결되고 단계가 오르면서 스토리가 더 풍부해진다. 그래서 때론 리더스북이 아니라 긴 챕터북을 끊어서 단계를 만들고 리더스북으로 만든 것이 아닌가 하는 생각도 든다. 실제로《ORT》6단계가 넘어서면 슬슬 활용빈도가 떨어지는데 그 이유는 글의 양이 많아지면서는 쉬운 챕터북 수준으로 글의 양이 많아지기 때문이다. 아이들이 리더스북을 활용하는 것은 대부분 읽기 초반, 즉 읽기 독립을 위한 경우가 많기 때문에 시간이 지나면서는 활용도가 떨어지는 식이다. 하지만《ORT》뒷단계를 리더스북으로 받아들이지 않고 스토리북으로 받아들이고 활용해주면 아이가 컸을 때 충분히 활용이 가능하다. 그래서 5, 6단계까지《ORT》를 활용했다면 곧 바로 7단계로 넘어가려고 노력하기보단 다른 리더스북의 앞 단계들을 충분히 활용하는 것이 낫다. 단계 사이의 격차가 크거나 단계가 많은 리더스북

한 종류만으로 진행하면 안 되고, 비슷한 단계의 여러 리더스북을 활용하는 것이 좋은 이유다.

리더스북을 고를 때 유명세보다는 아이들이 좋아하는 스타일로 고르자. 그림이든, 사진이든 아이가 좋아하는 스타일로 고르면 된다. 이때는 일단 글자를 읽는 것에 집중하는 것이 맞다. 단, 그 그림이나 사진이 아이가 읽는 문장을 잘 표현하고 있는지를 눈여겨봐야 한다. '그림 : 문장' 또는 '사진 : 문장' 매칭이 정확한 리더스북이어야 한다.

논픽션류의 리더스북을 더 잘 받아들이는 아이들은 있는 그대로의 사실을 받아들이는 데는 탁월하지만 '스토리 안에서 감성을 느끼는 것'이 약한 편이다. 이와는 반대로 픽션류의 리더스북을 더 잘 받아들이는 아이들은 스토리가 없거나 짧고 객관적 사실만 담긴 글들에 약한 편이다. 그러다 보니 양쪽 모두 알게 모르게 구멍 아닌 구멍이 생긴다.

실제로 전자의 아이들은 스토리가 길어지는 챕터북이나 영어소설로 넘어가는 것이 힘들 수 있고, 후자의 아이들은 비문학 지문이 담긴 독해문제집들을 풀기에 벅찰 수 있다. 예준이가 픽션류의 리더스북들을 많이 읽지 않았음에도 챕터북과 영어소설로 넘어설 수 있었던 이유는 한글책으로 저학년 문고들을 충분히 읽었고, 쉽고 만만한 영어 그림책들도 많이 읽었기 때문이다. 후자의 아이들은 글의 양만 극복하면 전자의 아이들보다 챕터북과 영어소설로 넘어서기가 쉬울 수 있다. 하지만 실제 사진이 담긴 책들도 보려는 노력이 필요하다.

어릴 때는 한글책으로 《내셔널지오그래픽 Little kids》와 같은 책, 자연관찰책 등도 보여준다. 아이가 크면 어린이들을 위한 영자신문인 〈엔

이타임즈NE Times〉나 〈키즈타임즈THE kids TIMES〉에 나오는 기사를 한 꼭지씩 읽도록 유도해주거나 《Reading Juice for Kids》《Subject Link Starter》와 같은 독해문제집 지문을 한 개씩 읽어보게 해주면 된다. 단, 문제집이 책보다 우선시 되는 주객전도가 일어나지 않도록 주의하자.

아이들이 좋아하는 스타일의 리더스북으로 영어 떼기를 진행하는 것이 좋지만, 시간이 흐르면서 생길 수 있는 구멍을 이런 식으로 차차 채워주려는 노력이 필요하다. 아이가 크면 영어글자만 잘 읽어내는 것이 전부가 아니기 때문이다. '논픽션류가 좋다, 픽션류가 좋다'를 따지는 것은 그리 중요한 일이 아니지만 각각의 장단점을 알아두면 좋다.

스토리북 형태 리더스북

요즘은 리더스북에 대한 구분에 한계를 두지 않는다. 넓은 의미로는 모든 영어책이 읽기용 책이 될 수도 있기 때문이다. 그러다 보니 책이름에 리더스북이라고 적혀 있어도 읽기만을 위한 리더스북은 아닐 때가 많다. 큰 의미로 '스토리북'으로 불려야 하는 책들이 리더스북이라는 이름을 달고 나온 경우가 많다. 영어 그림책, 챕터북, 영어소설 이외의 책들은 거의 리더스북 카테고리에 들어가 있다고 보면 된다.

그런데 이 점이 엄마들에게 혼동을 주기 쉽다. 알파벳 음가도 익히고 파닉스도 한참 해서 이제 리더스북으로 넘어가려고 보니, 엄두가 나지 않는 글의 양을 가진 리더스북이 너무 많은 것이다. 《Berenstain Bear》《Froggy》《Little Critter》《Amelia Bedelia》《Clifford》《Arthur》《Caillou》 등이 해당된다. 이런 책들은 리더스북이라고 적혀 있지만 뚜

렷한 단계 구분은 없다. 떠듬떠듬 단계를 지나 책 읽기가 많이 편해진 단계에 읽히면 좋다. 즉 한글책으로 치면 저학년 문고를 편하게 보는 단계의 아이들이 읽는 리더스북 정도로 생각하면 쉽다. 이런 책을 리더스북이라는 이유로 읽기 초반에 사서 한 자씩 떠듬떠듬 읽게 하면 아이가 힘들어 할 것이다. 글자크기도 작고, 문장이 짧거나 구문이 반복돼서 예측이 가능한 책Pattern predictable book 이 아니기 때문이다.

하지만 이런 리더스북들은 챕터북으로 넘어가기 전 풍부한 읽을거리가되기 때문에 읽기의 힘을 키워주기에 좋다. 종류도 많아서 하나의 시리즈에 빠지면 책을 선택하는 고민의 시간도 줄여준다. 챕터북으로 넘어서기 힘든 아이들은 이 단계를 충분히 해준 뒤에 글의 양을 늘려가면서 챕터북으로 진입하면 좋다.

리더스북 종류와 활용 순서

기초 리더스북(early readers book), 논픽션 리더스북(non-fiction readers book), 픽션 리더스북(fiction readers book)을 알아보자. 아이가 좋아하는 스타일의 리더스북으로 진행하되 중간중간 부족한 부분을 채워주는 노력도 잊지 않아야 한다. 논픽션과 픽션이 섞여 있는 경우에는 비중으로 구분했다.

쉬운 기초 리더스북부터 단계를 높여가며 읽기를 진행한다. 다음 단계로 넘어가는 데 어려움이 있다면 비슷한 수준의 다른 리더스북을 더 읽어본 뒤에 넘어간다. 이 순서는 참고용으로, 모두 활용해야 한다는 뜻은 아니다.

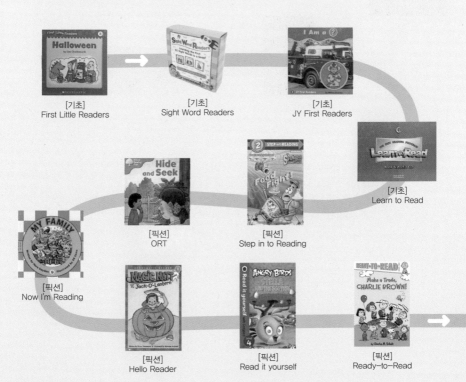

[기초]
First Little Readers

[기초]
Sight Word Readers

[기초]
JY First Readers

[픽션]
ORT

[픽션]
Step in to Reading

[기초]
Learn to Read

[픽션]
Now I'm Reading

[픽션]
Hello Reader

[픽션]
Read it yourself

[픽션]
Ready-to-Read

[픽션]
I Can Read

[논픽션]
I Spy reader

[논픽션]
JY immersion readers

[논픽션]
Learn Abouts

[논픽션]
Time-to-Discover

[논픽션]
Scholastic Emergent
Readers

[논픽션]
Brain Bank

[논픽션]
National Geographic
kids

[논픽션]
DK Readers

[스토리북 형태]
Froggy, Little Critter, Amelia Bedelia, Clifford, Arthur Starter, Caillou, Maisy, Arthur Adventure, Curious George, Berenstain Bears

첫 번째 벽, 독서 수준은 어떻게 높이나요?

 엄마 **"한글책 읽기가 영어책 읽기보다 먼저인가요?"**

"초등 저학년 시기까지는 우리말 독서를 통해 배경지식을 쌓아 독서습관을 기르는 것이 중요하다. 영어책은 그 나중이다"라고 말하는 육아서들이 많다. 한글책 읽기가 먼저라는 것이다. 모국어의 중요성을 강조하는 것에는 동의하지만, 독서습관에 포커스를 둔다면 이 말에 완전히 동의하긴 어렵다. 아마도 "한글책 읽기가 먼저다"라는 말은 모국어의 중요성을 강조하기 위해 나온 말인 듯하다.

영어책 읽기를 모국어를 저해하는 요소로 해석하지 말아야 한다. 소리가 다르지만 다양하고 좋은 내용을 담은 영어책이 한글책 읽기에 도움이 될 수 있다. 그래서 모국어가 '먼저'라는 말보다 모국어가 더 중요하다는 말로 해석하는 것이 맞다. 같은 맥락으로 한글책이 먼저라는 말보다는 한글책이 더 중요하다는 말로 해석하는 것이 맞다. 실제로 '책'을 중심으로 가지고 가는 엄마표 영어환경 만들기를 제대로 하고 있는 부모들 중에 모국어를 무시하고 영어에만 집중하는 부모는 드물다.

"한글책을 잘 읽어야 영어책도 잘 읽는다"라는 말을 한 번은 들어봤을 것이다. 하지만 이 말은 한글책을 잘 보는 아이가 영어책을 잘 볼 확률이 높다는 말이지, 한글책을 잘 읽게 된 후에라야 영어책을 잘 읽게 된다는 말이 아니다. 반대로 "영어책을 잘 읽는 아이가 한글책도 잘 읽는다"로 해석할 수도 있다. 그러니 한글책, 영어책 구분 없이 책 읽기에 포커스를 맞추자.

예준이는 영어책을 잘 보게 되면서 한글책 읽는 수준도 함께 올라갔다. 로알드 달의 《Charlie And The Chocolate Factory》를 영어소설로 먼저 접했고, 그 재미에 빠지면서 소설을 쓴 작가에 대해 궁금해했다. 그리고 더 정확한 내용을 알고 싶다고 한글판 책이 있는지를 물었다. 그래서 한글판 《찰리와 초콜릿 공장》을 대출해주니 그 자리에서 다 읽었다. 이전까지는 주로 얇은 초등 저학년용 책을 읽었는데, 영어소설 덕분에 한글책 글의 양까지 늘어난 것이다. C.S. 루이스의 《The Chronicles of Narnia》 역시 영어소설로 먼저 접했고, 그 재미에 빠지면서 네버랜드 클래식 전집에 있는 《나니아 나라 이야기》 시리즈를 연달아 읽게 됐다. 영어소설 덕분에 지금까지 봤던 것보다 훨씬 많은 페이지의 한글책을 읽게 된 것이다.

만약 내가 한글책이 먼저라는 고정관념을 갖고 있었다면, 한글책 글의 양이 늘어날 때까지 《나니아 나라 이야기》를 볼 기회가 없었을 수도 있다. 또는, 《나니아 나라 이야기》를 소화하지 못하면 《The Chronicles of Narnia》는 보여줄 엄두도 못 냈을 것이다.

책을 좋아하게 해주고 아이가 원하는 책을 보게 해주는 것이 중요한 것이지 순서는 중요한 것이 아니다. 물론 한글로 된 명작동화 《신데렐라》 《장

화신은 고양이》 등를 잘 본 아이들은 영문판 명작동화도 잘 볼 확률이 높다. 이미 아는 내용을 보기 때문에 이해가 더 잘 돼 영어책 읽기에 날개를 달아주는 계기가 될 수도 있다. 하지만 '책 내용'에 중점을 두고 생각한다면 이미 아는 내용에는 오히려 흥미가 없을지도 모른다. 따라서 굳이 무엇이 먼저라고 한계를 그을 필요는 없다. '한글책이 먼저다'라는 고정관념 없이 '내 아이가 보고 싶어 하는 책이 먼저다'라고 생각해야 한다. 현실적으로 우리말이 편하기 때문에 한글책에 먼저 손이 간다. 하지만 아이가 한글책을 다 볼 때까지 기다려줘야 하는 것은 아니라는 것을 명심하자. 같은 내용의 한글책과 영어책이 모두 있는 페어북을 잘 활용하면 조금 더 깊이 있는 독서로 끌어들일 수 있다.

 엄마 "흥미를 끄는 책에서 수준을 높이고 싶어요"

때론 쉽지 않은 책 중에도 순간적이지만 아이에게 흥미를 주고 관심을 끄는 책이 있다. 글의 양이 꽉 차 있어 어렵지만, 그 책의 아주 작은 그림 하나가 아이의 흥미를 자극할 수도 있다. 그 책의 수준이 어떻든 일단 한글책과 영어책 구분 없이 아이가 흥미 있어 하는 책을 충분히 볼 수 있도록 해주자. 그 책이 견인차 역할을 해서 페어북으로 확장될 수 있고 글의 양도 극복될 수도 있다.

흥미를 주는 책과 쉽고 재미있는 책이 있는가 하면 노력이 요구되는 책도 있다. 아이의 독서습관이 어느 정도 잡히고 독서가 재미있는 것이라는 것을 충분히 심어주었다면, 1퍼센트의 노력이 필요한 책도 추가해주는 것이 좋다. 아이가 현재 잘 보는 책보다 약간의 노력이 더 필요한 책을 시도해보자. 이런 책은 뉴베리 수상작 같이 작품성을 인정받은 책일 경우가 많은데, 한글 번역본이 있을 확률도 높으므로 페어북을 적절히 활용하면 내용의 깊이까지 얻는 데 도움이 된다.

《제로니모 스틸턴Geronimo Stilton》과 같이 재미있어서 아이들에게 인기가 많은 책들 중에도 한글 번역본이 많다. 흥미와 재미를 주었다는 것만으로도 책으로서의 역할을 충분히 했다고 생각된다. 하지만 거기에서 멈추기보단 문학작품에서 재미를 느끼는 부분까지 끌어올려주는 것이 필요하다.

한글책의 경우도 아이들이 재미있어 한다고 만화책만 보여줄 부모는 없다. 아이가 3학년이 되면 영어, 사회, 과학 등 1, 2학년 때는 없던 과목을 만나게 된다. 아이가 좋아하는 것만 마냥 보여줄 수 없는 시기가 결국 온다는 것이다. 아이가 좋아하는 책과 흥미 위주의 책만 보는 것으로 멈추지 말아야 한다. 1퍼센트의 노력이 필요한 책은 아이가 선뜻 먼저 손을 뻗지는 않지만, 막상 그 속으로 들어가 보면 은은한 감동과 은근한 재미를 느낄 수 있는 책들이 대부분이다.

이때 엄마는 어떻게 영어환경 만들기를 해주면 될까? 일단은 지금까지 아이와 함께해 온 시간을 믿어라. 이제는 맨땅에 헤딩하는 것이 아니다. 이제 더 이상 아이가 영어책을 싫어하게 될까 봐 걱정하면서 들이밀지 못하는 상태가 아니다. 아이는 이미 성장해 있다. 저학년 단행본들만 보던 아이가 400쪽 가까이 되는 책을 보고 있다면 한글책만 성장한 것이 아니라 영어책도 성장할 수 있는 시기다. 페어북을 적절히 활용해 독서의 깊이를 더하자. 그 비율은 아이의 수준에게 맞춰야겠지만, 노력이 필요한 책들 중에서도 재미있는 책을 만날 기회가 분명 늘어날 것이다.

두 번째 벽, 별종 취급하는 시선에 대처하는 자세

 "유난 떤다는 말이 자꾸 신경 쓰여요"

아직 '엄마표 영어'에 대해서 잘 모르는 분들도 많지만 예전에 비하면 많이 알려졌고 시간이 흐른 만큼 그 성공사례들도 많이 들려온다. 하지만 여전히 사교육이 더 자연스러운 형태이기 때문에 엄마표 영어환경 만들기를 진행 중인 부모들은 별종 아닌 별종 취급을 당하는 경우가 많다. 그래서 주변에 쉽게 말하지 못하는 상황일 때가 많다.

"교육은 전문가에게 맡겨야지."

"집에서 그러다가 애 망친다."

"무슨 집에 책이 저렇게 많나. 애가 다 읽기는 할까?"

특히 나처럼 온라인에 아이들의 성장기록을 남기기라도 하면 받게 되는 눈총은 더 심하다.

"유난 떤다."

"그래 학원 안 보내고 얼마나 잘하나 보자."

이런 눈초리를 받고 싶지 않아서 '해주는 것도 없는데 이거라도 해줘야죠'라며 엄마의 노력을 깎아내리거나 '애가 학원에 적응을 못해서 어쩔 수 없이 하는 거예요'라며 자신의 아이를 깎아 내리는 이도 있다. 당신이 당신의 아이를 그렇게 바라보면 남은 더 그렇게 쳐다볼 뿐이다. 어차피 그들에게도 그들의 인생이 있고 저마다 인생 살기에 바쁘다. 그리고 그들이 당신의 인생을 살아주지 않는다. 모두에게 사랑받기 위해서 노력하느니 당신의 인생에 에너지를 쏟는 게 더 낫다.

 엄마 **"엄청 공부 시키는 엄마라는 시선이 부담스러워요"**

예준이가 지하철 안에서 영어 그림책을 꺼내 보고 있는데 "엄마가 밖에 나와서까지 공부 시키네"라는 아주머니가 계셨다. 방해꾼이 따로 없었다. 어릴 때 미니북이라도 들고 다니면서 수시로 꺼내봤던지라 이런 모습은 아이도 나도 너무 자연스러운 일이다. 진짜 공부를 엄청 시키는 엄마라면 차라리 억울하지 않을 텐데 어이가 없었다. 그런데 이내 이런 생각이 들었다.

'이 전철 칸에 있는 사람들을 다시 볼 확률은 거의 제로다. 다른 사람 눈을 의식하면서 안 보여줄 이유가 없다'라고 말이다. 예준이는 계속해서 예준이 책을 봤고 나도 아이 옆에서 내 책을 봤다. 꿀 같은 이 시간을 그들 때문에 그냥 보낼 순 없다. 지하철로 이동하는 시간이 얼마나 아까운데 그냥 보낸단 말인가.

중고서점에서 책을 사가지고 오다가 지인을 만났을 때는 "뭘 그렇게 많이 사와"라는 말을 들었다. 그 눈빛엔 이미 '저 엄마 엄청 유난 떤다'가 들어있었다. 이사할 때마다 "어우~ 책이 엄청 많네~ 박사 되겠네~"라는 소리도 들었고 집에 오는 지인들은 "이거 다 본 거야?", "이제 안 보는 건 좀 팔아라"고도 했다.

　오프라인에서만 이런 상황이 벌어지는 것이 아니다. 내 블로그를 보면 대부분 아이랑 책을 활용한 독후활동 이야기다. 일상사진들도 있긴 하지만 거의 없다. 나는 게으를 땐 한없이 게을러지기 때문에, 후기를 올려야 아이의 독서습관 잡아주기를 꾸준히 이어줄 수 있었고 서평단으로 받은 책들도 있어서 블로그에는 독후활동 이야기만 올렸다. 쉽게 올릴 수 있는 SNS는 그나마 편하게 일상이야기들을 올릴 수 있었지만, 블로그에는 일상이야기까지 포스팅할 수 있는 시간이 부족했고 시간이 나면 다른 일이 더 급했다. 그런 시간들이 쌓이다 보니 블로그에는 책 이야기만 가득했고 어느새 '애 엄청 공부시키는 엄마'가 돼 있었다.

　책을 읽으면 학업에도 영어실력에도 도움이 된다. 하지만 학업과 영어실력만 생각했다면 교과공부나 잘 시켰을 것이다. 아이 인생에 남겨줄 '독서습관'을 위해 책 이야기를 꾸준히 했던 건 보이지 않는 모양이었다. 그런 사람들이 한편으론 이해도 된다. 사실 나도 처음엔 독후활동을 블로그에 올리는 엄마들을 보면서 같은 생각을 했기 때문이다.

　엄마표 영어환경 만들기를 해나가는 과정에는 의지 약한 엄마들을 힘들게 하는 압박들이 많이 있을 것이다. 하지만 과연 그들의 시선과 말이 내 아이의 독서습관보다 중요할까? 아이의 눈빛을 따라가고 관심사를 따라가다 보면 그렇게 되질 않는다.

　어느 날 예준이가 "엄마, 읽을 책이 없어"라고 말했다. 집에 백 권의 책이 있다면 백 권을 다 봤어야 이런 말을 할 수 있는 자격이 있는 게 아니다. 백 권 중 보지 않은 책이 절반이더라도 예준이가 진짜 읽고 싶은 책은 없다고 말할 수 있는 것이다.

최근에 글의 양이 짧고 쉬운 성경동화책을 사줬는데 예준이가 쌓아놓고 봤다. 짧아도 유치해도 지금 새 책이 필요하다는 신호였다. 어떻게 가만히 있을 수 있는가! 서포터즈 활동을 하면서 받았던 우등생 과학잡지가 열두 권 있었다. 보고 또 보고 하던 어느 날이었다.

"엄마 왜 요즘은 안 와?"

"어, 이제 끝났어. 이제부터는 돈 주고 구독해야 돼서."

"오늘 해주면 안 돼?"

"엄마가 한번 알아볼게."

아이의 이런 욕구가 일주일도 이어지지 않을 수 있다는 것을 안다. 아이가 원하는 지금! 해줘야 한다. 중*나라에 가니 전년도 잡지를 묶어서 파는 것을 알 수 있었다. 25,000원에 사십여 권을 사줬더니 택배가 온 날 자기 방에서 나오질 않았다. 저학년 문고들은 모을려고 모은 것이 아니라 5번 책을 재미있게 보면 6번 책도 사달라고 하니 모아지는 것이다. 아이가 원하는 대로 해주면 집에 책이 쌓이게 돼있다. 책이 많아질 수밖에 없는 구조다. 그것이 책 많은 집 아이들이 책을 잘 보는 이유다. 애초부터 책이 엄청 많기 때문에 책을 잘 보는 집은 드물다. 예준이 책만 많아지는 것이 아니다. 내 책도 책장이 모자라서 바닥행이 됐다. 아이 키우는 집은 시간이 갈수록 아이들 물건이 많아지듯이 책도 그렇게 되는 것이니 현재의 모습만 보고 이야기하는 사람들에게 일일이 대꾸하지 말자. 어차피 그 시선들과 말이 듣기 싫어 멈출 수 있는 상태가 아니지 않는가. 가속도가 붙으면 멈춰서기가 더 힘들다는 것을 알게 될 것이다.

노력만 하면 모든 일이 해결된다고 생각하는 사람이 있지만 사실 세상에는 아무리 노력해도 안 되는 일이 분명 있다. 그중 대표적인 것이 사람과의 관계일 것이다. 관계라는 것 자체가 나 혼자만의 일이 아니라 어느 누군가와의 사이에서 벌어지는 것이다. 그래서 내 맘대로 되지 않는 것이 정상이다. 만약 엄마표 영어환경 만들기를 하고 있는 당신을 누군가가 별종으로 바라본다면 그것은 그렇게 말하는 사람이 꼭 잘못이라고 할 순 없다. 단지 그 사람의 생각과 내 생각이 맞지 않는 것, 바로 코드가 맞는가의 문제일 뿐이다.

그런 시선이 싫다면 엄마표 영어환경 만들기를 하고 있는 동지를 찾는 것이 해결책이 될 수 있다. 자신과 같은 길을 걷고 있는 사람은 응원을 보낼 것이다. 단지 누군가에게 미움 받고 싶지 않아서 또는 괜히 이상한 사람 취급받지 않고 싶어서 누군가의 비위를 맞추고 있다면 당장 멈춰야 한다. 그럴 시간에 자신 스스로에게 비위를 맞추고 스스로에게 따뜻한 응원을 보내는 것이 맞다.

세 번째 벽, 아이와 사이가 나빠지면 어쩌죠?

 엄마 **"아이가 좋은 엄마라고 생각했으면 좋겠어요"**

나는 엄마표 영어환경 만들기를 하면서 아이와 더 끈끈해졌다. 아이가 영어를 질려 하거나 재미없게 생각하지 않도록 아이가 좋아하는 관심사 (바퀴, 탈것, 공룡, 쿠키런 등)와 관련된 영어책을 찾아야 했다. 아이가 피곤 해하는 날은 분량을 줄여줘야 했다. 그렇게 아이를 세심하게 관찰하며 함께 진행해가는 과정에서 항상 아이의 눈빛을 잃지 않게 됐다.

아이와 영어를 진행할 때 계속해서 지적이 튀어나오고 화가 치밀어오 른다면 차라리 영어학원에 보내라고 말하고 싶다. 아이와의 관계가 더욱 중요하기 때문이다. 하지만 아이와의 관계가 나빠지는 요인을 '엄마표 영 어환경 만들기'로 돌릴 수만은 없을 것이다. 영어가 요인이 아니라 자신 의 감정을 컨트롤 하지 못하고 아이의 눈빛을 읽지 못한 엄마가 요인일 가능성이 높다.

나는 엄마표 영어환경 만들기 덕분에 아이 인생의 평생 자산인 꾸준한 독서습관과 함께 잠자리에서 2시간 넘게 수다 떠는 모자관계도 만들 수 있었다. 단순히 영어 잘하는 아이가 되는 것이 중요한지, 엄마의 눈빛을 보면서 대화할 수 있는 영어 잘하는 아이가 되는 것이 중요한지 생각해보 길 바란다.

아이들은 항상 자기에게 주의를 기울이길 바란다. 이것은 자신을 보호 해주는 부모에게 향하는 생존본능이다. 이를 아는 부모는 영어 때문에 아이와의 관계가 나빠지는 것이 아니라 영어 덕분에 아이와의 관계가 더 좋아질 수도 있다는 말을 믿게 될 것이다.

영어책을 읽어주거나 영어책 읽는 아이의 모습을 보면서 아이가 어디 에서 빵빵 터지는지 알게 됐고, 아이의 관심사와 눈빛을 잃지 않을 수 있 었다. 아이의 컨디션에 더 신경 쓰게 됐다. 지금 아이랑 뭔가 '싸~한' 상

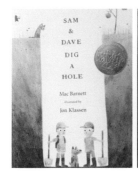

《SAM and DAVE DIG A HOLE》 Mac Barnett and Jon Klassen 지음,
Jon Klassen 그림, Walker Books 출판사

태라면 아이에게 이렇게 한번 다가가보자.

"엄마가 재미있는 책 보여줄게!"

"SAM이랑 DAVE라는 애가 있어. 둘이 땅을 파서 뭔가 대단한 것을 찾기로 했대. 바로 밑에 보물이 있는 줄도 모르고 옆으로 땅을 파는 SAM이랑 DAVE 좀 봐. 밑으로 땅을 파기로 했으면 계속 밑으로 파서 내려갈 일이지! 이것 좀 봐. 파다가 다시 옆으로 꺾네! 조금만 더 파면 보물이 있는데!"

책을 넘길 때마다 속이 터지는 책이다. 보물의 크기는 계속 커지고 SAM이랑 DAVE는 계속 아슬아슬하게 지나쳐간다. 책을 보는 아이들 눈에는 보물이 보이지만, SAM이랑 DAVE에게는 보이지 않으니 막 소리쳐서 알려주고 싶을 정도다. 실제로 아이들에게 이 책을 보여주면 책장을 넘길수록 아이들의 목소리가 점점 커진다.

"SAM! DAVE!! 아휴! 거기 있잖아!!"

"○○야~ 엄마가 자꾸 잔소리하니까 싫지~ 엄마라도 누가 자꾸 잔소리하면 싫을 것 같아. 그런데 있잖아. 너도 SAM이랑 DAVE한테 말을 안 해줄 수가 없지? 눈에 너무 보이잖아. 막 알려주고 싶잖아. 엄마도 마찬가지야. 엄마는 너보다 먼저 경험했던 것들이 있으니까 너무 눈에 보여서 너한테 막 알려주고 싶은 것도 많은가봐. 그래서 잔소리를 했던 것 같아. 너에게 저런 보물 같은 좋은 것을 보여주고 알려주고 싶어서 그랬던 거니까 이해해주면 안 될까? 앞으로는 엄마도 한두 번만 말하기로 할게. 결국은 네가 파봐야 알게 되는 것이니까. 파보도록 지켜보는 연습을 할게. 미안하고 사랑해."

아이 책으로 이야기를 나누다 보면 어른인 내게 도움이 될 때도 많다. 책을 매개물로 생각하고 아이와의 대화의 창구로 생각해보자. 아이와 소통이 되고 관계가 좋아진다. 그 영어책의 가치는 점점 올라가고 아이는 그 영어책을 좋은 느낌으로 기억하게 된다.

 엄마 **"아이의 눈빛만 좇아가면 되나요?"**

아이와의 좋은 관계를 유지하기 위해 아이의 눈빛을 잃지 말라는 말을 계속해왔다. 그런데 이 말은 아이가 원하는 바를 놓치지 말고 아이에게 반응해주라는 뜻이지, 아이가 원하는 대로 다 해주라는 뜻이 아니다. 아이와의 관계가 나빠질까 봐 아이가 원하는 대로 다 해주는 부모들이 많다. 아이가 나를 싫어하면 어쩌나 엇나가면 어쩌나 걱정하면서 들어주는 부모들도 의외로 많다. 그러다 보니 단호해지기 힘들다.

아이가 하는 대로 내버려두고 원하는 대로 다 들어주는 것은 아이를 존중하는 것이 아니다. 아이가 잘못을 하면 고쳐야 할 점을 알려주는 것이 이 사회에서 잘 살아갈 수 있게 해주는 길이다. 그것이야말로 아이를 인격체로 존중하는 방법이다. 하지만 아무리 옳은 소리를 해도 어느 순간 아이들은 엄마의 입에서 나온 소리라면 무조건 "엄마 맘대로"라고 말하곤 한다. 세상의 이치를 말해줘도 그것은 어디까지나 엄마의 입에서 나온 소리기 때문에 엄마의 법칙일 뿐이다.

어떻게 하면 될까? 맞다. 책에 나온 내용이라고 말해주자. 그리고 행동으로 보여주는 것이다. 어른을 공경하길 원하면 공경하는 모습을 보이고 책을 잘 보길 원하면 책 보는 모습을 보여야 한다. 그러한 행동이 보여질 때 엄마의 목소리가 들어간다.

지금 아이에게 한번 말해보자.

"네가 영어를 잘하든 못하든 너라서 좋아. 어차피 너는 영어를 잘하게 될 거야. 그날이 너무 기대돼."

아이를 아이 모습 그대로 바라보는 것, 결국엔 잘할 것이라고 믿는 것, 이것이 아이와 좋은 관계를 유지하는 비결이다.

엄마표 영어환경 만들기_후기

북레벨을 이해하고
때론 과감하게
때론 부드럽게

✓ 후기 때 포인트는 중기 때 이룬 읽기의 유창성을 바탕으로 책의 수준을
　높여주는 것이다.

✓ 책들의 수준을 구분하는 기준이 되는 북레벨에 대해 알고, 내 아이의
　북레벨을 제대로 파악하자.

✓ 리더스북에서 챕터북으로, 챕터북에서 영어소설로 넘어서기가 잘 되지
　않는 이유와 극복방법을 알자.

✓ 북레벨만 높이는 것이 아니라 칼데콧 수상작 등 영어 그림책까지 충분
　히 활용해 깊이 있는 독서가 되게 하자.

챕터북으로 넘어서기

챕터북 이해하기

글의 양이 늘어나는 챕터북

챕터북은 쉽게 말해 책 내용이 챕터Chapter로 덩어리져 구분된 책을 말한다. 우리말로는 1장, 2장하는 '장' 정도로 이해하면 된다. 챕터로 구분해야 할 정도로 글의 양은 늘어났지만 초반에 읽을 수 있는 쉬운 챕터북의 경우, 그림이 중간중간 나오는 경우도 있다. 책을 펼치기 전 겉모양만 봐도 챕터북이라는 것을 알 수 있다. 영어소설로 넘어가기 위한 다리 역할을 하는 책이기 때문에 영어소설과 같은 사이즈이고 영어소설보다 쪽수는 적다.

하얀색 종이에 컬러풀한 그림이 들어간 경우도 있기는 하지만, 대부분의 챕터북들은 갱지를 사용하며 흑백 인쇄다. 챕터북 중에서도 리딩레벨이 높은 챕터북들은 그림이 거의 없기도 하다. 주로 하드커버(책표지가 두꺼운 것) 형태보단 페이퍼백(paperback, 종이 한 장으로 표지를 장정한 싸고 간

편한 책) 형태가 많다.

이 시기쯤 되면 '엄마표 영어환경 만들기도 학원이나 마찬가지네'라는 생각이 들 수도 있다. 책의 종류만 많았지 이 책 다음은 이 책 이런 식으로 진행하는 것이 또 하나의 커리큘럼으로 느껴질 수도 있다. 그러다 보니 내 아이의 속도보다는 이 시리즈를 다 읽었으니 다음 단계로 넘어가면 된다고 생각하는 일이 벌어지기도 한다. 실제로 시간이 어느 정도 지나면 챕터북 정도의 글의 양이 더 이상 무섭지 않은 아이들이 많다. 하지만 그렇다고 그 아이가 책 내용을 모두 소화했다고는 볼 수가 없다.

이 부분을 학원에서는 BOOK QUIZ나 TEST 등으로 체크하는데, 엄마표 영어환경에서는 어떻게 체크해야 할까? 아이들의 성장은 가파른 미끄럼틀처럼 올라가는 것이 아니라 계단식으로 올라가는 것이기 때문에 바로바로 다음 계단의 책을 넣어주는 것도 불가능하다. 그런데 마냥 기다리고만 있을 수도 없다. 집중듣기를 할 줄 알고 글자를 읽을 수는 있지만, 이 아이가 진정으로 책 내용을 이해하며 본다는 것을 어떻게 확인하면 좋을까?

- 리더스북 뒷단계를 잘 소화한다.
- 작가나 캐릭터에 대해서 궁금해한다.
- 결말을 궁금해한다.
- 책을 읽는 도중 모르는 단어의 뜻을 묻는다.
- 책을 보다가 까르르 웃는다.
- 꽤 오랜 시간을 묵독하고 있다.

이와 같은 신호가 온다면 100퍼센트 챕터북 진행이 가능하다. 무작정 글자만 읽는 것이 아니라 책 내용을 읽고 있는 것이기 때문이다. 예준이의 경우는 리더스북의 뒷단계를 충분히 활용했다. 인북스에서 《ORT》 이후에 나온 《에일리언Alien》이라는 리더스북이 있는데, 이 책의 레벨 9~11단계를 활용했다. 그림도 많고 음성펜으로 찍어서 들을 수도 있는 책이었다. 게다가 책 사이즈도 챕터북처럼 작아서 챕터북으로 넘어갈 준비를 시켜주기에 효과적이었다.

갑자기 다른 종류의 챕터북을 넣어주는 것보다 이미 리더스북의 앞단계에서 익숙해진 《에일리언》이라 뒷단계 낯가림도 없었다. 이 책의 종류는 리더스북으로 구분되지만 뒷단계는 오히려 쉬운 챕터북보다 어려웠다. 그래서 이 책을 활용하는 것만으로도 챕터북으로 넘어갈 힘이 길러졌다. 이와 함께 활용했던 것은 《나우 아임 리딩》의 마지막 단계인 독립단계와 《브레인뱅크》의 마지막 단계인 G2 단계였다. 이렇게 리더스북의 뒷단계를 충분히 활용해주는 것이 챕터북으로 쉽게 넘어갈 수 있는 원동력이 됐다.

다음에 나올 표는 BL Book Level, 북레벨을 기준으로 인기 있는 챕터북을 정리한 것이다. 리더스북에서 챕터북으로 넘어갈 땐 아이만 고비가 아니라 엄마에게도 고비인데, 인기 챕터북을 중심으로 읽으면 생각보다 쉽게 넘어갈 수 있다.

준사마의 시크릿 가이드

북레벨별 인기 있는 챕터북

※ 영어 온라인서점 판매량 기준.
※ 책 권수는 2018년 기준으로, 완료된 시리즈도 있지만 권수가 늘어나고 있는 시리즈도 있다.

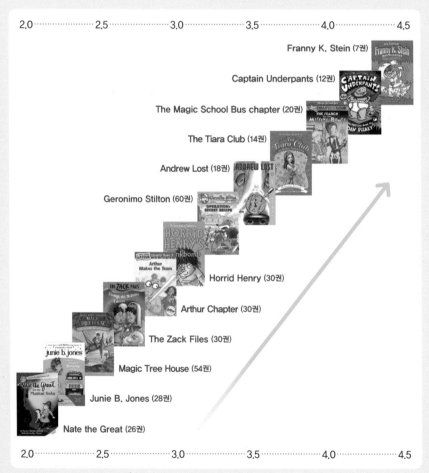

Franny K. Stein (7권)

Captain Underpants (12권)

The Magic School Bus chapter (20권)

The Tiara Club (14권)

Andrew Lost (18권)

Geronimo Stilton (60권)

Horrid Henry (30권)

Arthur Chapter (30권)

The Zack Files (30권)

Magic Tree House (54권)

Junie B. Jones (28권)

Nate the Great (26권)

✅ BL 1~2점대

※ 제목, 작가, 분야, BL 순서

Fly guy (18권)
Tedd Arnold
유머 | 1.3~2.1

Chameleons (20권)
Karen Wallace
동물·유머 | 1.8~2.1

Mr. Putter & Tabby (25권)
Cynthia Rylant
일상·유머 | 1.9~3.5

Nate the Great (26권)
Marc Simont, Marjorie
Weinman Sharmat
추리·탐정 | 2.0~3.1

Mercy Watson (6권)
Kate DiCamillo, Chris Van
Dusen
동물·유머 | 2.6~3.2

Comic Rockets (24권)
Frank Rodgers
유머 | 2.7

✅ BL 2점대

**Black Lagoon
Adventures (30권)**
Mike Thaler, Jared Lee
유머 | 2.4~3.8

Magic Bone (12권)
Nancy Krulik, Sebastien
Braun 외
동물·유머 | 2.5~3.0

Junie B. Jones (28권)
Barbara Park, Denise
Brunkus
일상·관계 | 2.6~3.1

Magic Tree House (54권)
Mary Pope Osborne, Sal
Murdocca
판타지·모험 | 2.6~4.0

Roscoe Riley Rules (7권)
Katherine Applegate
일상·유머 | 2.7~3.2

Marvin Redpost (8권)
Louis Sachar, Amy
Wummer
일상·학교 | 2.7~3.6

The Zack Files (30권)
Dan Greenburg 외
판타지·모험 | 2.7~3.9

Horrible Harry (32권)
Suzy Kline, Frank
Remkiewicz
일상·관계 | 2.8~3.6

Calendar Mysteries (13권)

Ron Roy, John Steven Gurney
추리 | 2.9~3.3

Katie Kazoo (35권)

Nancy Krulik, John and Wendy
판타지·관계 | 2.9~3.7

Arthur Chapter (30권)

Marc Tolon Brown
일상·관계 | 2.9~3.8

Ricky Ricotta's Mighty Robot (8권)

Dav Pilkey, Dan Santat
유머 | 2.9~4.1

The Secrets of Droon (36권)

Tony Abbott 외, Tim Jessell 외
판타지 | 2.9~4.4

☑ BL 3점대

Ready, Freddy! (27권)

Abby Klein, John McKinley
유머 | 3.0~3.4

Stink (10권)

Megan McDonald, Peter Reynolds
일상·가족 | 3.0~3.7

Usborne Young Reading Series1 (50권)

전래동화·역사 | 3.0~4.0

Dirty Bertie (30권)

David Roberts, Alan MacDonald
유머 | 3.1~3.5

Judy Moody (13권)

Megan McDonald, Peter H. Reynolds
일상 | 3.1~3.7

Horrid Henry (30권)

Francesca Simon
일상·유머 | 3.1~3.8

Ivy & Bean (10권)

Annie Barrows 외, Sophie Blackall
일상·관계 | 3.1~3.9

Geronimo Stilton (60권)

Geronimo Stilton
모험·나라 | 3.1~4.3

Nancy Drew and the Clue Crew (40권)

Carolyn Keene
추리·탐정 | 3.1~4.6

Seriously Silly Stories (12권)

Laurence Anholt, Arthur Robins
유머 | 3.1~5.0

Mallory (21권)

Laurie Friedman, Jennifer Kalis 외
일상·관계 | 3.1~5.2

Flat Stanley (6권)

Jeff Brown
유머 | 3.2~3.9

Cam Jansen Mystery (34권)

David A. Adler, Susanna Natti 외
추리·탐정 | 3.2~3.9

A to Z Mysteries (26권)

Ron Roy, John Steven Gurney
추리·탐정 | 3.2~4.0

Andrew Lost (18권)

J. C. Greenburg and Debbie Palen
과학 | 3.3~4.0

My Weird School (21권)

Dan Gutman
일상·유머 | 3.3~4.3

Jacqueline Wilson (9권)

Jacqueline Wilson, Nick Sharratt 외
유머 | 3.3~4.9

Rainbow Magic (52권)

Daisy Meadows
판타지·요정 | 3.3~5.1

Amber Brown (12권)

Paula Danziger, Tony Ross
일상·관계 | 3.4~4.1

Usborne Young Reading Series2 (50권)

전래동화·역사 | 3.4~4.2

The Tiara Club

Vivian French
일상·공주 | 3.6~4.5

The—Storey Treehouse

Andy Griffiths, Terry Denton
유머·재미 | 3.7~4.3

Clementine (6권)

Sara Pennypacker, Marla Frazee
일상 | 3.9~4.7

✓ BL 4점대

The Magic School Bus chapter (20권)
Anne Capeci 외
과학 | 4.0~4.7

What Was (18권)
Jim O'Connor 외, Scott Anderson 외
역사 | 4.1~6.3

Dork Diaries (12권)
Rachel Renee Russell
일상·유머 | 4.2~5.4

Captain Underpants (12권)
Dav Pilkey
유머 | 4.3~5.3

Usborne Young Reading Series3 (50권)
전래동화·역사 | 4.4~5.9

Franny K. Stein (7권)
Jim Benton
상상력·유머 | 4.5~5.3

The Ramona (8권)
Beverly Cleary, Jacqueline Rogers
일상·감동 | 4.8~5.6

Secret Agent Jack Stalwart (14권)
Elizabeth Singer Hunt
모험·추리 | 4.9~5.6

같은 시리즈 내에서도 책마다 리딩레벨에 차이가 있다. 《매직 트리 하우스》 1~28권은 읽혀지는데 29권 《Christmas in Camelot》(BL 3.7)부터는 힘들다면 29권으로 바로 넘어가려고 너무 애쓰기보단 28권 《High Tide in Hawaii》(BL 3.4)과 같은 레벨의 책을 찾아 조금 더 넓고 탄탄하게 읽다가 리딩레벨을 올려주는 것이 좋다.

같은 레벨의 책을 찾기 위해 LibraryThing(www.librarything.com) 사이트를 참고하면 좋다.

28권 《High Tide in Hawaii》(BL 3.4)와 같은 레벨의 책을 찾기 위해 'BL 3.4'라고 검색 → 왼쪽에서 Tags 클릭 → BL 3.4를 클릭한다.

리딩레벨(읽기 수준)은 텍스트를 읽을 수 있는 정도를 표준화해 단계별로 나눈 것을 말한다. 아이가 읽을 수 있는 어휘의 수, 문장의 길이, 글의 양과 그림의 비중, 내용의 예측가능성 등을 기준으로 단계를 나눈다. 레벨을 나누는 기준이 다양하며 리딩레벨의 종류도 다양하다. 여기서는 사이트에 들어가서 영어책 제목을 검색해보면 손쉽게 리딩레벨을 체크해볼 수 있는 AR과 Lexil 지수를 소개하겠다.

⊘ AR 북레벨

AR이란 미국 초등학교에서 1학년에서 12학년까지 아이들을 독서코칭하기 위해 나누어 놓은 독서관리 프로그램이다(www.arbookfind.com 참고). 책의 내용과 상관없이 단어, 문장구성(문법), 글의 양 등으로 레벨을 나눈다. 수만 권의 책을 분석하고 실제로 책을 다 활용한 3만 명의 아이들을 분석해서 만들었기 때문에 공신력이 있다. 게다가 사이트에 들어가서 책제목만 검색하면 손쉽게 레벨을 확인할 수 있기 때문에 가장 많이 활용되고 있다.

Dinosaurs Before Dark
Osborne, Mary Pope
AR Quiz No. 6311 EN Fiction
IL: **LG** - BL: **2.6** - AR Pts: **1.0**
AR Quiz Types: **RP**, **RV**, **VP**
Rating: ★★★✦
A time-travel fantasy in which two o

책제목을 검색하면 이와 같은 검색 결과를 얻을 수 있다. 레벨표시는 크게 IL과 BL 두 가지가 표시된다. IL은 LG(Lower Grades, K~3), MG(Middle Grades, 4~8), MG+(Middle Grade Plus, 6 and up), UG(Upper Grades, 9~12) 4가지로 분류한 것이고, BL은 글의 난이도에 따라 상세하게 분류해둔 것이다.

엄마표 영어환경 만들기를 진행 중이라면 BL을 참고하는 것이 좋다. BL 3.2는 미국 3학년 학생이 학기를 시작한 지 2개월째에 얻을 수 있는 능력에 맞는 책이라는 뜻으로 해석하면 된다. 만약 내 아이가 BL 3.2의 도서를 편하게 읽을 수 있다면 3.2의 북레벨 책을 읽을 수 있는 리딩레벨을 갖고 있다고 말할 수 있다.

이 사이트에 가서 현재 내 아이가 편하게 읽을 수 있는 영어책 제목을 검색해보면

《해리 포터》의 북레벨 확인하기

현재 내 아이의 리딩레벨을 알 수 있다. 여기서 중요한 것은 'Magic Tree House'라고 검색하는 것이 아니라 《Dinosaurs Before Dark》라고 정확한 책제목을 검색해야 한다는 점이다. 그러면 BL 2.6(미국학생 기준 2학년 6개월째 읽는 책)이라는 것을 알 수 있다. 《매직 트리 하우스》는 1~28권이 기본 시리즈인데 1권부터 28권까지가 모두 똑같은 레벨은 아니다. 보통 평균적으로 1점대는 《닥터수스》, 2점대는 《네이트 더 그레잇(Nate the Great)》, 6점대는 《해리 포터》 정도다. 하지만 같은 작가, 같은 시리즈의 책이라도 북레벨이 천차만별이다. 그러니 시리즈 제목이 아니라 책제목으로 검색해보는 것이 정확하다. 하지만 이것은 어디까지나 표준지표이므로, 미국학생 중 5학년인 아이들 모두가 무조건 5점대 책을 읽을 수 있다는 뜻으로 해석하면 곤란하다.

☑ Lexile 지수

Lexile 지수(렉사일 지수, 객관적인 리딩레벨 지표)는 영어 읽기 측정 단위로, 읽기 능력 그리고 영어 내용 난이도를 모두 측정하는 것을 기준으로 한다(https://fab. lexile.com 참고). 현재 미국 독서 표준지표로 인정될 만큼 공신력이 인증된 객관적이고 검증된 지표다. Lexile 척도의 범위는 −200L에서 +1700L까지다. 초급 수준의 독자와 도서는 Lexile 지수가 낮고, 고급 수준의 독자와 도서는 Lexile 지수가 높다고 표현한다. 보통 BL 2.0은 350L에 해당하고 BL 6.0은 900L에 해당된다. 1300L은 BL 13.5 정도로 대학생과 성인이 읽는 도서들이다. 우리나라에는 AR이 더 많이 알려져 있지만 Lexile 지수를 더 정확한 척도로 보는 이들이 많아지는 추세다. 예를 들어, 기초 리더스 PK단계는 140L, 《브레인뱅크》 G2단계는 300L~500L, 《해리 포터》는 800L~ 정도다.

• AR 레벨(BL)과 Lexile 지수 비교 •

AR 레벨	Lexile 지수	AR 레벨	Lexile 지수
1.1	25	3.9	675
1.1	50	4.1	700
1.2	75	4.3	725
1.2	100	4.5	750
1.3	125	4.7	775
1.3	150	5.0	800
1.4	175	5.2	825
1.5	200	5.5	850
1.6	225	5.8	875
1.6	250	6.0	900
1.7	275	6.4	925
1.8	300	6.7	950
1.9	325	7.0	975
2.0	350	7.4	1000
2.1	375	7.8	1025
2.2	400	8.2	1050
2.3	425	8.6	1075
2.5	450	9.0	1100
2.6	475	9.5	1125
2.7	500	10.0	1150
2.9	525	10.5	1175
3.0	550	11.0	1200
3.2	575	11.6	1225
3.3	600	12.2	1250
3.5	625	12.8	1275
3.7	650	13.5	1300

두 가지 리딩레벨 지표 중 어떤 것을 활용할지는 엄마가 선택하면 된다. 단 두 가지를 혼용하기보단 한 가지를 정해서 쭉 활용하는 것이 실용적이다. 현재 내 아이가 편하게 보는 책, 또는 무리 없이 글자 집중듣기를 해내는 책의 제목으로 검색해서 BL 또는 Lexile 지수를 알아두자. 그것이 내 아이의 리딩레벨이다.

내 아이가 읽는 책이 BL 2.9라면, 비슷한 BL 또는 약간 높은 BL의 책을 읽을 수 있게 해주자.

고비는 당연한 순서다

책 선택을 잘하면 수월하게 넘어간다

'고비'는 일이 돼 가는 과정에서 가장 중요한 단계나 대목에서 오는 막다른 절정이다. 지금 고비가 와서 굉장히 힘들다면 '일이 제대로 돼가고 있다는 증거다! 중요한 시기이니 이번만 잘 넘기면 앞으로는 챕터북 단계만 높여주면 된다'라고 생각해보자.

아이가 알파벳 음가를 익히고 떠듬떠듬 읽다가 혼자서 술술 읽게 되기까지 얼마나 잘 버텨왔는데 주저앉는단 말인가. 어떤 챕터북들이 있는지도 모른 채 고비를 맞은 것보다 낫다. 큰 틀을 그려 놓은 우리는 이제부터 뭘 해야 하는지 좀 안다. 아이가 신호를 보내고 있고 책 종류도 많으니 선택만 하면 된다.

나는 먼저 도서관에 가서 쉬워 보이는 챕터북들을 한 권씩 종류별로 빌려왔다. 도서관에 가서 아이가 직접 고르는 것이 가장 좋은 방법이지만 이번만큼은 아니다. 아이가 괜히 겁먹지 않도록 그리고 시간절약을 위해서 도서관에 있는 챕터북들 중 어려워 보이는 것은 엄마가 미리 걸러내고 쉬운 것들만 보여주는 것이 좋다. 거실바닥에 깔아두고 아이가 탐색할 수 있는 시간을 줬다. 이제는 아이 스스로도 '챕터북으로 넘어간다 vs 챕터북을 안 한다'라는 선택지 자체가 없다는 것을 안다. 지금까지 해온 시간들로 인해 이미 매일 영어책 보는 것이 당연해졌기 때문이다.

예준이도 '이 챕터북으로 할까? 저 챕터북으로 할까?'라는 선택만 있다고 당연히 생각했다. 표지부터 보고 속을 쓱 넘겨보면서 제일 쉬워 보이고 재미있어 보이는 것으로 선택했고, 탐정소년이라는 소리에 《네이트 더 그레잇》으로 마음을 정했다. 아이가 골랐지만 반드시 이 책이 성공하리라는 보장은 없다. 하지만 자신이 선택한 책이기 때문에 실패할 확률이 낮아지는 것은 사실이다. 중고로 《네이트 더 그레잇》 26권까지 샀다. 책등에 1~26번까지 번호를 매기고 나면 큰 변수가 없는 한 앞으로 26권이 끝날 때까지 엄마는 엄~청 편하다.

MOM's TIP 초기 챕터북

《Fly guy》 《Chameleons》 《Comic Rockets》 《Mr. Putter&Tabby》 《Nate the great》 《Mercy Watson》

초기 챕터북답게 컬러풀하고 글의 양이 적다. 흑백과 갱지에 대한 두려움이 있는 아이들이 보기에 좋다. 그림이 크고 자주 등장해 아이들에게 부담을 줄여줄 수 있다. 내용도 웃을 수 있는 재미요소가 있다.

예준이는 《네이트 더 그레잇》 한 권 정도는 처음부터 끝까지 한 번에 집중듣기 할 수 있을 만큼 엉덩이 힘이 강해진 상태였기 때문에 26권까지 어려움 없이 진행됐다. 하지만 뒤로 갈수록 흥미를 잃어갔다. 주인공이 뭔가를 찾는 내용인데 매일 찾는 물건만 바뀌고 결국 모두 찾는 데 성공한다는 "뻔한 내용이라 재미없었다"고 이야기했다. 그 찾는 과정, 즉 해결해나가는 과정이 엄청나게 재미있진 않았던 것이다. 챕터북에 대한 거부감을 느낄까 봐 쉬운 챕터북으로 시작했던 것인데, 시간이 지날수록 스토리가 재미있는 것을 찾는 모습을 볼 수 있었다.

이제 글의 양이나 갱지에 대한 거부감을 신경 쓰기보단 AR레벨이 높지 않은 챕터북 중 '스토리'를 신경 써줘야겠다는 생각을 했다. 그래서 스토리가 재미있고 탄탄하기로 유명한 《매직 트리 하우스》를 사줬다. 당연히 대성공이었다. 소년과 소녀가 나무 위의 집에 들어가서 여기저기로 이동하며 겪게 되는 이야기들인데, 이동하는 장소마다 소년과 소녀가 겪는 일들을 굉장히 재미있어 했다.

맞춤형 달콤사탕과 한 템포 쉬어가기

챕터북을 진행할 때 뭔가 달콤한 사탕 같은 게 있으면 훨씬 수월해진다. 예준이에겐 '아서Arthur 영상'이 그 역할을 했다. 2학년 2학기 때 《네이트 더 그레잇》 1~26권을 시작으로 《매직 트리 하우스》 1~50권, 《어스본 영리딩》 2단계 1~25권, 《ORT》 11+단계를 거의 10개월 동안 진행했다. 이때 바로 《아서 챕터북》으로 넘어가는 대신 쉬엄쉬엄 가는 시간을 줬다. 물론 지금도 힘들어하는 날에는 챕터북 진행을 하지 않고 쉬운 영

맞춤형 달콤사탕으로 '아서' 영상 활용하기

어 그림책만 보면서 쉬기도 한다. 하지만 큰 줄기는 쭉 지키면서 왔다. 그런데 《아서 챕터북》으로 넘어갈 때는 아예 푹 쉬는 느낌으로 갔다.

유튜브에 'arthur'라고 검색하면 수많은 영상을 볼 수 있다. 우리 집만의 규칙은 'TV는 일요일 아침에만 볼 수 있다'는 것이었는데, 이 시기엔 예준이가 아서 영상을 보고 싶어할 때 언제든 볼 수 있게 해줬다. 잠자는 것을 세상에서 제일 싫어하는 예준이에게 "얼른 자라!"라는 잔소리를 하지 않고 실컷 보다가 자게 하기도 했다. 영상을 보는 중간중간에는 《아서 챕터북》이 아닌 《아서 어드벤처(그림책)》를 볼 수 있게도 해줬다. 예준이는 아서 영상의 타이틀송과 캐릭터를 모두 좋아했고 관련 그림책으로 편하게 쉬었기 때문에 챕터북으로도 수월하게 넘어갔다.

예준이는 챕터북 활용 1년만에 드디어 로알드 달의 영어소설로 진입했다. 계속 단계를 올려주기 위해 《아서 챕터북》을 바로 진행할 수도 있었다. 하지만 그러지 않고 영상과 그림책으로 푹 쉬게 해줬던 것이 결국엔 영어소설로 잘 넘어갈 수 있는 원동력이 됐던 것이다.

예준이의 챕터북 진행

2015년 10월 말 : 《네이트 더 그레잇》 1~26권

2015년 11월 말~2016년 1월 말 : 《매직 트리 하우스》 1~28권

2016년 2~7월 : 《매직 트리 하우스》 29~50권, 《어스본 영리딩》 2단계 1~25권,

　《ORT》 11+단계, 《헨리 앤 머지》

2016년 7월 말 : 《아서 어드벤처》 1~20권

2016년 8~10월 : 《아서 챕터북》 1~30권

2016년 11월 : 《앤드류 로스트》 1~5권, 《어스본 영리딩》 2단계 26~50권

겉모습에 속지 말고 꼭 AR 확인

《티아라 클럽The Tiara Club》은 쉬워 보이지만 《매직 스쿨버스The Magic School Bus》와 BL이 비슷하다. 쉬워 보이는 《My Weird School》 책 중에는 《앤드류 로스트Andrew Lost》보다 BL이 높은 책도 있다. 재미있는 삽화 덕분에 주인공이 친근하게 느껴지는 《Roscoe Riley Rules》에는 BL 3.0이 넘는 책이 많다. 이처럼 쉽게 생겼는데 막상 BL은 높은 책들이 의외로 많다. 그 이유는 아이들에게 챕터북이 쉬워 보이게 해주려는 출판사의 배려도 있지만, 그래야 많이 팔리기 때문이라는 장삿속도 들어있기 때문이다.

《매직 트리 하우스》보다 쉬워 보이는 《아서 챕터북》 중에 BL이 더 높은 책도 있다. 《호리드 헨리Horrid Henry》도 익살스런 주인공 얼굴 덕분에

《티아라 클럽(The Tiara Club)》

《호리드 헨리(Horrid Henry)》

쉬워 보이지만 《잭 파일The Zack Files》《A to Z Mysteries》와 BL이 비슷하다. 로알드 달의 《The Magic Finger》BL 3.1 영어소설은 어렵게 느껴지지만 《캠잰슨Cam Jansen》 챕터북보다 BL이 낮다. 우리나라에서 챕터북으로 판매되고 있는 레인보우 매직Rainbow Magic 의 《Jade The Disco Fairy》은 심지어 BL 4.7이다. 로알드 달의 《Fantastic Mr. Fox》BL 4.1 보다 높고 《The Witches》BL 4.7 와 같은 것이다.

챕터북들 중에서는 쉬워 보여서 사줬는데, 아이가 보지 않으니 좌절감이 몰려왔을 수도 있다. 지금까지 헛짓을 하고 있었나 싶기도 했을 것이다.

그런데 한번 생각해보자. 아이가 스스로 읽기 시작하고 글의 양이 늘어나면서 엄마가 읽어주는 횟수도 줄지 않았는가? 엄마가 책 내용을 직접 확인해보거나 줄거리를 간단하게라도 파악하는 걸 놓치지 않았는가? 아이가 리더스북을 읽을 때까지는 그래도 엄마가 책 선택에 많은 관심을 가져줬는데, 이제는 대충 검색해서 남들이 쉬운 챕터북이라고 말하는 책을 검증 없이 그냥 들려주지 않았는가?

내 아이를 탓하고 좌절하기 전에 잘못된 책 선택으로 인해 챕터북 진행이 더뎌졌단 걸 깨달아야 한다. BL 확인을 하지 않는 경우가 초래한 결과다. 챕터북은 리더스북처럼 힌트가 되는 그림도 적으니 여러 가지 챕터북들이 다 똑같아 보일 수도 있다. 문장의 길이와 어휘보다는 글자의 크기나 행간을 보고 선택하진 않았나 생각해보자. 이 시기에는 엄마들이 책의 어휘보다 그림이 많고 적음을 기준으로 책을 선택할 확률이 높아진다. 하지만 이 점을 주의해야 한다. 겉모습만 보고 판단하면 안 된다. 엄마가 책을 모두 읽고 책 내용을 자세히 알고 있어야 할 필요는 없지만 BL 정도는 체크해봐야 한다. 보통의 경우는 리딩레벨이 높지 않은 챕터북을 선택해주면 챕터북으로 넘어서기가 쉽기 때문에 초기 챕터북부터 시작하면 좋다.

초기 챕터북임에도 챕터북으로 넘어서기가 힘들다면 그동안 영어 그림책과 뒷단계 리더스북을 충분히 봤는지를 생각해볼 필요가 있다. 챕터북은 그림이 줄고 글자가 많아지는 책이다. 그동안은 그림을 통해 스토리 추론을 해왔다면 이제는 글자를 통해 추론을 할 때다.

일반적으로 아는 글자가 많이 보이는 가운데 모르는 글자가 한두 개 눈에 띄면, 그림 힌트 없이도 충분히 뜻을 짐작할 수 있고 속뜻도 이해할 수 있게 된다. 영어 그림책과 리더스북에서 그림과 적은 글자들로 뜻을 추론하는 연습이 충분히 되지 않은 것 같다면, 리딩레벨에 연연하지 말고 영어 그림책을 보면서 그림으로 대화하고 책 내용을 짐작하는 연습부터 좀 더 하는 것이 좋다. 그림 추론을 충분히 해온 아이는 글자 추론도 쉽게 할 수 있기 때문이다.

예준이가 챕터북을 활용하던 시기에 매일 챕터북만 활용한 것은 아니다. 중간중간 무작정 쉬운 영어 그림책을 봤던 시기도 있었고, 책 내용으로 깊이 있게 대화를 나눈 시기도 있었다. 아이가 특별해서 챕터북으로 무리 없이 넘어섰다기보다 영어 그림책을 통한 다독과 정독, 그리고 리더스북 뒷단계를 충분히 활용하면서 글의 양을 극복해줬던 것이 비법이다.

재미있는 스토리 중심으로

만약 내 아이가 그동안 영어 그림책과 리더스북을 충분히 봤고 초기 챕터북도 잘 봤는데, 더 이상 챕터북 진도가 나가지 않는다는 엄마들에겐 이런 말을 해주고 싶다.

"스토리가 재미있는 것을 골라주세요!"

《매직 트리 하우스》를 너무 어렵게 생각하지 말고 시도해보자. 1권이 BL 2.6이다.

- 글자 집중듣기 : 챕터북 매일매일(책 종류, 양, 속도 조절은 아이와 함께 결정)
- 음원 듣고 한 문장씩 따라 말하기 : 챕터북의 한 챕터 또는 챕터북의 한쪽 따라 말하기

활용방식은 다양하다. 따라 말하기를 할 때는 'CD로 한 문장 듣고 일시정지 → 아이가 따라 말하기 → 다시 CD로 한 문장 듣고 일시정지 → 아이가 따라 말하기' 방법으로 한 문장씩 차근히 하면 된다. 이때 집중듣기 중인 책이 바뀌더라도 따라 말하기 중인 책은 그대로 진행해도 된다. 아이

가 입에 익어서 혼자 읽을 수 있다고 할 때까지 반복하면 좋다. 반복을 지겨워한다면 순간순간 재미난 요소를 더해줘 지루해하지 않을 수 있게 해줄 필요가 있다.

예준이의 경우는 리더스북일 때는 동그라미 5개를 그려주고 읽을 때마다 동그라미에 체크를 하게끔 하거나, 세 번은 아침에 읽고 두 번은 자기 전에 읽게 하는 식으로 했다. 챕터북으로 넘어오면서는 한 번만 따라 말하기를 하고, 다음 날도 똑같은 페이지를 한 번만 따라 말하기를 하는 식으로 진행했기 때문에 특별히 지겨워하지 않았다. 오히려 3~4일째는 첫날보다 훨씬 잘 읽고 있는 자신의 모습을 굉장히 자랑하고 싶어 했다. 따라 말하기를 반복하다 보면, 며칠 후 아이가 혼자 읽을 수 있다고 할 때가 오는데 음원의 도움 없이 혼자서 음독하도록 한다. 이때 음독하는 것을 녹음하거나 녹화해서 아이가 들어볼 수 있게 해주면 좋다. 성장기록이 된다는 점에서도 좋다.

'글자 집중듣기'와 '따라 말하기'가 큰 줄기이고 아이 컨디션에 따라 영상을 보여주거나 영어 그림책, 리더스북 등을 편하게 볼 수 있게 해주면 된다. 이런 추가적인 부분은 반드시 매일매일 할 필요는 없다. 다만 아이의 컨디션이 매일 똑같지 않기 때문에 아이가 큰 줄기 활동을 힘들어할 때 쉴 수 있는 요소로 사용하면 된다.

만약 챕터북 따라 말하기를 버거워하면 책 수준을 다르게 진행해도 좋다. 집중듣기를 하는 책과 따라 말하기를 하는 책이 반드시 같을 필요는 없기 때문이다.

글자 집중듣기 ➡ 챕터북으로 진행

따라 말하기 ➡ 리더스북으로 진행

'영어 그림책 → 리더스북 → 챕터북 → 영어소설' 순서가 큰 흐름상은 맞지만 리더스북이 끝나야만 챕터북을 볼 수 있고, 챕터북이 끝나야만 영어소설을 볼 수 있다는 고정관념은 버리는 것이 좋다. 아이가 챕터북을 진행할 때 글자 집중듣기와 따라 말하기를 모두 챕터북으로 진행해도 되지만, 리더스북과 챕터북을 동시에 활용하는 겹치기 방식으로 가도 된다. 챕터북을 완전히 씹어먹겠다는 생각보다는 챕터북은 글자 집중듣기를 통한 내용 이해 정도로 하고, 따라 말하기는 수준에 맞는 리더스북으로 가도 된다. 리더스북에서 계속 머무른다는 느낌은 덜고 챕터북의 부담도 덜 수 있는 좋은 방법이다.

특히《Fly Guy》와 같이 뒷단계 리더스북보다 쉬운 챕터북도 있으니, 이런 책을 활용하면 챕터북으로 넘어가는 것이 쉬울 것이다. 보통 남자아이들은《Nate the Great》를, 여자아이들은《Junie B. Jones》를 좋아한다. 책들과 관련된 영상물을 유튜브에서 쉽게 찾을 수 있으므로 영상물로 호기심을 끌고 책까지 연결하는 것도 좋은 방법이다.

영어책 레벨은
내 아이에게 맞게

아이의 성장에 맞춰 레벨도 업

아이가 유치원생일 때부터 《나의 문화유산답사》《제인 에어》《토지》를 본다는 것이 말이 될까? 당연히 안 된다. 그래서 글자를 읽을 수 있는지, 글의 양이 많은지가 중요한 것이 아니라 내용을 이해할 수 있는 적정연령이 됐는지 배경지식이 있는지와 같은 아이의 성장이 책 선택에 더 중요한 요소다. 영어책 역시 아이의 성장에 따라 순차적으로 끌어올려주는 것이 필요하다. 어떤 책이든 아이가 좋아하는 책을 손에 잡히는 대로 볼 수도 있지만, 읽고 이해하고 공감하고 느끼는 것까지 생각하면 '아이 연령'은 무시할 수 없는 요소다.

엄마표 영어환경 만들기를 해오면서 중간중간 터닝 포인트 같은 것이 있었다. 제자리를 맴도는 느낌이 너무 오래 들거나 다른 게 필요하다고 느껴지는 때, 또는 이해력이 늘었고 더 높이 올라갈 수 있는 힘이 생긴 것 같다는 느낌이 드는 때, 그래서 영어책 레벨을 높여도 될 것 같다고 느껴지는 때가 온다. 이런 느낌은 아이가 크면서 자연스럽게 오는 현상이기도 하다. 영어책 레벨이 영어 노출 정도와도 관련이 있지만 아이의 나이와도 관련이 있기 때문이다. 예를 들어, 어린 아기들은 4계절에 대한 개념이 없지만 어린이집에 다니는 아이들은 4계절을 겪어오면서 이에 대한 개념이 쌓여있다. 초등 저학년 때는 사춘기와 성에 대한 내용을 몰랐다가 고학년이 되면 이해할 수 있는 상태가 되는 식으로 말이다.

엄마표 영어환경 만들기가 영어책을 근간으로 이루어지는 방법인 만큼 아이의 성장에 따라 책의 종류도 변화를 줘야 하는데 그것을 '영어책 레벨 높이기'라고 한다. 엄마표 영어환경을 진행하는 내내 그리고 아이가 손에서 영어책을 놓지 않는 한 '영어책 레벨 높이기'는 반드시 겪게 되는 과정이다. 다음 내용을 주의 깊게 보면 도움이 될 것이다.

아이가 성장할 때마다 영어책 레벨도 높여줘야 하는 것을 인지했지만 도대체 아이가 성장했음을 어떻게 알 것인가? 이것은 영어의 성장뿐 아니라 다방면에서 아이가 성장했음을 느끼는 것이기 때문에 엄마만이 알 수 있는 신호다. 주로 대화와 행동을 통해 알 수 있는데, '아이가 걷는다', '글자를 읽는다', '대화의 주제가 깊어졌다' 등이 있을 수 있다.

영어의 성장 신호

엄마표 영어환경 만들기와 관련된 영어 성장에 무엇이 있을까?

- 이해력이 늘었다.

- 새로운 영어책을 원한다.

- 다른 장르의 영어책으로 바꿔줘야 할 것 같다.

- 시간이 오래 지났는데도 계속 똑같은 책을 보고 있다.

- 같은 책을 몇 주 전보다 빠르게 읽는 것 같다.

- 자막이 없이도 디즈니 영화를 보고 깔깔깔 웃는다.

- 몰라서 물어보는 영어단어 수준이 달라졌다.

- 같은 작가의 다른 책을 찾는다.

- 이제 술술 읽힌다고 말한다.

- CD 소리를 빠르게 해달라고 말한다.

이런 경우 외에도 영어책 레벨을 올려줘야 하는 변화의 시점이 되면, 엄마만이 알 수 있는 신호들이 아이에게서 툭툭 나온다. 아이의 눈빛을 항상 신경 쓰며 진행하는 것이 엄마표 영어환경 만들기이므로 따로 노력 하지 않아도 쉽게 알 수 있는 신호들이다. 그러므로 이런 신호를 하나라 도 놓치지 않으려고 신경을 곤두세울 필요는 없다.

그보다 더 중요한 것은 이런 신호를 발견한 후다. 엄마가 '내 아이의 현 재 위치를 파악하고 있는가?'이다. 그래야 다음 행동을 바로 할 수 있기 때문이다. 앞에서 엄마표 영어환경 만들기의 초기·중기·후기 시기별 큰 흐름과 Step별 흐름을 이야기했다. 이 흐름 속에서 내 아이의 현재 위치는 어디쯤인지 알고 있어야 한다. 아무리 신호가 와도 내 아이가 현재 어디에 서 있는지 모른다면 다음 발걸음을 떼기가 어렵다. 그렇다면 내 아이의 현재 위치는 어떻게 파악해야 할까?

사교육에서 행하는 레벨테스트는 기관마다 기준이 다르긴 하지만 어느 정도 아이 영어실력의 지표가 된다. 하지만 엄마표 영어환경 만들기에는 객관적인 지표가 없다. 단지 엄마만이 느끼는 지표가 있을 뿐이다. 영어책을 보면서 꺄르르 웃는 모습, 책 내용으로 대화를 하면서 느껴지는 것, 집중해서 보는 정도, 언뜻언뜻 나오는 아웃풋 등 수치화할 수 없는 지표들이라 아이의 수준을 정확하게 가늠하기가 어려울 수 있다. 그래도 유아영어 전집이나 쉬운 영어 그림책, 단계가 적혀 있는 리더스북을 활용할 때까지는 내 아이의 위치를 어느 정도 가늠해볼 수 있었을 것이다. 하지만 챕터북부터는 아이의 영어실력을 파악하기가 쉽지 않다. 그러니 내 아이의 위치 파악도 힘들고 순차적으로 어떤 책을 보여줘야 할지 결정하는 것도 어렵다.

그런데 다행히 영어책에는 '북레벨'이 있다. 지금 현재 내 아이가 읽고 있는 영어책의 북레벨을 알면 위치를 파악할 수 있다는 뜻이다. 당연히 다음 영어책을 고르는 데도 도움이 된다.

신호가 왔을 때 다음 책

내 아이의 위치도 파악했고 아이의 신호도 확인했다면 행동해야 한다. 다음 책을 아이 손이 닿는 곳에 준비해주자. 다음 책을 선택할 때는 내 아이의 리딩레벨을 기준으로 잡고, 그것보다 살짝 높은 레벨의 책들 중에서 아이가 선택하게 하면 된다. 예를 들어, BL 2.4라면 BL 2.7로 살짝 레벨을 높인다.

이때 엄마표 영어환경 만들기는 오래 달리는 마라톤이라는 것을 기억해야 한다. 충분히 소화할 시간 없이 계속해서 레벨 높이기에만 급급하면 과부하에 걸릴 수도 있다. 마지막 책을 끝냈다거나 같은 레벨로 한 달이 지났다거나 하는 것을 신호로 여기고, 레벨을 무작정 높이기보다는 영어책을 읽고 이해하는 정도를 보고 레벨을 높인다.

더디게 오르는 아이의 리딩레벨이 답답하고 지칠 것이다. 나도 그랬다. 매일 똑같은 책, 비슷한 책을 옆에서 보고 듣는 것이 지겹기도 했다. 그래서 빨리 새 책을 진행했으면 하는 욕심이 올라온 적도 많다. 하지만 그건 엄마의 마음상태이지 아이는 아니었다. 예준이는 오히려 같은 책을 반복하거나, 비슷한 책을 보거나, 쉬운 책을 읽으면 힘도 덜 든다고 했다. 또, 아이 스스로 "점점 잘해지는 게 느껴진다"고도 했다.

실제로 새로운 책으로 따라 말하기를 한 첫째 날, 둘째 날, 셋째 날은 차이가 있다. 반복하면 할수록 시간이 가면 갈수록 아이의 소리는 유창해졌고 그 재미에 한 권에 오래 머물다 보니 책 레벨 높이기는 더뎠던 것이다. 로알드 달과 같은 좋아하는 작가를 만나면 관련된 기사나 사이트도 궁금해하고, 관련된 한글책과 영화도 보고 싶어 하니 더욱 더딜 수밖에 없었다.

이때는 어려운 책을 진행해야만 수준을 끌어올릴 수 있다고 생각하지 말고 영어책 레벨 높이기를 천천히 하는 것이 남는 장사라고 생각하자.

그리고 레벨 높이기와 함께 아이가 편하게 볼 수 있는 책으로 중간중간 휴식을 주면서 비중 조절도 해줘야 한다. 어느 정도의 레벨 높이기가 된 뒤에는 '깊이 있는 독서'를 해야 하는 것도 잊지 말자.

내 아이의 리딩레벨을 파악했는데도 다음 책 선택이 힘들다면, 아이와 함께 도서관이나 서점에 가는 것이 제일 좋은 방법이다. 하지만 여의치 않다면 일단 온라인 영어서점에 들어가보자. '0~3세', '~5세', '~7세' 등 연령별로 구분해 놓은 것을 볼 수 있을 것이다. 여기서 참고할 사항은 연령이 아니라 연령별로 묶여있는 책들의 종류다. 온라인 영어서점에서 상세한 구분을 찾지 못할 수도 있지만 터무니없는 분류는 아니니 참고할 만하다. 현재 내 아이가 읽는 책이 어느 폴더에 들어있는지 확인한 뒤 같은 폴더에 있는 책, 또는 그 다음 연령의 폴더에 있는 책들을 눈여겨보자. 그리고 표지나 미리보기, 줄거리 등을 참고해서 아이에게 3~4개의 선택지를 만들어줘 고르게 하면 된다.

아이에게 새로운 관심사가 생겼을 때, 좋아하던 관심사에 더 깊이 빠져들었을 때 등 아이에게 변화가 생겼을 때 아이의 관심사에 맞는 관련 책을 검색해주는 방법도 있다. 자신의 관심사가 담긴 책은 리딩레벨, 연령별 구분 등과 크게 상관없이 더 잘 볼 것이다. 단지 그림만 나오더라도 말이다. 예준이가 고양이를 좋아할 때 재빠르게 골라줬던 것이 《워리어스 시리즈Warriors Series》였고, 야구에 한창 빠져 있을 때 재빠르게 골라줬던 것이 《볼파크 미스터리 시리즈Ballpark Mysteries Series》였다. 어렵든 쉽든 책이다. 아이에게 자신의 관심사가 담긴 책을 만나게 해주는 일 자체만으로도 성공이다.

너무 흥미 위주의 책으로만 레벨 높이지 말기

책과 친해져야 하는 초반이나 양으로 퍼부어줘야 할 때는 흥미 위주의 책들이 도움이 된다. 하지만 시간이 지나면서는 잔잔한 감동이 있는 내용, 교훈적인 내용으로 질을 높여줘야 한다. 양 채우기와 함께 질을 높여주는 것도 중요하다. 아이가 원하는 식으로만 챙기다 보면 아이가 좋아하는 책, 특히 흥미 위주의 책들만 진행될 수가 있다. 아이가 라면을 먹고 싶어 한다고 매일 라면만 주는 엄마는 없을 것이다. 이런 점은 조심하면서 아이와의 대화를 통해 책을 선택하며 레벨을 높여주자.

실제로 예준이가 《매직 트리 하우스》 50권까지 끝낸 시점에서 재미를 느끼게 해줄 수 있는 《아서 어드벤처》와 《아서 챕터북》을 진행했는데, 동시에 문학적으로 느끼고 생각할 수 있는 영어 그림책들도 읽었다. 칼데콧 수상작인 그림책들을 비롯해서 장르, 글의 양, 내용, 그림 등을 가리지 않고 다양하게 접하도록 해줬다. 이때 단지 영어책 레벨을 높이기 위해서 '유명하고 영어로 쓰여진 책이니까 도움이 되겠지'라는 생각으로 보여주는 것은 자제해야 한다.

아이가 영어책과 친해지도록 캐릭터북들을 활용하는 것도 필요하고, 말썽꾸러기 Henry가 나오는 《호리드 헨리》나 기상천외한 《스펀지밥 Spongebob》을 가끔씩 사탕으로 활용하는 것도 필요하다. 하지만 가끔이어야 한다. 한글공부를 한다고 한글로 쓰여진 것 아무거나 보는 것이 아니듯 영어로 쓰여졌다고 어떤 영어글자나 봐도 좋다는 것은 아니기 때문이다.

"아이가 원하는 책으로 진행하세요"라는 말의 진짜 의미를 헤아려야 한다. 물론 대부분 아이들 책에는 좋은 내용이 담겨 있다. 하지만 현재 내 아이의 상식을 과하게 뛰어넘는 내용이 담겨 있거나 지나치게 자극적이고 폭력적인 내용은 없는지 살펴봐야 한다.

이렇게 영어책 레벨을 높일 때 아이의 책들을 주의 깊게 살펴보면 자연스럽게 주인공 나이나 줄거리를 알게 된다. 그러면 아이와 나눌 수 있는 대화재료도 늘어날 것이다. 한글책을 읽고서 그냥 끝이 아니라 서로 느낀 점도 이야기하면서 독서의 질을 높이듯이 영어책도 그렇게 해주자. 감사하게도 영어책 읽는 독서습관, 즉 아이 스스로 엄마표 영어환경 만들기를 매일 해야 한다고 생각하면 굳이 흥미 위주의 책만 찾는 일은 없어진다. 아이가 '영어를 싫어하면 어쩌나' 하는 지나친 걱정도 필요 없다. 오히려 아이가 어른이 생각하는 것 이상일 수도 있고, 책의 탄탄한 스토리만으로도 충분히 재미를 느낄 수 있기 때문이다. 나는 예준이가 〈타이타닉〉〈아이엠 샘〉과 같은 영화를 보면서도 충분히 재미를 느낀다는 것과 인디언부족의 이야기를 다룬《야생마를 사랑한 소녀 The Girl Who Loved Wild Horses》를 읽으면서도 재미를 느낀다는 것을 경험했다.

아이의 감성을 건드려주고 호기심, 모험심, 용기 등 아이에게 좋은 자극을 주는 책들을 많이 만나게 해주자. 어쩌면 영어책 레벨을 높이는 최고의 비법은 책 내용 자체만으로 진정한 재미를 느낄 수 있도록 아이와 대화를 나누는 것일지도 모른다.

당연한 보상은 하지 않기

예준이가 초등학교 3학년 때였다. 여름방학 기념으로 도서관에 있는 쉽고 완전 만만한 영어 그림책 백 권을 읽어보자고 제안했다. 자칫 늘어질 수 있는 이 시기를 확 당겨주고 싶어서 한 권당 100원씩 백 권을 다 읽으면 만 원을 주기로 했다. 영어책을 읽으면 예준이에게 좋은 일이지 나에게 좋은 일은 아니라고 말해왔기 때문에 솔직히 내키지는 않았다. 하지만 특별히 주는 보상이라고 못 박아놓고 종이에 1부터 100까지 써서 읽을 때마다 스티커를 붙였다. 그런 방식이 오랜만이라서 재미있었는지 적게는 열 권부터 많게는 사십 권까지 열심히 봤다. 이렇게 분명히 '보상'이라는 방식은 아이에게 동기를 부여해주는 요소가 될 수 있다. 하지만 시간이 지나면서는 '내가 이만큼 할 테니 엄마는 나한테 뭘 해줄 건지' 하는 식의 협상을 시도하는 모습을 보였다. 그땐 이렇게 이야기해줬다.

> "이건 너를 위한 일이야. 오히려 엄마가 너를 위해 재미난 책을 찾아주거나 책을 볼 때 같이 옆에 같이 있어주는 것을 고마워해야지. 널 학원에 보내면 엄마도 시간이 생기고 편하단다. 하지만 그렇게 하면 분명 네가 힘들어할 것을 알기 때문에 집에서 하루 10분, 많아야 30분 한다는 거 알지? 이것조차 안 한다면 진짜 양심불량이야."

영어환경 만들기를 진행할 때는 "영어는 보상이 있든 없든 매일 해야 하는 것이다"라고 정해놓고 아이와 대화를 나누면서 진행해야 한다. 진행의 주체인 아이의 상황과 성향에 맞춰 분량, 시간, 책 종류, 학습방법 등을 타협하면서 진행하지만 타협이 없는 부분도 있다는 것을 아이도 알게 해주자.

칼데콧 수상작
집중 분석

칼데콧 수상작이란

칼데콧 상Caldecott Medal은 미국도서관협회에서 시상하는 상으로, 영국의 풍속화가 랜돌프 칼데콧의 이름을 딴 시상식이다. 현재 미국에서 그를 기념해 매년 우수한 어린이 그림책 미술가에게 상을 주고 있다.

영어소설에 뉴베리 상이 있다면 영어 그림책에는 칼데콧 상이 있는데, 칼데콧 상은 작가가 아닌 그림작가에게 수여되는 상이기 때문에 상의 기준이 '그림'이다. 하지만 그림만 좋고 내용이 별로인 책은 찾아보기 힘들다. 오히려 대상이 아이들이기 때문에 더욱 심혈을 기울였다. 책의 삽화가 수상 포인트가 되고, 전년도 영어로 출판된 책 중에서 미국 국적의 삽화가에게만 시상된다. 아이에게 영어 그림책을 읽어주다 보면 칼데콧 수상작을 자주 만나게 되는데, 1939년부터 한해에 보통 두 권에서 여섯 권까지 발표되고 도서관에 가면 수상작들 위주로 꽂혀 있기 때문이다.

위너(Winner, 우승) : 금박 Caldecott Medal Winner 1등 단 1명   아너(Honor, 명예) : 은박 Caldecott Medal Honor 공동 2등 1~5명

칼데콧 수상작 효과적으로 진행하기

칼데콧 수상작이지만 감정을 느끼고 공유하며 읽어야 하는 경우에는 아이 혼자 읽기 힘든 책도 있다. 그래서 CD가 없거나 글의 양이 많은 경우에 책 내용을 어떻게 이해시켜줘야 할지 고민된다.

칼데콧 수상작은 유명하기 때문에 유튜브에서 음원을 찾기가 수월하고 제목만 검색해도 읽어주는 동영상 찾기가 수월하니 음원 문제는 일단 넘어가자. 문제는 내용을 이해하는 것이다. 스토리 자체를 이해할 수 있도록 아이 눈높이에 맞춰 대화해야 한다. 중심문장을 찾아내고, 키포인트가 되는 단어를 짚어보고, 느낀 점을 자유롭게 이야기해보는 식의 확장이 필요하다. 그러려면 엄마가 전체적인 내용을 대강이라도 알고 있어야 하는데 엄마조차도 엄두가 나지 않는 책도 많은 것이 현실이다. 아이들이 크면 클수록 더 그렇다.

이를 위해서 엄마가 사전지식을 조금 쌓는 게 좋다. 책제목을 검색해서 책리뷰를 훑어보고 전체적인 내용부터 파악해두자. 그런 다음 아이에게 내용을 바로 알려주는 것이 아니라 완벽하지 않더라도 아이 스스로 이해하며 볼 수 있게끔 시간을 주자. 아이가 파악한 내용과 엄마가 미리 파악해둔 내용으로 대화를 해나가면 된다. 엄마가 큰 줄거리들만 이야기를 해주거나 책리뷰, 관련 영상물을 보여주며 아이의 생각과 비교해보는 시간을 갖자.

해석해주지 말라는 말이 사실인가요?

아이가 원하는 부분은 해석을 도와주면 된다. 하지만 모든 것을 바로 해석해주는 것은 좋지 않다. 아이 입장에서는 영어문장을 듣자마자 엄마 목소리로 알아듣기 편한 모국어가 나오는 상황이기 때문이다. 물론 영어 문장을 귀담아듣는 경우도 있겠지만 보통은 주의를 집중하여 듣지 않게 된다. 힘들이지 않고도 책의 내용을 알 수 있는데 굳이 영어문장을 귀담아들으려고 하지 않을 것이다. 그리고 바로 해석을 해주면 아이 스스로 내용을 유추해볼 시간도 없어진다. 대신 전체적인 이야기 흐름을 파악하는 것에 중점을 둔다.

물론, 한글책 읽기를 할 때도 글쓰기 지도 등이 있듯이 영어책 읽기를 할 때도 읽은 책을 바탕으로 줄거리 요약하기, 동의어 단어 찾아보기 등의 활동을 해볼 수 있다. 이런 것들은 아이가 책을 거부하지 않는 단계, 즉 책 읽기가 편한 상태가 돼서 시도해보는 것이 좋다. 다독만큼이나 꼼꼼하게 읽고 의미를 파악해가는 정독도 중요하다. 단, 책 읽기 도중에 하는 것보다 책을 모두 다 읽은 다음에 한다. 흐름이 끊기지 않아야 하기 때문이다.

실천 노하우

❶ 아이가 스스로 꺼내서 보는 경우에는 그냥 자유롭게 보게 한다.

(보통은 ❶에서 그냥 끝내도 좋다 → 다독과 묵독에 해당)

❷ 아이가 책을 보는 동안 엄마는 책제목을 검색해서 책리뷰를 살펴보고, 대강의 줄거리를 파악해둔다.

❸ 책을 읽은 후에나 읽으면서 질문이 없다면 그냥 끝내도 된다. 하지만 질문이 있다면 대화가 시작될 수 있고, 미리 파악해둔 줄거리가 대화재료로 쓰인다.

❹ 이번에는 아이가 다 본 책을 엄마가 훑어보며 방금 읽은 책에 엄마도 관심 있다는 것을 보여준다. 그리고 질문을 해본다.

"재미있었어? 어떤 내용이야? 엄마는 여기 이 부분이 이해가 안 가던데?"

잘 모르겠다고 대답할 때도 있고 자기 나름대로 이해한 내용을 설명할 때도 있다. 예준이는 그림만 대충 훑어보고 "한 여행가의 일생 이야기"라고 파악했다가, 한 번 더 글자와 함께 자세히 훑어본 뒤에는 "알았다! 얘가 Miss Rumphius야"라고 말했다.

"앨리스라는 이름이 더 예쁜데 왜 바꾼 거야?"

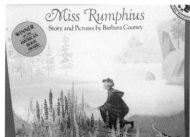 

《Miss Rumphius》 Barbara Cooney 지음, Puffin Books

"엄마, 얘네들도 'All right'이라고 대답하네."

그리고는 더 알아낸 내용들을 추가로 말했다. 엄마가 이해하지 못한 부분을 아이에게 이해시켜 달라고 요청하고 아이가 하는 말을 최대한 듣는다.

⑤ 잘 파악했다면 "와! 어떻게 알았어? 진짜 네 말이 다 맞아. 엄마가 이거 찾아봤는데 네가 한 말하고 똑같아"라고 말한다. 잘못 파악한 부분이 있다면 "정말? 근데 여기에 뭐 있는 거 같지 않아?", "라고 하며 그림 힌트나 단어 힌트를 손으로 짚어주면서 내용을 다시 파악할 수 있게끔 유도한다. (줄거리 파악은 ⑤ 정도까지만 해도 어느 정도 된다.)

⑥ 처음부터 한 문장씩 소리 내서 읽게 한다. (→ 정독과 음독에 해당)

읽으면서 이해가 되면 바로 다음 문장으로 넘어간다. 엄마나 사전의 도움 없이 혼자서 제대로 파악해내는 문장이 많아질수록 자신감이 넘친다.

소리 내서 읽는 도중에 막히는 부분이 나오면 스스로 어떤 내용인지 파악하려고 노력해보게 한다. 엄마도 모르는 단어나 이해가 안 가는 문장을 만날 때가 많은데, 그럴 때는 같이 단어도 찾아보면서 해결해나간다.

"이건가? 이 뜻인가? 이렇다는 건가? 아닌가?"

한 문장씩 소리 내서 읽고 모든 문장을 해석하는 것이 아니라 막히는 부분만 집중해서 함께 봤고, 번역본이 있다면 번역본을 참고하기도 했다.

여기서 주의할 점은 정독이라고 해서, 학교에서 영어교과서를 배울 때처럼 문장을 분석해서 문법, 시제 등을 파악하고 독후감까지 작성해보는 것은 아니었다는 점이다. 정독은 말 그대로 '뜻을 새겨 가며 읽어 글의 참뜻을 바르게 파악하는 것'이기 때문에 책 내용을 흡수하는 시간을 충분히 갖는 것이 좋다.

❼ 유튜브에서 'Miss Rumphius'를 검색해서 책 읽는 동영상 소리를 잠자리에 틀어준다.

아이가 직접 꺼내서 보는 경우가 아니라 엄마가 한 권씩 권하는 경우도 있을 것이다. 예준이의 경우는 영어도서관에 가서 보는 책들은 본인이 스스로 선택해서 자유롭게 읽고(다독), 집에서 주 1회 정도 꼼꼼하게 보는 책(정독)은 내가 추천해줬다. 엄마가 골라주는 책은 표지만 보면 재미없어 보이는데 막상 읽어보면 재미있다면서 골라달라고 할 때가 많았다.

어릴 때는 한 권의 책을 공부하듯이 파고들면 아이가 지치거나 질려하게 될까 봐 걱정했다면, 크면서는 꼼꼼하게 읽을 때 더 재미있어한다는 것을 알게 됐다. 그러다 보니 다독을 통해 빠르게 줄거리를 파악하는 것과 동시에 ①번부터 ⑥번까지 꼼꼼하게 내용을 챙기는 정독도 놓칠 수 없었던 것이다.

스토리를 제대로 파악하고 책 내용을 더 알아가면서 볼 때 책의 재미가 더해지는 것을 예준이도 나도 느낄 때가 많았다. 같이 읽는 도중에 질문이 많아져서 책 한 권을 끝내지 못할 정도로 한 페이지에 오래 머물며 충분히 대화하기도 했다. 영어를 못하는 내가 아이와 이렇게 책 읽기를 할 수 있었던 것은 미리 책에 대한 정보를 파악해뒀기 때문이다.

Step
6

영어소설도 자유롭게

영어소설로
실력 높이기

영어소설 들여다보기

영어소설 읽기는 엄마표 영어환경 만들기의 최종 고지처럼 느껴진다. 물론 고전문학까지 생각할 수도 있지만 그 부분은 반드시 초등학생, 중학생 때 도달하지 않아도 된다. 한글책 독서수준이 높아지는 순서를 생각해보면, 고전문학은 충분한 이해력과 배경지식을 바탕으로 시도하는 게 더 적절할 수 있기 때문이다.

영어소설은 주로 리딩레벨 BL 3.0부터 시작되는 편이고 BL 5.0~6.0의 책들이 많다. 당연히 챕터북보다 책의 두께도 두꺼워지며 사용되는 어휘의 난이도와 양도 늘어난다. 역사·사회적인 내용이 담긴 책도 많아진다.

영어소설하면 대표적으로 떠오르는《해리 포터》시리즈의 경우 1권 《Harry Potter and the Sorcerer's Stone》이 BL 5.5 정도이고, 6권

《Harry Potter and the Half−Blood Prince》가 BL 7.2 정도다. 이는 미국 초등학생이 평균적으로 5학년, 6학년 때 읽는다는 뜻이다. 미국 초등학생들의 평균적인 시기에 내 아이도 별 어려움 없이 읽는다면 감사한 일이지만, 만약 그렇지 않더라도 괜찮다. 판타지적인 내용이 많아서 생각이 좀 더 성장한 중학교 때 읽어도 좋다.

북레벨이 낮은 쉬운 영어소설부터 시작하는 것이 좋고 수월하게 넘어가기 위한 견인차로 한글 번역판(페어북)을 활용하면 좋다. 작가 로알드 달, 앤드류 클레멘츠Andrew Clements, 주디 블룸Judy Blume의 소설이나 《사라, 플레인 앤 톨Sarah Plain and Tall》《윔피키드》《드래곤 길들이기How to train your dragon》 등으로 시작하는 경우가 많다. 챕터북이 1점대부터 다양하게 분포돼 있었듯이 영어소설 역시 3~6점대 이상까지 고르게 분포돼 있다. 대표작 몇 종류만 읽고 빠르게 단계를 높이기보다는 같은 북레벨의 영어소설을 폭넓게 읽을 것을 권한다. 챕터북을 진행하던 방식처럼 중간중간 영어 그림책 읽기로 쉬어가는 것이 좋다.

준사마의 시크릿 가이드

영어소설 고르기

① 가독성

서점에 가거나 웬디북, 아마존과 같은 온라인서점의 본문 미리보기를 이용하자. 처음엔 삽화가 있는 것, 행간이 넓은 것, 전체 페이지 수, 아이가 부담없어 하는 것으로 보여주자. 아이가 스스로 고르는 책이라면 금상첨화겠지만 만약 부모가 추천해줘야 한다면 처음엔 일단 아이가 손을 대볼 만한 느낌의 가독성이 높은 책이 좋다.

② 리딩레벨

책제목으로 리딩레벨을 확인해 현재의 리딩레벨과 큰 차이가 나지 않는 책이 좋다.

③ 책 내용

책제목을 검색해서 책리뷰를 살펴보면 줄거리나 주인공의 연령대, 책이 전하려는 메시지를 알 수 있다. 아무리 인기 있는 책도 자극적인 내용이면 넘어가고 아이가 소화할 수 있는 내용으로 고르자.

④ 미리듣기

아마존(www.amazon.com) 사이트에 들어가서 책 검색을 하면 책표지 이미지 하단에 듣기(Listen) 버튼이 있다. 오디오북(책 읽어주는 CD 음원) 미리 들어보기가 가능하다. 짧은 영어 그림책은 음원 미리듣기가 없는 편이지만 칼데콧 수상작이나 영어소설 등 길이가 긴 책들은 대부분 제공되고 있다. 읽어주는 사람의 성별을 알 수 있고 속도는 어느 정도인지 가늠하기에 좋다.

⑤ 페어북 존재 여부

페어북이 있는 영어소설을 고르면 좋다. 한글판이 있는 영문판은 대개 유명한 책들이 많기 때문이다. 그래서 한글판이 있는 책이라면 읽어볼 만한 영문판이라는 뜻도 된다. 한글판을 본 뒤에 바로 영문판을 보는 것은 그다지 추천하지 않지만 독서의 흥미를 줘야 하는 영어소설 초반 때는 활용하기에 좋고, 150페이지 이상 200페이지 정도의 한글책 읽기에만 그쳐도 긴 호흡으로 하는 독서에 도움이 된다. 하지만 이왕이면 영문판으로 본 뒤에 한글판을 보거나 영문판만으로 마무리하는 것을 추천한다.

⑥ 접근성이 좋은 것
CD가 있거나 음원을 구하기 쉬운 책, 영화화 됐거나 OST 음악이 있는 책, 명작동화를 바탕으로 한 책, 유튜브로 자료 찾기 좋은 책 등 접근성이 좋은 영어소설을 고르면 좋다. 《오즈의 마법사》《플랜더스의 개》 등 이미 친숙한 내용을 책으로 진행하면 낯설지 않기 때문이다.

⑦ 작가별
반응이 좋은 영어소설 한 권을 찾았다면 그 작가의 다른 책들도 성공할 확률이 높다(C.S. Lewis, Roald Dahl, Andrew Clements 등).

⑧ 선배맘 따라가기
엄마표 영어를 진행했던 선배맘의 아이가 좋아해서 진행했던 책 리스트는 도움이 된다. 아이들끼리 통하는 게 있기 때문에 책제목을 검색해서 내 아이도 좋아할 만한 책이라면 권해보자.

챕터북에서 영어소설로 들어가는 시기 또는 영어소설에서 글의 양을 늘릴 때 페어북(영어책과 한글책 모두 있는 쌍둥이 책)을 활용하면 좋다. 칼데콧 수상작 등 영어 그림책 중에서 작품성을 인정받았거나 아이들에게 반응 좋은 책은 번역서가 많이 있듯이 영어소설도 그렇다. 《크리스마스 캐롤》《피터팬》《걸리버 여행기》《홍당무》《플란다스의 개》《톰소여의 모험》《보물섬》《장발장》《키다리아저씨》《안네의 일기》 등 유명한 명작동화들은 거의 번역본이 있다.

※ 영어 제목, 한글 제목, 작가, 분야, BL 순서

Judy Blume
주근깨 주스, 별 볼 일 없는 4학년,
포에버, 못 말리는 내동생 등
Judy Blume
일상·유머 | 2.8~4.4

Waiting for the Magic
마법을 기다리며
Patricia MacLachlan, Amy June Bates
일상·관계 | 3.0

▶ Roald Dahl Series | 로알드 달 시리즈 | Roald Dahl, Quentin Blake | 유머·상상 | 3.1~5.0

The Magic Finger | 요술손가락 | 3.1
George's Marvelous Medicine | 조지, 마법의 약을 만들다 | 4.0
Fantastic Mr. Fox | 멋진 여우씨 | 4.1
The Twits | 멍청씨 부부 이야기 | 4.4
Charlie and the Chocolate Factory | 찰리와 초콜릿공장 | 4.4
Charlie and the Great Glass Elevator | 찰리와 거대한 유리 엘리베이터 | 4.4
Esio Trot | 아북거, 아북거 | 4.4
The Giraffe and the Pelly and Me | 창문닦이 삼총사 | 4.7
Danny the Champion of the World | 우리의 챔피언 대니 | 4.7
The Witches | 마녀를 잡아라 | 4.7
Boy Take of Childhood | 소년, 로알드 달의 발칙하고 유쾌한 학교 | 4.8
James and the Giant Peach | 제임스와 슈퍼 복숭아 | 4.8
The BFG | 내 친구 꼬마 거인 | 4.8
Matilda | 마틸다 | 5.0

Sarah, Plain and Tall
키가 크고 수수한 새라 아줌마
Patricia Maclachlan
역사·감동 | 3.4

The One and Only Ivan
세상에 단 하나뿐인 아이반
Katherine Applegate, Patricia Castelao
감동·성장 | 3.6

Because of Winn—Dixie
내 친구 윈딕시
Kate DiCamillo
동물 | 3.9

The Spiderwick Chronicles (5권)
스파이더위크가의 비밀
Tony DiTerlizzi, Holly Black
판타지 | 3.9〜4.4

The 39 Clues (13권)
39 클루스
Rick Riordan
미스터리 | 4.0〜5.3

The Chronicles of Narnia (7권)
나니아 연대기
C.S. Lewis
판타지 | 4.1〜5.9

Warriors (1~5부 30권, 6부 5권)
고양이 전사들
Erin Hunter
판타지 | 4.2〜6.3

Flora and Ulysses
초능력 다람쥐 율리시스
Kate DiCamillo, K.G. Campbell
동물·모험 | 4.3

Charlotte's Web
샬롯의 거미줄
E. B. White
감동·성장 | 4.4

Shiloh
샤일로
Phyllis Reynolds Naylor
감동·동물 | 4.4

Number the Stars
별을 헤아리며
Lois Lowry
모험 | 4.5

Holes
구덩이
Louis Sachar
일상·성장 | 4.6

▶ Elmer Series | 엘머 시리즈 | Ruth Stiles Gannett |
판타지·관계 | 4.6~5.6

My Father's Dragon
엘머의 모험1. 동물 섬에 간 엘머 | 5.6
Elmer and the Dragon
엘머의 모험2. 엘머와 아기용 | 4.6
The Dragons of Blueland
엘머의 모험3. 푸른 나라의 용 | 4.9

The Tale of Despereaux
생쥐기사 데스페로
Kate DiCamillo, Timothy Basil Ering
유머 | 4.7

Wonder
아름다운 아이
R. J. Pala
감동·성장 | 4.8

The Cricket in Times Square
뉴욕에 간 귀뚜라미 체스터
George Selden, Garth Williams
동물 | 4.9

The Little Prince
어린 왕자
Antoine de Saint-Exupery
고전·상상 | 5.0

Julie of the Wolves
줄리와 늑대
Jean Craighead George, Wendell Minor
감동·나라 | 5.0

Hoot
후트
Carl Hiaasen
감동·성장 | 5.2

Pippi Longstocking
내 이름은 삐삐 롱스타킹
Astrid Lindgren
일상·유머 | 5.2

Diary of a Wimpy Kid (12권)
윔피키드
Jeff Kinney
유머·관계 | 5.2~5.8

Frindle
프린들 주세요
Andrew Clement
유머·관계 | 5.2

The Wizard of Oz
오즈의 마법사
Frank L. Baum, Robert Sabuda
고전·모험 | 5.4

Island of the Blue Dolphins
푸른 돌고래 섬
Scott O'Dell
감동 | 5.4

Harry Potter (7권)
해리포터
J. K. Rowling
판타지 | 5.5~7.7

Mr. Popper's Penguins
파퍼 씨의 12마리 펭귄
Richard Atwater·Florence Atwater
동물·유머 | 5.6

Stuart Little
스튜어트 리틀
E.B. White, Garth Williams
상상력 | 6.0

Ginger Pye
진저 파이
Eleanor Estes
가족·동물 | 6.0

How to train your dragon (12권)
히컵, 드래곤 길들이기
Cressida Cowell
판타지 | 6.2~6.9

Alice's Adventures in Wonderland
이상한 나라의 앨리스
Lewis Carroll
고전·모험 | 7.4

중등 이후에 보면 좋은 한글판 있는 영어소설

BL 표시도 중요하지만 영어쓰기 소설 중에는 내용상 중등 이후에 보면 좋을 책들이 있다. 캐릭터들이 재미난 리더스북, 칼데콧 수상작과 뉴베리 수상작, 그리고 유익한 영어소설은 충분히 많다. 커서 봐도 좋을 책을 굳이 미리 권할 필요는 없다. 다음에 소개된 책들은 내 아이의 리딩레벨에 적합하더라도 중학생 이후 읽기를 권장한다. 내용이 심오하거나 잔인하여 초등학생이 읽기에 적합하지 않다. 이러한 영어소설은 아이가 커서도 언제든지 스스로 선택해서 읽을 수 있으니 벌써부터 들이대지 말자.

The Hunger Games
헝거게임
Suzanne Collins
모험·액션 | 5.3

The Giver
기억 전달자
Lois Lowry
SF | 5.7

The Book Thief
책도둑
Markus Zusak
전쟁 | 5.1

Twilight
트와일라잇
Stephenie Meyer
판타지 | 4.5~4.9

영어쓰기
걱정 접어두기

너무 거창하게 생각하지 말자

'영어쓰기'라는 말을 들으면 왠지 '듣기 → 말하기 → 읽기'가 완성된 뒤에 시작해야 하는 엄청난 하나의 영역인 것만 같다. 그런데 알고 보면 그렇지 않다. 엄밀히 말하면 엄마표 영어환경 만들기를 시작하는 그 순간부터 이미 영어쓰기에 사용될 재료들을 모으고 있는 것이나 마찬가지다. 어차피 꾸준히 해나가야 한다. 거창하게 생각하지 말고 꾸준히 하는 것 자체가 영어쓰기의 과정 중 하나라고 생각하자. 아이가 자라면서 교과영어, 시험영어가 추가될 때 엄마표 영어환경 만들기는 이를 더욱 수월하게 익힐 수 있도록 도와주는 윤활유가 될 것이다.

이 세상에는 영어를 익히고 배우는 방법이 굉장히 많다. 이런 다른 방법을 모두 빼놓고 엄마표 영어환경 만들기를 통해서만 내 아이의 영어를 완성시키겠다는 것 자체가 욕심이다. 영어책을 꾸준히 읽고 느끼는 것을 큰 기둥으로 삼고 그때그때 필요에 따라 적합한 방법을 활용하면 된다.

영어쓰기도 다른 영역들과 마찬가지로 접근하자. 영어책 읽기도 한글책 읽듯이 한 것처럼 영어쓰기도 한글쓰기처럼 하면 된다.

예준이가 6세 때 기초 리더스북에 딸린 워크북을 풀었던 기억이 난다. 엄청난 내용을 적고 문제를 풀어야 하는 워크북이 아니었다. 그저 책에 나왔던 사이트 워드들을 똑같이 따라 써보고, 같은 글자끼리 연결도 해보고, 알파벳을 오려서 풀로 붙이는 정도다.

이렇게 간단한 것부터 해볼 수 있다. 오늘 아이에게 읽어준 영어책의 제목을 따라 적어보게 할 수도 있고, 오늘 읽은 책에서 단어 세 개만 뽑아 영어노트에 적어보게 할 수도 있다.

그렇다면 연필을 손에 쥐고 쓰는 활동이 어려운 아이들이나 쓰기 활동을 싫어하는 아이들은 영어쓰기를 할 수 없을까? 물론 아니다. 반드시 손으로 써야만 쓰기 활동은 아니다. 영어문장을 2~3등분했다가 순서대로 배열하는 활동도 쓰기 활동이며, 올바른 문장을 눈으로 보고 똑같은 모양의 스티커나 단어카드를 그 아래에 붙여보는 것도 쓰기 활동이 될 수 있다. 손으로 쓰건 종이로 붙이건 아이 스스로 올바른 문장을 만들어보는 것이 모두 쓰기에 해당되기 때문이다.

미니북 만들기도 일종의 쓰기 활동이다. 미니북 전체를 아이가 모두 만들어야 한다고 생각하지 말고 엄마랑 번갈아가면서 한 페이지씩 쓰고 간단하게 만들어본다. 꼭 문장이 아니더라도 그림을 그리고 영어단어 하나를 써도 좋다.

· 다양한 영어쓰기 활동 ·

영어쓰기도 한글쓰기처럼 쉽게 생각한다.

단어카드 놀이, 스티커 붙이기도 영어쓰기의 다른 형태다.

손에 힘이 생기면 선 긋기와 같은 간단한 워크북도 시도해본다.

모든 기술은 기초가 다져진 뒤에 들어가자

맞춤법이나 글의 양식을 배우고 익히는 것도 물론 중요하지만 가장 중요하고 기본이 되는 것은 내용이다. 즉, '콘텐츠'가 기본이므로 여러 가지 경험들로 아이의 생각과 마음을 채워주는 것이 먼저다.

우리는 짧은 글 한 편을 읽을 때도 그 글의 내용을 본다. 아이가 무엇인가를 표현할 때 아이에게 담긴 콘텐츠가 없다면 할 이야기도 없다. 따라서 아이가 직·간접적인 경험을 많이 해보는 것이 쓰기에서 중요하다. 내 아이만의 콘텐츠를 만드는 일이다. 이런 기본이 다져진 뒤에 영어쓰기의 기술이 들어가도 충분하다. 앞에서 이야기한 영어책을 통한 엄마표 영어 환경 만들기의 모든 과정들이 쓰기의 기본 재료가 돼 내 아이의 훌륭한 콘텐츠가 될 것이다.

그렇다면 경험, 책 읽기, 영상보기를 통해 콘텐츠를 채우는 것이 중요하니 기술은 중요하지 않을까? 중요하지 않은 것이 아니라 기술적인 부분은 기초가 채워진 뒤에 해도 괜찮다는 뜻이다.

제일 처음 엄마표 영어환경 만들기로 접근할 수 있는 영어쓰기 방법은 무엇일까? 바로 '모방'이다. 아기들이 엄마의 소리와 입모양을 흉내내어 내뱉듯이 영어쓰기 역시 잘 쓰여진 글을 많이 보고 따라 써보면서 자연스럽게 내뱉을 수 있게 된다. 요요를 배우든, 중국어를 배우든, 처음에는 무작정 따라 해야 한다. 모든 창조는 서투른 모방에서 시작돼 자신의 것으로 만들어지고, 그 위에 나만의 기술을 추가해 새로 완성되기 때문이다.

이런 베껴 쓰기 방법을 영어에도 적용해보면 잘 쓰여진 영어 동화책, 영어 교과서, 신문칼럼, TED 대본, 영화 대본 등을 똑같이 베껴 쓰는 것만으로도 올바른 영어쓰기 감각을 기를 수 있을 것이다. 하지만 여기서 멈추면 안 된다. 자신의 생각을 표현할 수 있어야 비로소 제대로 된 영어쓰기가 된다.

아이의 생각을 표현하도록 유도하는 쉬운 방법은 '주제 일기'를 활용하는 것이다.

- 내가 가장 좋아하는 계절은? 그 이유는?
- 우리나라와 친하게 지냈으면 좋겠다고 생각되는 나라는? 그 이유는?
- 이 세상에서 가장 행복한 사람은 누구인가? 그 이유는?

이를 곧바로 영어문장으로 표현하는 것이 아니라 일단 아이가 말로 표현할 수 있도록 해주자. 생각을 뛰어넘는 글은 나올 수 없기 때문에 아이가 일단 생각하고 말로 표현해볼 수 있는 시간부터 갖도록 해준다. 그런 뒤에 꼭 필요한 문장 5개 정도만 추려서 구글 번역기에 한글→영어로 변환시켜본다. 그 문장을 똑같이 영어노트에 따라 적어본다.

이런 과정이 몇 개월 반복된 뒤에는 보고 따라 적는 것이 아니라 듣고 적어본다. 번역기의 문장은 엄마가 눈으로 보고 영어문장을 읽어주는 사운드를 눌러서 들려주도록 한다. 아이는 눈으로 문장을 보지 않고 귀로만 듣고 적는다.

다음으로 엄마가 문장을 적어주되 주요 단어나 문구 부분을 빈칸으로 만들어서 적어보자. 빈칸을 아이 스스로 채울 수 있도록 해주자. 이 과정이 수월해지면 차차 구글 번역기의 도움 없이 모든 문장을 되든 안 되든 아이 혼자 적어보는 시간을 준다. 그리고 올바른 문장과 비교해보고 마무리한다.

영어쓰기에 들어가기 전

① 경험 축적하기

직접 체험을 하거나 간접적으로 영어책 읽기를 통해 아이 안에 경험을 축적하는 것이 먼저다. 앞에서도 이야기했듯이 영어쓰기에서 가장 중요하고 기본이 되는 것은 기술보다 내용이다. 아이 안에 많은 콘텐츠가 쌓일 수 있도록 생각하는 힘을 길러줘야 한다. 아이와 책에 나왔던 동·식물을 보러가거나 책에 나오는 활동을 똑같이 해보는 것이 좋다. 영어책 내용에 재미와 감동을 느끼고 자신의 일상생활에서 동일시해보면 좋은 자극이 될 것이다.

② 모양 흉내내기를 통한 끄적임

말 그대로 '끄적이기'다. 뜻을 담고 있는 단어나 문장이 아니어도 된다. 그냥 영어글자의 생김새를 끄적이는 것이다. 글자의 모양 자체를 흉내내서 써본다. 아이들이 필기구를 손에 쥐고 쓸 수 있는 시기라면 언제든 시도해볼 수 있다. 반드시 종이가 아니어도 된다. 칠판이나 스케치북 어디라도 좋다. 전지를 벽에 붙여주거나 바닥에 깔아주는 것도 좋다. 필기구역시 반드시 연필이 아니어도 좋다. 사인펜, 색연필, 매직, 볼펜 등 다양하게 사용하도록 해주자.

③ 워크시트 활용

리더스북에 딸린 워크북이나 다양한 사이트에서 제공되는 워크시트 프린트물을 활용한다. 알파벳 따라쓰기부터 이미지와 영어단어를 연결시키는 선긋기, 책 내용 중 빈칸 채우기, 마음에 드는 문장 적어보기, 자신이 읽은 책제목을 독서록에 기록하기 등이 있다.

④ 영어독해 문제집을 활용한 그래픽 오거나이저

영어독해 문제집에 나오는 지문을 이용해서 다양한 모양의 그래픽 오거나이저Graphic Organizers들을 직접 만들어보거나 이미 제시돼 있는 도표에 글을 채워넣는다. 그 과정에서 중요한 문장과 단어들을 적게 되는데 이것 역시 주제가 있는 쓰기에 도움이 된다.

⑤ 사건 순서대로 이미지 배열하기

리틀팍스 사이트를 활용하면 좋다. 리틀팍스 사이트에서 아이가 잘 본 동화를 프린트한다(미니북 출력). 그리고 가위로 오린다. A4용지 4분의 1 사이즈로 장면 한 장 한 장을 바닥에 섞는다. 영어글자를 읽을 줄 모르는 민준이도 이미지 장면만 보고 순서대로 정렬을 했다. 이미 여러 번 봤던 동화를 프린트해줬기 때문에 사건 순서대로 이미지를 배열하는 것은 그렇게 어려운 일이 아니었다. 이런 활동만으로도 글의 흐름을 자연스럽게 만들어내는 힘을 기를 수 있다. 영어쓰기를 비롯한 어떠한 쓰기 활동도 글의 순서를 파괴할 순 없다. 따라서 사건 순서대로 또는 원인과 결과 순으로 이미지를 배열해보는 활동은 영어쓰기에 도움이 된다.

⑥ 자신의 생각을 말로 표현하기

쓰기는 자신의 생각을 글로 적은 것이다. 말하기와 글쓰기는 표현하는 방식의 차이일 뿐이지 바깥으로 배출해내고 머릿속에 있는 생각을 끄집어낸다는 점에서는 똑같다. 따라서 책을 읽은 뒤 책 내용에 대해 아이와 대화를 나누고 "내가 만약 주인공이었다면?" 하는 식의 질문을 통해 자신의 생각을 말로 표현할 수 있는 기회를 주자. 말로 표현한 것이 미비해도 일단 녹음을 해서 틀어놓자. 그것을 그대로 받아 적어보자. 그리고 받아 적은 문장을 흐름에 맞춰서 정리해보자. 이런 연습을 통해 곧 자신의 생각을 표현하는 쓰기를 훈련할 수 있다.

⑦ 베껴 쓰기

좋은 글을 베껴 쓰는 것으로 본격적인 쓰기를 준비할 수 있다. 요즘은 영어일기, 에세이, 자기소개서 등의 영어문장 샘플, 영자신문, 영어성경, TED 연설문에 이르기까지 좋은 글을 쉽게 접할 수 있는 환경이다. 팝송 가사도 좋고 집에 있는 영어책이어도 좋다. 그냥 똑같이 베껴 쓰는 것만으로도 좋은 글이 갖고 있는 구조를 익히는 데 도움이 된다.

본격적인 영어쓰기

① 알파벳의 올바른 쓰기 순서와 모양 익히기부터

영어노트 중에서 줄 간격이 넓은 것을 준비하자. 한글쓰기도 네모칸으로 된 쓰기노트에 시작했던 것과 같이 영어쓰기도 영어노트에 제대로 시작해주는 것이 좋다. 영어를 쓸 때 줄 위아래로 올라가고 내려가는 정도

뿐 아니라 올바른 모양도 익힐 수 있어서 도움이 된다. 이때 알파벳 대·소문자를 동시에 익히는 것이 좋다. 대문자를 모두 쓸 줄 알게 된 뒤에 소문자를 쓰게 되면 대문자와 소문자를 연결하는 작업을 한 번 더 하는 셈이다. 아예 처음부터 대·소문자를 함께 익히는 것이 효율적이다.

② 기억에 남는 한 문장 적기

초등학교에 입학한 민준이가 가져온 독서록을 살펴봤다. 책제목과 지은이, 그리고 책을 읽고 가장 기억에 남는 책의 문장을 한 문장 적도록 돼 있었다. 영어쓰기 역시 아이와 함께 읽은 영어책 속에서 가장 기억에 남는 한 문장을 적어본다. 아이가 어려워한다면 짧은 문장을 한 문장 골라서 적게 하거나 책제목과 지은이만 적도록 해도 된다.

③ 한 줄 요약

신문사설이나 영어독해 문제집에 나오는 지문들을 읽고 중심문장을 찾아서 써본다. 뒷받침문장도 1~3개 정도 찾아서 같이 써주면 더욱 좋다. 영어책을 읽고 이 책이 전하는 교훈이나 작가가 말하고자 하는 바가 무엇인지 한 문장으로 요약해서 적을 수 있다면, 문장을 있는 그대로 적는 것보다 더 큰 효과를 얻을 수 있다. 요약하는 과정에서 중심을 꿰뚫어보는 눈을 기를 수 있기 때문이다.

④ 독후감

책을 읽고 2~3줄로 줄거리를 요약한 뒤 작가의 생각에 동의하는지, 어떤 것을 느꼈는지 등을 1~2문장으로 적고 마무리하는 간단한 독후감부터 시작해보자. 처음에는 그림을 곁들인 그림일기와 같은 형식의 독후감으로 문장 수를 제한하지 않고 쓰게 한다. 그리고 점점 그림은 없어지고 한 페이지가 모두 글로 채워지는 독후감을 쓸 수 있게 도와주자.

⑤ 주제 일기쓰기(단어 힌트를 주거나 주제 던져주기)

뛰어난 작가들도 백지에서 시작하는 것이 가장 힘들다고 한다. 하물며 아이들은 어떻겠는가. 아이가 일기를 쓸 때 "오늘 무슨 일이 있었지?", "오늘 있었던 일 중에서 가장 기억에 남는 일은 뭐야?" 등 질문을 던져 주자. 주제를 던져줄 때는 전쟁, 사랑, 꿈과 같은 간단한 단어를 제시해도 되고 "사람은 하루에 꼭 3끼를 먹어야 하는가?"와 같은 질문형 주제를 던져줘도 된다. 일기이기 때문에 일기에 자주 등장하는 표현과 방식을 익힐 수 있으면 좋다. 틀리든 말든 일단 써볼 수 있게 하고 첨삭은 하지 않거나 하더라도 1~2곳만 하는 것이 좋다.

⑥ 에세이

자신의 생각을 그냥 표현할 줄 아는 것을 넘어 논리적으로 표현할 줄 알아야 한다. 에세이는 자신이 주장하고자 하는 것을 말하면서 적절한 근거를 들어 상대를 설득하는 글이다. 서론, 본론, 결론의 3단 구성, 원인과 결과에 따른 구성 등 글의 주제에 맞춰 진행한다.

내 아이만의 영어가 완성된다

예준이는 여전히 현재 진행형이다. 본격적인 영어쓰기에 돌입하지 않았다. 이제 5학년이고 여전히 영어책 집중듣기와 따라 말하기 등으로 엄마표 영어환경 만들기를 진행 중이다. 그래서 이번 Step은 이미 겪은 경험보다 앞으로의 계획을 공개적으로 알리는 것이다. 이 계획들은 지금까지 그래왔듯이 진행하는 중간중간 수정될 수도 있다. 분명한 것은 엄마표 영어환경의 큰 흐름 중 후반기를 향해가고 있다는 점이고 엄마인 내가 예준이의 미래를 밝게 바라보고 있다는 점이다.

엄마표 영어환경 만들기를 통해 모든 것을 완벽하게 끝내야 한다고 생각하지 않는다. 앞으로 다가올 시간들은 이제 예준이의 몫이 될 것이다. 설사 엄마가 해줄 수 있더라도 남겨둬야 한다고 생각한다.

아이가 자라면서 생각이 커지고 자신의 신념이 생기는 것은 자연스러운 현상이다. 이런 현상 속에서 '영어에 대한 생각'이 아이만의 생각으로 자리 잡혀 갈 것이다. 작게는 영어책과 영어영상 선택부터 크게는 자신의 미래까지 스스로 선택해갈 것이다. 학원에 다니길 원한다면 보내줄 것이고, 예준이 스스로 필요하다고 생각하면 토익시험을 치를 것이다. 그리고 자신의 필요에 의해 해외로 나갈 수도 있을 것이다. 어떤 선택을 하든 아이 스스로 간절히 원한 것이라면 상관 없다. 나는 엄마이기 때문에 지금까지 해줄 수 있었던 것들만으로도 감사하다. 이런 몇 년간의 엄마표 영어환경 만들기 과정들이 앞으로 아이 스스로 나아갈 길들의 첫걸음이었다면 그것만으로도 감사하다.

현재 아이는 한글책과 영어책 구분 없이 책 읽기를 휴식으로 여기고,

보고 싶은 영어영상들을 요구하는 자기주도적 영어환경 만들기를 해나가고 있다. 앞으로 다가올 예준이의 인생은 이런 기초들 덕분에 조금 더 편하고 단단하게 만들어질 것이라 확신한다. 이제는 예준이의 몫이고 엄마표 영어환경 만들기가 아닌 예준이표 영어가 될 것이다.

준사마의
시크릿 가이드

① 언제 시작하는 것이 좋을까?

시작 시기는 개개인마다 차이가 있겠지만 아이의 연령보다는 아이의 영어책 읽는 정도를 보고 판단하는 것이 좋다. 만약 영어책 읽을 시간을 충분히 줘서 아이가 영어 그림책 정도는 편하게 읽는 수준이 되고, 쓰기를 위한 손근육도 발달됐다면 시작해도 좋다.

그런데 더 좋은 시작 시기가 있다. 영어책을 충분히 읽어서 아이 혼자서 문장을 이해할 수 있을 때다. 이때는 엄마가 따로 푸는 방법을 안내해주거나 코치를 해줄 필요가 없다. 영어책 읽기로 쌓인 실력 덕분에 영어독해 문제집을 혼자서도 충분히 풀 수 있는 상황이라면 영어독해 문제집을 풀게 해주자. 이때 하는 독해 문제집 풀이는 책 읽기에 힘을 실어주는 요소가 될 수 있다. 하지만 이때도 너무 많은 분량은 좋지 않다. 다양한 종류의 지문들을 읽어보고 다양한 문제들을 만나보는 것에 의미를 두는 것이 좋다.

② 어떤 영어독해 문제집이 좋을까?

먼저 난이도를 살펴야 한다. 난이도는 혼자서도 풀 수 있는 정도의 문제집을 골라야 한다. 수학문제집을 예로 들어보겠다. 수학문제집은 기초 → 응용 → 심화 → 최고 수준 → 올림피아 등 수준별로 문제집이 구분돼 있다. 보통 영어독해 문제집은 Preschool → PreK → G1 → G2 식으로 학년별로 단계가 구분된다. 아이의 본 연령이 아닌 영어 연령을 생각해서 아이 수준에 맞는 문제집을 선택한다. 혼자서도 풀 수 있을 만큼 쉬운 단계를 선택하는 것이 좋고, 아이 눈에 가독성이 좋은 스타일로 골라야 한다. 또한 문제구성(내용파악, 어휘, 주제찾기 등)이 체계적인지도 살펴야 한다.

③ 예준이가 영어독해 문제집을 푸는 방식

1. 이전에 풀었던 유닛을 단 3분이라도 훑는다. 이렇게 겹치는 방식으로 진행하면 자연스러운 반복이 된다. 오늘 배우는 것은 오늘로 끝이 아니라는 것도 알게 된다.
2. 제목과 힌트가 되는 그림들로 오늘 배울 내용을 대충 유추해본다.
3. 본문에 나오는 어휘 중 포인트가 되는 어휘들을 익힌다.
4. 본문을 읽는다. 주어 앞(주어가 길어지면 주어 뒤), 본동사 뒤, 전치사와 접속사 앞에서 끊어 읽으면 의미파악에 도움이 된다.
5. 관련 강의가 있다면 강의를 들으면서 본문 내용을 제대로 파악한다.
6. 마인드맵을 그려본다. 중심문장 찾기와 주변문장으로 가지를 그려나가며 문제를 푼다.
7. 본문을 들으면서 빈칸 채우기를 해본다.
8. 영어단어를 보면서 우리말로 뜻을 말해본다. 뜻이 바로 튀어나오지 않는 단어에 체크해둔다.
9. 채점 후 틀린 것은 다시 풀어본다.
10. 다음 날 마인드맵을 보면서 되새겨본 뒤 다음 유닛으로 넘어간다.

한 권에 유닛이 12개일 경우 반드시 모두 풀 필요는 없다. 아이가 원하는 주제만 골라서 풀어도 된다. 만약 문제집이 총 여섯 권으로 구성되어 있다면 1, 2권은 건너뛰고 3권으로 바로 들어가는 등 수준에 맞게 진행하도록 한다.

④ 초등 영어독해 문제집 추천

미국교과서 읽는 리딩 Reading Key (키출판사)

American Textbook Reading (월드컴에듀)

미국교과서 Reading (길벗 출판사)

Bricks Reading (Bricks)

Reading Juice for Kids (THE LAB)

Reading Clue (능률교육)

Subject Link (능률교육)

Reading Trophy (E PUBLIC)

Oxford Read and Discover (Oxford)

첫 번째 벽, 정체기인지 영어실력이 늘지 않아요

 엄마 "언제 다음 단계로 넘어가요?"

북레벨에 따른 순서대로 책들을 모두 읽었는데도 다음 단계로 넘어가는 것을 힘들어하는 경우가 있다. 예를 들어, 《매직 트리 하우스》를 1권부터 28권까지 읽었으니 다음 단계 챕터북을 읽을 수 있겠다고 생각했는데 안 되는 경우, 《ORT》 5단계를 읽었으니 윗 단계 리더스북들을 읽을 수 있겠다고 생각했는데 6단계에서 막히는 경우가 있다. 다음 단계의 책 내용이 아이의 스타일이 아닌 경우 등 다양한 이유가 있지만, 보통 다음 단계의 책보다는 현재 단계의 책이 더 필요하기 때문인 경우가 많다.

《ORT》가 아닌 다른 리더스북 중에서 《ORT》의 5단계에 해당하는 수준의 책을 조금 더 보여주고 나서 6단계를 시도해보는 것이 좋다. 다음 단계로 넘어 가는 것이 언제인가 하는 것은 다음 단계의 책으로 어느 정도의 노력을 가하면 진도가 나갈 때다. 나가지 않을 때는 넘어갈래야 갈 수가 없다.

엄마 **"계속 제자리를 맴도는 것 같아요"**

보통 이런 경우는 매일 하는 것이 습관이 돼서 그냥 아무 생각 없이 기계적으로 할 때 나타나는 현상일 수도 있다. 또는, 엄마가 다음으로 진도를 넘겨주지 않아서 나타나는 현상이다. 다음으로 넘어가도 되는데 그냥 어제 했던 책을 꺼내서 오늘도 하고 내일도 하고 있을 때도 있다. 그러다 보면 계속 제자리를 맴도는 느낌이 드는데 이것이 하나의 '신호'일 수 있다. 천천히 가는 것이 편한 시점도 있지만 지루해지는 시점도 있다는 것을 알고 다음으로 넘어가게 해줘야 한다. 오히려 이때가 터닝 포인트다. 이 순간을 넘기면 아이가 급성장한다.

엄마표 영어환경 만들기는 낯선 언어에 대한 극복부터 포커스에 두라고 했다. 그것을 위해서는 반복을 통해 영어라는 언어가 익숙해지도록 해줘야 하는데, 큰 단점이 존재한다. 익숙함이 지속되면서 '지루함'도 올 수 있다는 것이다. 영어소리 자체에 대한 익숙함은 만들어가되 진행하는 책이 너무 비슷하면 아이가 지루함을 느낄 수 있다. 그래서 영어책을 읽어줄 때 아이에게 설렘을 줄 수 있는 신선한 것을 골라서 읽어줄 필요도 있다. 이런 과정을 통해서 아이가 좋아하는 분야가 확장되기도 한다.

이때는 엄마가 아이의 눈빛을 잃지 않는 '관찰'이라는 방법밖에 없다. 가끔은 바짝 끌어주고 가끔은 훌쩍 넘어가야 한다. 가끔은 설렁설렁해도 가끔은 찐하게 해야 한다. 물론 그 '가끔'이 언제인지는 엄마가 제일 잘 느낄 수 있다.

시각이 예민한 아이, 청각이 예민한 아이, 감수성이 풍부한 아이, 활동적인 아이 등 아이의 성향에 따라 학습법을 다르게 해야 한다. 하지만 활동적인 아이도 때론 조용할 때가 있고, 분석적인 아이도 때론 감수성이 폭발할 때도 있으니, 결국엔 큰 틀만 놓치지 않으면서 세부적인 것들은 순간순간 아이의 눈빛을 놓치지 않고 그때그때 변화를 주면서 해나가야 한다.

아이가 계속 제자리를 맴도는 느낌이 들면 조급증이 날 것이다. 하지만 넓고 탄탄하게 겹겹이 쌓고 있는 중이라고 생각하자. 결국 확 성장하는 시기가 있을 것이라고 말이다. 언제 성장할지 모르니 완전히 멈추지 말고 계속하자.

챕터북에서 영어소설로 넘어갈 때 너무 오래 정체돼 있다는 생각이 든다면 과감하게 뛰어넘는 것을 시도해보면 좋다. 챕터북을 너무 큰 산으로 생각하지 말고 결국 영어소설로 가기 전 '징검다리'일 뿐이라고 생각한다면 조금은 수월해질 것이다. 긴 글의 양과 긴 문장 호흡에 익숙해진 아이를 보고 영어소설을 받아들일 준비가 된 것 같다면 쉽고 재미있는 소설로 넘어가도 된다. 로알드 달의《The Magic Finger》나《Fantastic Mr. Fox》와 같은 얇은 소설도 있다.

영어소설로 넘어갔다고 해서 챕터북이나 그림책을 아예 못 보는 것이 아니다. 영어소설을 한번 시도해보는 것에 너무 겁을 낼 필요가 없다는 뜻이다. 언제든 고무줄처럼 이 책으로 저 책으로 왔다 갔다 해도 된다.

편한 책은 휴식이 되고 힘든 책은 발전이 된다. 놀이처럼 쉬운 책으로 재미있게 엄마표 영어환경 만들기를 해줘야 한다는 말도 맞지만, 아이가 받아들일 준비가 되면 발전할 수 있는 책도 추가해줘야 한다.

예준이의 진행 내용

집중듣기 (아이 수준보다 높은 책)

+

따라 말하기 (아이 수준에 딱 맞거나 조금 더 쉬운 책들 위주)

+

편하게 묵독으로 책 읽기 (아이가 쉽게 읽을 수 있는 쉬운 책들 위주)

+

영어 영상물

+

독해 문제집 풀기 (혼자서 풀 수 있는 단계부터)

매일 모두 다 진행한 것은 아니지만 큰 틀은 같다. 진행 내용 중에서 한 가지만 한 날도 있고 다섯 가지를 모두 한 날도 있다. 대부분 두세 가지는 했고 단 10분이라도 매일 진행했다. 특히 집중듣기와 따라 말하기는 예준이의 진행과정에서 큰 비중을 차지하고 있다. 책의 종류와 단계와 분량만 바뀔 뿐 큰 줄기는 이어져온 편이다.

진행 내용을 보면, 마냥 쉽고 재미난 책만 진행한 것이 아니라는 걸 볼 수 있다. 조금 힘들더라도 그동안 쌓인 시간들로 하루 10분 해내는 힘이 길러졌다.

민준이의 진행 내용

페이지당 1~2줄짜리 영어책 세 권 보기
(영어도서관에서 고등학생 형, 누나들이 읽어준다.)

리틀팍스 30분 정도 보기

《잉글리쉬 타임》 책 보면서 세이펜으로 듣기와 관련 워크북 풀기

까이유, 폴리, 뽀로로, 코코몽 등 좋아하는 캐릭터 영어 그림책 보기
(세이펜 또는 엄마가 읽어준다.)

민준이 역시 매일 모두 다 진행한 것은 아니지만, 한 가지만 진행하더라도 단 10분만 진행하더라도 매일 진행했다는 것은 동일하다.

12세 예준이와 8세 민준이의 현재 진행 내용이기 때문에 어릴 때 진행하던 영어놀이는 거의 없다. 영어놀이는 커서도 해줄 수 있지만 영어놀이를 해줘야만 영어환경 만들기가 가능한 시기는 많이 지났기 때문이다. 듣기·말하기·읽기·쓰기의 구분 없이 그날그날 진행하되 아이의 성장에 맞춰 시기마다 비중을 달리 해주기만 하면 된다.

만약 과감하게 시도했는데 리더스북에서 챕터북으로 넘어가는 것이 쉽지 않고, 챕터북에서 영어소설로 넘어가는 것이 쉽지 않다면, 쉬운 영어 그림책을 넓게 읽고 글의 양이 많은 영어 그림책을 깊게 읽는 시간이 필요하다. 챕터북과 영어소설은 영어교재가 아닌 문학작품이기 때문이다.

문학작품을 읽고 이해하는 감각은 영어교재나 영자신문만으로 키울 수 있는 것이 아니다. 문학작품들을 충분히 만나보는 시간을 가졌을 때 이해력이 늘어난다.

아이가 크면 영어 읽기 독립에 초점을 두고, 영어 그림책은 어릴 때나 보는 책으로 여기게 된다. 그러다 보니 리더스북을 읽을 때는 영어 그림책에 소홀해지고 챕터북으로 넘어가면서는 더욱 안 보게 된다. 챕터북을 읽을 줄 알면 리더스북은 이젠 안녕이라고 생각하는가? 영어소설을 읽을 줄 알면 챕터북은 안녕이라고 생각하는가? 물론 흐름이 필요하고 단계의 발전도 필요하다. 하지만 레벨을 구분하여 선을 긋는 것은 좋지 않다. 특히 아이가 어느 지점에 속해 있든지 영어 그림책은 놓치지 않고 가는 것이 좋다. 영어 그림책을 어릴 때만 보는 책으로 단정하지 말자. 쉽고 만만함에서 오는 즐거움을 놓치지 말아야 한다. 앞만 보고 달려갈 것이 아니라 넓게도 가야 한다.

예준이의 경우는 4세 아래의 동생이 있어서 이 부분을 놓치지 않는 데 도움이 됐다. 동생에게 쉬운 영어 그림책을 읽어주는 시간을 가지면서 예준이에게도 좋았고 동생에게도 좋았다. 잠자리에서 리틀팍스 1단계를 틀어주기도 했고, 다양한 종류의 쉽고 만만한 영어 그림책을 보여주는 것이 많은 도움이 됐다. 오래 걸리고 돌아가는 것 같지만 분명히 효과가 있다.

엄마 **"정체기 때도 역시 '매일' 해야 하나요?"**

내 아이 영어의 최종 목표가 무엇인지를 다시 한 번 생각해보자. 그 목표까지 가는 길에 정체기가 오기 마련이다. 아이가 쉬고 싶어 하는 정체기가 분명히 온다.

이때는 엄마표 영어환경 만들기를 완전히 놓아 버린 것이 아니라 잠시 쉬어간다고 생각했다. 평상시 노출시켜주는 것보다 분량을 확 줄여준다든지, 주말은 쉬운 책만 읽고 넘긴다든지 하는 식으로 아이의 부담을 덜어줬다. 무슨 일이 있어도 '반드시'는 엄마도 힘들지 않겠는가. 크게 벗어나지 않도록 기준만 잘 잡고 있으면 되니 아이를 그냥 내버려두는 시간도 갖자. 그렇게 해서 언제 영어실력이 느냐고 묻는다면 "언제인지는 아이마다 달라도 느는 것은 확실하다"고 말하고 싶다. 엄마의 욕심으로 아이가 영어를 싫어하게만 하지 않는다면 말이다. 충분히 채워지면 약간 게을러져도 마르지 않는다는 것을 실감하게 될 것이다.

실제로 정체기일 때

다음 단계의 책으로 쉽게 넘어가지 않을 때도 정체기일 수 있지만 다른 책이 필요할 때도 정체기가 오곤 한다. 보통은 같은 종류의 책으로 오래도록 진행했을 때다. 이것은 신선한 자극이 필요하다는 신호일 수 있다. 터닝 포인트이므로 이 순간만 잘 넘기면 가속도가 붙을 수 있다.

실제로 정체기가 아니라, 부모의 조바심에서 오는 느낌뿐일 때

주변의 또래 아이들이 예준이는 아직 하지 않는 영어독해 문제집을 술술 풀 때 조바심이 났던 적이 있다. 미국교과서가 대세라고 하는데, 내 아이는 미국교과서는 한 번도 본적이 없었을 때 꽤히 조바심이 났다. 예준이 친구가 어학원에 다니면서 원어민과 몇 시간씩 수업을 하고 온다는 소리를 들었을 때도 조바심이 났다.

분명히 내 아이는 자신만의 속도로 잘하고 있는데, 옆 트랙 선수가 빨리 뛰는 것 같으니 꽤히 내 아이가 뒤처지는 것 같았다. 하지만 이건 알고 보면 진짜 정체기가 아니었고, 방향에 맞게 제대로 달리는 중이었다. 엄마의 조바심으로 정체기인 것 같다는 느낌을 받는 경우가 많다.

어떤 때는 한없이 정체기 같다가도, 어느 순간 음원과 같은 속도로 읽어버리거나 음원의 도움 없이 바로 읽어버리는 책들이 많아지기도 한다. 심하지 않은 정체기라면 비중을 조절해주면서 매일의 원칙을 지키도록 하자. 집중듣기를 하든, 섀도잉을 하든, 흘려듣기를 하든, 무작정 외쳐보든, 무엇을 하든, 그날그날 내 아이 상황에 맞게 가면 된다.

영어실력을 위한 단 한 가지 뾰족한 방법이 있다면 이 세상에 수많은 영어학습법이 존재하지도 않았을 것이다. 그런 것이 있다고 한들 그 한 가지 방법으로만 진행하면 정말 지겨울 것이다. 특히 엄마표 영어환경 만들기는 진행하는 가정의 아이 수만큼이나 많은 방법이 존재한다고 할 수 있다. 그렇기 때문에 아이에게 맞는 책과 아이에게 맞는 방법을 수시로 찾아야 한다. 단, 이틀에 할 분량을 한 번에 몰아서 1시간 노출하는 것보다 매일 30분 노출하는 게 더 낫다는 믿음으로 매일 하자!

결국엔 꾸준함이 답이라고 하니 허무할지도 모르겠다. 나 또한 뾰족한 수가 없는지 찾아 헤매봤고 더 나은 방법이 없는지 궁리해봤다. 결국 내 아이에게 맞는 방법으로 그때그때 상태에 따라 변화를 주면서 가야 했다. 빠르게 성장하는 주변의 아이들을 보면 내 아이만 제자리인 것 같았는데, '꾸준히'와 '매일'이라는 진리를 따르니 조금씩 성장한다는 것을 느낄 수 있었다.

어떤 시기에는 리틀팍스 듣기에 집중하기도 했고, 어떤 시기에는 논픽션 리더스북을 읽고 워크북 풀기에 집중하기도 했다. 그리고 예준이의 상황에 따라서 내용은 달라졌다. 하지만 매일을 지키려고 노력했다.

아이의 영어 정체기 때문에 고민하는 한 엄마를 알게 됐다.

"아이가 4학년인데 1학년 때부터 영어를 배웠어요. 그런데 실력이 제자리 같아요."

그렇다면, 질문 하나!

제자리라고 생각하는 이유, 즉 근거는 무엇인가?

처음과 지금의 모습이 100퍼센트 일치하는가? 정말 변화가 단 1퍼센트도 없는가?

질문 둘!

언뜻 보면 4년이란 시간 동안 영어에 노출시켜줬다는 것 같지만 정말 매일 노출시켜줬는가?

매일 영어에 노출시켜줬다면 몇 분을 노출시켜줬는지 계산해봤는가?

영어를 언제 시작했는가보다 얼마나 꾸준히 노출시켜주는가가 더 중요하다. 시작 시점만 따지지 말고 실제로 노출시켜준 시간을 따져보기 바란다. 아이의 아웃풋만이 아이의 성장을 가늠하는 척도가 아니다. 아이가 하는 말과 눈빛, 책을 대하는 자세 등 모든 것이 척도가 된다. 실력이 제자리인 것 같을수록 쉬운 영어 그림책을 읽게 해주길 권한다.

예준이는 방학을 이용해서 글의 양이나 내용에 상관없이 쉬운 영어 그림책들을 가리지 않고 읽었다. 음독은 거의 없이 눈으로만 읽는 묵독을 하고, CD를 활용해 집중듣기나 따라 말하기 없이 무작정 그냥 읽었다. 캐릭터가 많은 만화풍, 부드러운 그림풍, 선명한 그림풍, 재미있는 그림풍, 애매모호한 그림풍 등 다양한 그림만 접해도 좋다는 마음으로 무작정 읽었다.

그러면서 알게 된 것은 듣기에 대한 부분이다. 듣기를 많이 한 것도 아니고 CD 없이 영어 그림책들을 읽기만 했을 뿐인데 듣기 실력도 향상되었다. '듣기'만이 듣기 실력에 영향을 미치는 것이 아니라 '읽기'도 듣기 실력에 영향을 미쳤다는 걸 알게 됐다. 아이가 기존에 집중듣기를 하던 CD인데 속도를 빠르게 해달라고 요청해서 알게 된 사실이다. 솔직히 쉬운 영어 그림책을 읽는 것이 지금 당장은 시간이 아까워 보일 것이다. 그런데 어떤 방식으로든 도움이 된다는 것을 나중에 깨닫게 될 것이다. 엄마표 영어환경 만들기는 눈에 보여지는 게 없기 때문에 더더욱 '매일하고 있다는 것' 자체에 의미를 둬야 버틸 수 있다.

두 번째 벽, 단어 암기도 해야 하나요?

 엄마 "정말 단어 암기를 안 시켜도 되나요?"

잠실에서 만났던 한 엄마는 두 아이 모두 사교육 없이 집에서 영어환경 만들기를 한다고 했다. 영어책 읽기를 하고, 잠자는 시간에 영어 CD를 틀어주고, 영어비디오도 보여준다는 것이다. 그리고 억지로 영어단어 외우기를 시키지는 않는데도, 아이들 모두 영어를 웬만큼 한다고 했다.

나도 이 엄마와 같은 의견이다. 영어단어를 억지로 암기하라고 시켰을 때는 얻는 것보다 잃는 것이 많기 때문이다. 무엇보다 중요한 '영어 = 만만하고 할 만한 것'이라는 기본 전제를 어기게 된다. 시험을 위한 영어단어 암기라면 더욱 그렇다. 시험 보는 날을 위해서 반짝 외우게 되는 단어가 시간이 지나도 머릿속에 남는 것이 얼마나 될지를 생각해봐야 한다. 말 그대로 '영어 = 지겨워 죽겠다'라는 이미지가 남게 돼 영어 자체를 싫어하게 될 수 있다. 영어단어 암기 때문에 엄청난 것을 잃게 되는 것이다.

그럼 어떻게 해야 할까? 너무도 간단하다. 단어 암기를 따로 안 하면 된다. 학교에 다니는 이상 영어단어 암기가 싫더라도 꼭 해야만 하는 기간이 정해져 있다. 안타깝지만 이때는 시험이라는 비상상황이 발생했으니 좀 양보하겠다. 하지만 그 외에는 일부러 시킬 필요가 없다.

엄마표 영어환경 만들기를 통해서 진행한 엄마들이 공통적으로 하는 말이 있다. 책에서 만난 단어들을 자연스럽게 알게 된다는 것이다. 명작동화에서 frog라는 단어를 본 아이는 자연과학 책에서도 frog를 만나게 된다. DVD에서 만날 수도 있다. 이 아이는 개구리의 이미지와 함께 계속해서 [프로그]라는 소리를 귀로 들었다. 따로 'frog=개구리'라고 외울 필요 없이 저절로 알게 된다. 게다가 여기저기 스토리 속에서 반복해서 만났던 단어이기 때문에 쉽게 잊혀지지 않는다. 길을 가다 만난 청개구리를 보면 frog가 절로 떠오르게 된다. 너무도 자연스럽게 말이다. 머릿속으로 '개구리가 영어로 뭐였더라?'라며 기억해 내지 않아도 된다.

예준이도 마찬가지였다. 지금까지 한 번도 영어단어 암기를 시킨 적이 없지만, 자신이 하고 싶은 말에 필요한 단어를 자연스럽게 내뱉는다. 같은 뜻을 가진 단어들 중에서 상황에 더 적합한 단어를 골라 내뱉는 걸 보면 참 신기하다. 아마도 이것이 따로따로 떠다니는 연관 없는 단어가 아니기 때문일 것이다. 같은 단어여도 문장에 따라서 그 의미는 달리 해석되기 때문에 유의미한 문장 속에서 만나는 것이 진짜 단어 습득이라 할 수 있다.

민준이도 마찬가지다. 길을 가다가 넘어지면 "ouch[아우치]" 하고 무심결에 내뱉고, 모기 물린 곳을 긁으면서 "itchy[이치]"라고 말하기도 한다.

"민준아, [이치]가 뭐야?"

"에이 엄마~ 그것도 몰라? 간지럽다라는 거잖아."

'간지럽다=itchy'라는 식으로 단어 하나하나를 암기하지 않았지만 알고 있는 것이다. 어떤 날은 영어책을 눈으로 보기만 하고, 어떤 날은 소리 내서 읽기도 하고, 어떤 날은 세이펜을 찍으면서 듣기만 했는데, 따로 단어를 암기하지 않아도 아이가 아는 단어는 갈수록 늘어나고 있었다.

영어단어 잘 외우는 방법이 무엇이냐는 질문에 하나같이 나오는 답변들은 "매일매일 외워라. 망각이 일어나기 전에 반복해라. 복습해라"였다. 여기에 이미 답이 있었다.

헤르만 에빙하우스Hermann Ebbinghaus는 망각곡선을 이야기하면서 우리의 기억은 하루만 지나도 70퍼센트 이상이 사라진다고 말했다. 그리고 기억을 붙잡는 방법은 잊혀지기 전에 반복하는 것이라고 했다. 엄마표 영어환경 만들기를 통해 매일 영어에 노출시켜주기가 그 방법이 아니던가. 지겹지 않게 매일 노출시켜주는 효과적인 방법이 바로 영어책이고, 책에서 만나는 영어단어들이 곧 반복이 된다. 매일 잠깐이라도 보고 듣는 것이 곧 망각이 일어나기 전에 복습을 하는 것과 같은 이치였던 것이다. 단어만 따로 떼어내서 일부러 시간을 내어 일시적으로만 암기하는 것보다 더 효과적인 방법으로 이미 단어를 암기하고 있다. 그래서 엄마표 영어환경 만들기를 해왔던 아이들은 그렇지 않은 친구들보다 영어시험에서 받는 스트레스가 덜하다.

 엄마 **"스토리 속에서 단어를 익히는 노하우가 있나요?"**

단어를 외울 때는 따로 단어집을 외우기보단 아이가 좋아하는 책 한 권을 지정해서 단어를 익히면 좋다.

《흥부와 놀부》를 예로 들어보자. 책에 등장하는 박, 톱, 제비, 기와집, 초가집 등은 그 단어 하나하나만 놓고 봤을 때는 아이들에게 다소 어려운 단어일 수 있다. 하지만 '흥부와 놀부' 이야기 속에서 만난 단어들이라 스토리와 함께 익히다 보면 쉽게 받아들이고 기억하는 것을 알 수 있다.

영어 그림책에서는 단어의 뜻을 알 수 있는 그림이 곧 힌트이자 사전이 될 수 있다. 그렇다면, 챕터북이나 영어소설로 넘어가면서 만난 단어들은 어떻게 하면 좋을까? 영어단어의 뜻을 유추해낼 만한 그림 힌트가 없을 때는 어떻게 하면 좋을까? 이 역시 스토리 속에서 익히는 것임을 인지하면 앞의 방식과 같다는 걸 알게 된다. 그림 힌트는 없지만 주변의 단어들과 문장들이 힌트가 된다. 즉, 스토리 흐름상 터무니없는 단어로 이해하며 읽는 일은 적다는 것이다. 첫 페이지에서 몰랐던 단어도 책을 덮을 땐 알게 되는 경우가 있기 때문에 쭉쭉 읽어나가게 하는 것이 맞다. 정확하게 한국말로 어떻게 표현해야 하는지 알지 못할지라도 '흐름상 대충 이런 뜻이구나'라고 느끼면서 넘어가는 경험을 쌓는 것이 좋다.

Smith, Frank의 《Understanding Reading》이라는 책에 "의미 있는 글Meaningful text 속에서 낯선 단어를 만나라"는 말이 나오는 것도 이와 같은 맥락이다. 어떠한 상황 속에서 단어를 만났을 때 더 기억하기 쉽고 그 뜻을 명확하게 알 수 있다.

smell이라는 단어의 사전적 뜻을 살펴보자. 사전에서 만나는 smell보다, 귀여운 여자아이가 강아지와 함께 산책하는 길에 꽃냄새를 맡는 장면 속에서 만나는 smell이 더 기억하기 쉽다. smell과 함께 소녀가 강아지와 산책한 뒤에 무엇을 먹었는지, 그리고 밤에 어디에서 기분 좋게 잠들었는지까지 자연스럽게 떠올릴 수 있다. 사전에서 만나는 smell은 한 번뿐일지 모르지만 책에서 만나는 smell은 여러 번이다. 일부러 애쓰지 않았는데 반복해서 만나는 단어가 된다. 어떤 상황에서 어떤 느낌으로 사용되는 단어인지 아는 것, 그리고 smell이라는 단어를 보고 '냄새 맡다'라는 한글이 떠오르는 것보다 '냄새 맡는 소녀의 모습'이 떠오르는 것이 더 좋을 것이다. 때로는 정확한 뜻이 궁금해서 참지 못하고 무슨 뜻이냐고 물어볼 때가 있다. "단어를 많이 외워라" 하고 말하지 않아도 아이가 스토리상 궁금해서 먼저 단어의 뜻을 요구하는 상황이 더 좋을 것이다.

단, 이를 위해서는 문맥상 유추해볼 수 없을 정도로 모르는 단어가 많이 나오는 책은 적합하지 않다는 것에 주의해야 한다. 모르는 단어들이 계속 나오면 턱턱 막혀서 책을 읽을 수 없다. 읽는 도중에 자주 멈추고 계속 단어를 찾아야 할 정도라면 책을 다시 선택해야 한다.

책은 한번 펼치면 반드시 끝까지 읽어내야 하는 숙제 같은 것이 아니다. 힘들면 내려놓고 다른 책으로 갈아타도 된다. 단어를 찾다가 독서의 흐름을 깨는 것이 더 좋지 않다. 만약 아이가 책에 집중해 있는데 읽는 도중에 모르는 단어의 뜻을 알고 싶어 한다면 엄마가 빠르게 찾아서 알려주는 것도 필요하다. 하지만 단어 하나를 제대로 알려주려고 책 읽기의 흐름이 깨져버리면 좋지 않다. 책 읽기가 다 끝난 뒤에는 아이가 물어봤던 단어의 '이미지'를 보여주면 좋다.

한국말로 된 뜻을 보면 와 닿지 않는 단어도 이미지로 보면 이해가 되는 경우도 많다. 한국말 뜻과 영어 하나하나를 아는 것보다 그 단어를 만났을 때 순간적으로 이미지와 느낌을 떠올릴 수 있는 것이 더 중요하다.

엄마 **"어떻게 하면 재미있는 영어 단어공부가 될까요?"**

① 꼬리에 꼬리를 무는 방식

둥둥 떠다니는 상관없는 단어들을 하나하나 외우는 방식이 아니라, 그 물망을 형성해서 서로 연관 있는 단어들끼리 묶어서 익히는 것이 효과적이다. 집을 예로 들어 보겠다. 거실, 부엌, 안방, 화장실이 있다고 할 때 거실에 있는 물건들과 관련된 단어들을 모아서 외우고, 화장실 안에 있는 물건들과 관련된 단어들을 모아서 외우는 식이다. '화장실'을 떠올렸을 때 '변기'가 떠오르고 그 옆에 있는 세면대 위 '비누'와 씻고 나올 때 필요한 '수건'이 떠오를 것이다.

집안의 단어들을 거의 알게 됐다면 이젠 학교, 놀이터, 도서관 등 아이들이 주로 활동하는 공간으로 넓히면 된다.

② 영어단어 카드 게임

"Do you have a shoes?"

"Do you have a chips?"

"Do you have a (마트에서 볼 수 있는 단어)?"

마트와 관련된 단어가 적힌 카드 묶음을 준비해서 엄마와 아이가 나눠 가진다. 그리고 입 밖으로 물건 이름을 영어로 내뱉으며, 상대방이 가진 카드를 뺏어온다. 어느 한쪽의 카드 보관함에서 카드가 다 없어지면 게임이 종료되고 승패가 갈린다. 승부욕이 가득한 아이들의 특징을 이용해 영어단어를 공부가 아닌 놀이로 받아들이게 할 수 있다.

③ 한 번에 두 단어를 짝지어서

우리는 그동안 family이라는 카테고리 속에서 dad, mom, brother, sister를 외웠고, fruit이라는 카테고리 속에서 banana, apple, strawberry를 외워왔다. 카테고리별로 외우는 것도 효과가 있지만 그보다 더 효과적인 방법은 바로 카테고리 안에 있는 단어들을 짝단어로 만들어서 외우는 방식이다. 한 번의 노력으로 두 가지의 단어를 익히는 효율적인 방식이다.

예를 들어, 그냥 mom이 아니라 beautiful mom으로, 그냥 banana가 아니라 yellow banana로 짝을 지어 익히는 것이다. 이왕 외우는 것이라면 1개가 아닌 2개를 익히는 것이 핵심이다.

nose(코) ➜ high nose(높은 코)

door(문) ➜ push door(문을 밀다)

bear(곰) ➜ brown bear(갈색 곰)

teacher(선생님) ➜ English teacher(영어 선생님)

spring(봄) ➜ warm spring(따뜻한 봄)

단어를 짝지을 땐 서로 어울리는 단어들로 짝지어줘야 한다. 의미가 부여됐을 때 말이 돼야 더 잘 익힐 수 있다.

④ 책갈피 만들기 독후활동

일단 흐름을 끊지 않고 책 한 권을 모두 본 뒤에 독후활동으로 영어단어를 적은 책갈피를 만들어보자. 따로 단어장이나 수첩, 노트를 만들면 책이 교재가 될 수도 있으니, 가벼운 놀이로 생각할 수 있게 A4 용지를 길게 4등분한 후 책갈피 형태로 만든다.

위에서부터 모르는 단어를 적되 첫 페이지부터 스토리 순서대로 써내려간다. 처음엔 한 페이지에 모르는 단어가 2개가 나와도 1개만 적는 것이 좋다. 한글 뜻은 적지 않는다. 만들어진 책갈피의 단어들을 순서대로 보면서 순간적으로 이미지가 그려지는지 확인한다. 이미지가 그려지지 않는 단어 앞에 체크를 해두고 책에서 그 단어가 나온 문장이나 문단으로 돌아가 다시 읽어본다. 단어 검색으로 뜻을 다시 한 번 정확히 살펴보되 관련된 이미지도 함께 봐두는 것이 좋다.

 엄마 "문법공부도 해야 하나요?"

단어공부를 따로 하지 않듯 벌써부터 문법공부를 따로 할 필요는 없다. 만약 해야 한다면 6학년 겨울방학 때 문법적 용어를 익히기 위해서, 또는 학교시험 공부를 위해서 하는 정도다. 우리말을 예로 들어보자.

① 친구와 문방구에 갔다.

② 친구이 문방구에 갔다.

③ 친구가 문방구에 갔다.

따로 '조사'에 대한 문법공부를 따로 하지 않은 어린아이들도 두 번째 문장이 이상하다는 것을 느낀다. 꾸준한 인풋을 해주면 시간이 지나면서 자연스럽게 얻게 된다.

예준이가 3학년 때 정상어학원에서 무료테스트를 받았던 적이 있다. 그중 한 문제는 분명 시제에 대한 문법문제였는데 '시제'라는 용어조차 몰랐지만 쉽게 답을 찾아냈다. 영어책을 읽으면서 만나왔던 문장들이 차곡차곡 쌓이면서 어색한 문장은 직관적으로 걸러낼 수 있는 힘이 생긴 것이다.

물론 우리나라에서 중·고등학교를 다니는 이상 학교시험을 공부해야만 한다. 하지만 그것을 위해 초등학교 때부터 미리 문법공부를 하는 것은 아직 변성기가 오지도 않은 아이에게 어른 목소리를 내라고 하는 것과 같다. 지금 당장 문법책을 펴고 공부하지 않았을 뿐이지, 엄마표 영어환경 만들기를 통해 꾸준히 영어문장을 접하는 아이들은 자연스럽게 문법공부까지 하고 있는 셈이다. 아이에게 따로 문법책을 들이밀지 말자.

세 번째 벽, 아이의 영어발음이 이상해요

 엄마 **"영어발음이 이상한 원인과 해결책이 궁금해요"**

<u>원인 1.</u> 제대로 뱉어내도 아이가 아직 어리다면 구강구조 때문에 그렇게 들릴 수 있다.

<u>원인 2.</u> 어릴 때는 발음이 좋았는데 초등 중학년 이후에 갑자기 나빠졌다면 또래 친구의 영향이다. 이때는 또래 무리에서 심하게 튀는 것을 싫어해서 인토네이션을 무시한다.

<u>원인 3.</u> 모국어에 익숙해져 있는 데다 소리를 밖으로 내뱉어본 경험이 적다. 어떻게 소리 내야 할지 감을 못 잡고 있다.

<u>해결 1.</u> 아이가 자라면서 차차 나아진다.

<u>해결 2.</u> 못하는 것이 아니라 안 하는 것이기 때문에 시간을 갖고 마음을 읽어줘야 한다. 아이 스스로 필요성을 느낄 때까진 이상한 발음으로 굳어지지 않게만 해주자. 친구들이 없는 집에서만이라도 연습할 수 있게 다독여줘야 한다.

<u>해결 3.</u> 무조건 반복해서 읽으라고 할 것이 아니라 초반에는 방법을 알려줘야 한다.

 엄마 **"엄마가 도와줄게"**

① 인정하기

외국에 살다 오거나 살고 있지 않는 한 완벽하게 발음하는 것이 한국에선 힘들다는 것을 인정해야 한다. 그렇게 인정할 건 인정하는 것부터 해야 한다. 그래야 아이에게 너무 많은 것을 바라면서 힘겨루기를 하지 않게 된다.

② 가이드 제시

예준이가 CD를 듣고 따라 말하기를 할 때 "음~ 응~~ 음음~" 하며 허밍humming으로 도움을 준다. 허밍은 의미 없는 소리지만 계이름에 해당하는 음의 높낮이와 어디에 힘을 줘야 하는지에 해당하는 강세를 알려줄 수 있다. 가수의 경우에도 악보를 보면서 바로 노래를 부르기보다 허밍으로 녹음된 가이드를 듣고 나서 부르는 것이 더욱 수월하다고 한다. 이 가이드를 엄마표 영어환경 만들기에도 적용할 수 있다.

영어책을 높낮이가 있는 악보라고 생각해보자. 가사에 너무 신경 쓰지 말고 멜로디, 계이름, 음표의 길이에 집중해서 가이드해주면 된다. 여기서 가사는 영어문장을 이야기한다. 일단 처음엔 가사에 너무 신경 쓰지 말고 높낮이와 음의 길이와 같은 느낌에 집중하자. 그런 뒤에 가사를 정확하게 수정해나가는 것이 편하다. 가수들도 처음 듣는 노래의 멜로디와 가사를 동시에 소화하기는 힘들다. 일단 "음~음~ 아~아~"와 같은 허밍으로 소리를 내뱉으면서 멜로디를 먼저 익힌다. 그런 뒤에 그 멜로디에 점차 가사를 붙여나가고, 첫 소절과 마지막 소절만 정확하다가 점차 정확하고 정교하게 부른다. 가사만으로 노래가 완성되지 않듯이 영어글자에서 나오는 소리 자체만으로 영어발음이 완성되는 것은 아니다. 높낮이, 강약, 의미 단위로 끊어 읽기 등에 가사까지 합쳐졌을 때 영어 읽기가 완성된다.

아이가 글자는 잘 읽지만 꿀렁거리지 못할 때는 꿀렁거림 정도는 엄마가 가이드해줄 수 있다. 엄마가 영어 잘하는 척하면서 "음~~ 음!"이라고 음높이를 다르게 하면서 가이드가 돼줄 수 있다. 어차피 눈으로 문장을 보고 있는 것은 아이이므로, 엄마는 CD 소리에서 나오는 음과 강세만 찍어준다고 생각하면 된다. 나는 예준이 옆에서 책을 보거나 집안일을 하면서도 귀에 들리는 CD 소리와 예준이의 음계가 다른 것 같으면 가이드를 제시해줬다. 물론 허밍으로. 때론 외계어로.

아이는 입에 익을 때까지 반복해서 읽을 것이기 때문에, 첫날만 제대로 가이드를 제시해주면 며칠은 엄마가 해줄 일이 없다. 그리고 이렇게 진행한 책이 쌓이면 가이드해야 할 일도 점차 줄어든다.

③ 아이라고 따라 하기가 쉽진 않다

"아이들은 들리는 대로 쉽게 따라 하는 신기한 능력을 가졌다."

이 말이 너무 당연하다고 생각하는 경우가 있다. 엄마가 영어 문장을 들리는 대로 내뱉어보면 알 수 있는데, 한 문장 속에 악센트도 자주 나오고 연음과 숨쉬어야 하는 곳도 자주 나와서 정말 입이 아프다. 꿀렁꿀렁 리듬 타는 것도 생각보다 쉽지 않다. 아이들은 뭐든 잘 따라 해서, 혀를 굴리는 소리가 부드럽게 들리고 쉽게 말할 수 있을 것 같지만 그것은 오해다. 아이 스스로도 정말 영어발음을 잘하고 싶은데 한국말이 편하니 편한 톤으로 자꾸 나와 버릴 것이다. 절대 다그치지 말자.

엄마 "발음이 좋아야 한다는 부담이 커요"

내 아이의 발음을 지적하기 전에 기본적인 가이드를 제시해줬는가부터 생각해보자.

파닉스 규칙에 포커스를 두면서 정직하게 읽는 것만 집중하지 말고, 소리 자체에 포커스를 두고 어떻게든 많이 따라 말하게 해주자. 또한, 영어는 언어이기 때문에 어휘력과 전달력이 더 중요하다.

말에는 전달하고자 하는 '감정'이 담겨 있다는 것을 기억한다면 소리 내서 밖으로 내뱉어보는 경험들이 얼마나 중요한지 공감할 것이다. 아이에게 무조건 발음을 정확하게 해서 읽어보라고 할 것이 아니라, 엄마도 한번 따라 읽어보고 옆에서 가이드해주며 아이 혼자 할 수 있을 때까지 지켜봐주자.

Chapter

6

엄마의 마음 공부

엄마표 영어는
엄마와 아이가 함께
성장하는 마법이다

✓ '엄마표 영어환경 만들기'를 진행하는 중에 경제적, 시간적, 마음적 문제들이 다가온다.

✓ 불안하고, 막막하고, 우울한 마음에서 오는 문제들은 치명적이다. 한순간에 '엄마표 영어환경 만들기'의 끈을 놓아버리게 할 수도 있기 때문이다.

✓ 엄마의 마음 문제는 내 아이의 영어 때문에 오는 문제가 아닌 경우도 많다.

✓ 엄마의 마음을 챙기면 엄마도 아이도 함께 성장한다.

한글책 읽어줄 시간도
없을 때

바쁜 직장맘도 할 수 있다

엄마들은 항상 바쁘다. 육아맘은 육아와 살림에 전념하느라 직장맘은 가정과 회사일을 모두 신경 쓰느라 정신없다. 특히, 직장맘은 아이랑 함께 있는 시간이 부족하다 보니 한글책 읽어줄 시간도 없는 것이 현실이다. 그러니 엄마표 영어환경 만들기가 좋다는 걸 알아도 실천하기 힘들다.

그래도 다행인 것은, 엄마표 영어환경 만들기가 장기적인 과정이지만 엄마가 계속 옆에서 지켜봐야 하는 시기는 생각보다 금방 끝난다는 것이다. 그때까지만 매일 잠자기 전 영어책 한 권이라도 읽어주고, 아침 식사 시간에 어제 읽어준 영어책 CD를 틀어주자. 바로 들려주기 편하도록 식탁 옆에 오디오를 두고 아침밥 차릴 시간에 알람을 '오디오 틀기'로 해두자. 저녁밥 차릴 때는 TV 대신 영어 DVD로 하나씩 바꿔주자. 작은 것부터 하루 10분이라도 해보자. 처음부터 모든 것을 다 해낼 수는 없다.

육아맘이 직장맘보다 아이들과 함께하는 시간이 많다고 해도 아이들에게 엄마표 영어환경 만들기를 제공해줄 수 있는 시간은 어차피 한정적이다. 아이들이 소화하고 받아들일 수 있는 시간에는 한계가 있기 때문이다. 그러니 직장맘이라서 아이에게 신경 쓸 시간이 없다고 생각하지 말고 할 수 있는 만큼만 해보자.

"그것 갖고 뭐 얼마나 되겠어!"라고 말하기엔 생각보다 소중한 10분이 될 것이다. 그 10분이 15분, 30분이 되는 날이 온다. 습관이 잡히면 엄마가 밖에서 일하는 시간에도 아이가 스스로 읽고 녹음해 놓고 기다리는 날이 올 수도 있다. 하지만 아예 실행조차 하지 않으면 그 가능성마저 제로가 돼버린다. 엄청난 효과를 기대하기보단 아주 작은 일이지만 매일 습관을 잡는다고 생각하고 접근해보자.

모든 엄마의 시간은 같다

모든 엄마는 아이들을 먹이고 입히고 재우는 것만으로도 바쁘다. 그런데 이 '바쁨'은 나 혼자만의 것일까? 당연히 모두 같은 상황이다. 내용은 다르지만 모두가 똑같이 바쁘다. 그래도 누군가는 아무리 바빠도 시간을 알차게 보내고 있다. 아마도 자신의 최종 목표를 끊임없이 되새기게 하는 간절함 때문일 것이다.

둘째 민준이는 올해 초등학교 1학년이 되었고, 엄마인 나는 2~3월까지 정말 시간을 쪼개고 쪼개서 썼던 것 같다. 이 책의 원고를 마무리지어야 했고, 부업도 해야 했고, 방과후 아이를 데리고 도서관에서 책도 읽어줘야 했다. 체력도 관리해야 했기 때문에 밤에는 운동도 했다. 체력이 너무 좋아서 가능했던 것이 아니다. 왔다 갔다 하는 틈새 시간을 활용했던 것이다.

4년 전에는 두 아이를 키우면서 영어독서지도사 자격증, 요양보호사 자격증을 땄다. 결혼생활 동안 여러 번의 이사와 두 번의 유산과 자궁근종 판정까지 받았다. 그런데 아이러니하게도 체력도 바닥, 시간도 바닥인 그때 나 자신을 위한 책을 더 많이 읽었다.

나는 어린이집으로 걸어가는 시간에 아이와 어제 함께 본 영어책 내용 중 일상과 접목시킬 수 있는 것들을 대화의 주제로 삼곤 했다.

어느 여름날, 며칠 뒤 친구들과 한강 수영장에 가기로 약속한 둘째아이에게 물었다.

"민준아~ 수영장 갈 때 뭐 갖고 갈 거야?"

"tube~."

"사이먼(영어책 캐릭터 이름)이 바닷가에 갈 때 또 뭘 가져갔지?"

"sunblock!"

잠자기 전 읽어주는 짧은 영어 그림책 한 권이어도 좋다. 놀이시간에 틀어주는 영어동요 CD여도 좋다. 아침에 어린이집에 데려다줄 때 챙겨나가는 미니북 한 권이어도 좋다. 하루에 10분씩 1년이면 3,650분이다. 60시간 내내 영어책을 읽는 것은 불가능할지 몰라도 매일 10분씩이라면 누구나 할 수 있다. 목표까지 가는 길이 더딜지는 몰라도 가지 않은 것 보다 낫다.

밥 먹이고 놀아주고 숙제 봐주고 재우느라 한글책 읽어줄 시간도 없는

데 엄마표 영어까지 어떻게 해야 할지 고민된다면 다음을 되새기자!

"모든 부모는 아이가 혼자 할 수 있는 일들이 많아지고 독립을 할 때까지 언제나 바쁘다. 아이의 영어 최종 목표가 무엇인가? 목표까지 가는 동안 '바쁘다'에 집중하지 말자. 그러면 그 바쁨에 치여 다른 길로 빠지게 된다. 길만 잃지 않으면 된다. 목표에 집중하자. 원래 모든 엄마는 바쁘다. 그러나 그 바쁨 속에서 목표는 잊지 말고 있어야 의미 있는 바쁨이 될 것이다."

'하루 10분'이라도 꾸준히가 중요하다

엄마표 영어는 하루에 3시간 동안 영어를 노출해야 한다고 생각하는 경향이 있다. 하지만, 대부분의 아이들에게 하루 3시간 영어 노출은 굉장히 실천하기 힘든 방법이다. 하루 이틀은 어찌어찌 실천을 했다 해도 몇 년간 밀어붙인다면 영어책 자체를 싫어하는 아이가 될 수도 있다.

예준이에게 하루에 영어 3시간을 시도해본 적은 없지만 만약 했다면 분명 힘들어했을 것이다. 이 아이에게 '놀이시간'은 목숨과도 같기 때문이다. 학교에 다녀와서 놀 만큼 충분히 놀고 씻고 먹고 책도 보고 숙제도 모두 하고 나면 영어 3시간을 확보하는 게 쉽지 않다. 아이의 인생에 '영어만' 있는 것도 아니지 않는가.

엄마표 영어 매일 3시간, 오랜 시간 집중듣기, 그것도 몇 년을 아이가 해내길 바라는 것은 욕심일 수 있다.

예준이와 엄마표 영어를 진행해오면서 독서를 중점에 두었더니 한글책, 영어책 구분 없이 보게 됐고 그렇게 하니 독서습관과 함께 '영어도' 따라왔다. 포커스를 3시간 영어 노출에 두지 않고 '독서'에 두었을 뿐인데도 말이다.

시간에 대한 부담감을 내려놓자. 영어책 읽기를 매일 하루 10분만 한다고 생각해보자. 영어책을 영어공부가 아닌 '책'으로 바라보면서 부담없이 매일 영어책을 읽다 보면 독서습관도 영어도 모두 다 따라온다.

엄마표 영어에 대한 정의를 '실천 가능하고 제대로 된 방향으로' 잘 정립하면 좋겠다. 아무리 좋은 방법도 실천 불가능하면 소용이 없다. 그리고 영어'만'을 위한 방향이라면 그것에는 진정한 '독서습관'이 빠졌기 때문에 다시 정의하면 좋겠다. 어려워 보이지만 책에 포커스를 두면 영어는 오히려 쉽게 따라올 수 있다. 독서습관과 영어가 동시에 온다.

만약 영어책을 기둥으로 해서 엄마표 영어를 실천하고 있는 가정의 아이들이라면 책을 좋아하는 것까지는 아니더라도 싫어하지는 않을 것이다. 그런데 만약 아이로부터 "책이 싫다"는 말이 들려온다면 무언가 잘못됐다는 신호로 생각할 필요가 있다.

이런 말이 나올 때는 분량이 많거나, 재미없거나, 이해하기 힘들거나, 아이 컨디션이 좋지 않거나 등 이유가 많을 것이다. 아이를 세뇌시키고 꼬시고 보상해주면서 매일 영어 3시간을 끌고 나가면 분명 한계가 드러날 것이다. 그러니 책에 재미를 잃지 않도록 아이가 소화할 수 있을 만큼만 진행해야 한다.

영어를 처음 시작할 때는 아이가 몇 살이든 '책과 친해지는 시간'을 꼭 갖고 책에 집중해서 가야 한다는 것을 잊지 말자. 책을 낯설어하지 않고 책이 싫지 않은 아이라야 집중듣기든 뭐든 할 수 있다. 듣기 임계량에 내 아이를 맞출 것이 아니라 내 아이가 소화할 수 있을 만큼씩 임계량을 채워나가면 되는 것이다. 하루 3시간이란 말에 얽매일 필요도 없어진다.

마음은 굴뚝 같은데
몸이 힘든 순간

더 힘든 일 때문에 덜 힘든 일을 버틸 수 있다

누구나 열정을 쏟을 일이 있으면 다른 힘든 일은 잊게 된다. 나는 대학생 때 교내 밴드부에서 드러머였다. 축제를 준비하면서 연주곡을 정했는데, 어느 사이트에서도 악보를 찾기 힘든 곡이었다. 바로 연습에 들어가야 하는데 악보가 없는 상황이 되어 매우 난처했다. 그런데 드럼에 완전히 몰입해 있던 시기여서인지, 너무 간절히 바래서였는지, 그 곡을 듣는데 드럼 비트만 귀에 쏙 들어오는 것이었다. 그렇게 들으면서 바로 드럼 악보를 그릴 수 있었다.

또한, 모던 록 밴드인 델리스파이스의 드러머 최재혁 선배님께 드럼 레슨을 받았는데, 매주 2시간씩 합정역까지 오가는 그 길이 전혀 힘들지 않았다. 지금 다시 그렇게 하라고 하면 할 수 있을까? 내가 드럼에 미쳐 있었던 순간이기에 드럼과 관련된 모든 것이 힘들지 않게 느껴졌던 것이다.

누구에게나 삶은 쉽지 않다. 정말 힘든 날의 연속일 때가 많다. 아이를 키우지 않는 사람에게도 그들만의 힘든 상황이 있다. 아이를 키우든 키우지 않든 힘들다면 엄마와 아이 인생에 이득이 되는 힘듦이 더 가치있을 것이다. 그냥 아이를 키우는 것만으로도 힘든데 엄마표 영어까지 해야 하냐는 부모에게 말하고 싶다.

"책으로, 엄마표 영어로 내 아이의 실력 키우기에 몰입해보자!"

엄마표 영어환경 만들기에 빠져서 아이를 키웠더니 그 시간이 잘 갔다. 힘들게 느껴지지 않을 때가 더 많았다. 지금의 힘듦이 힘듦으로 느껴지지 않는 방법은 오직 하나! 그냥 풍덩 빠지면 된다. 방안에 누워있는 것보다 문방구에 부직포와 뽁뽁이를 사러가는 것이 더 좋아서 누워있을 수 없을 것이다. 아이와의 영어놀이 시간이 기대되고 즐거울 것이다. 어차피 힘들다면 뭔가 해주고 힘든 게 낫다. 매일 함께해야 하는 아이가 날 힘들게 하는 대상이 된다는 것 자체가 얼마나 속상한 일인가. 그 사실을 알고 느끼는 아이는 또 얼마나 불쌍하겠는가 말이다.

하지만 힘든 것이 잊혀질 정도로 책 읽기에 빠져 살더라도 아이들이 아프면 속수무책이 된다. 아이가 한바탕 앓고서 다 나으면 그 다음 타자는 부모가 된다. 아이를 간호하다가 부모가 아프고, 부모가 아파서 못 챙기면 못 챙긴 티가 바로 나타난다. 아이를 키울 때 체력이 받쳐주지 않으면 힘든 것이 사실이다. 결국 부모의 체력관리는 아이를 위해서라도 필요하다.

저질체력의 한계를 뛰어넘어

나는 겉보기와 다르게 저질체력이다. 저혈압이라 커피를 마시지 않으면 온몸이 가라앉는다. 매일 마시는 커피는 넘치는 에너지를 가진 두 아들의 체력을 감당해내는 피로회복제와 같은 것이었기에 나에겐 투자할 만한 가치가 있었다. 아무튼 난 저질체력이다. 내가 누워있지 않고 일어나 있는 것만 봐도 아이들이 좋아했을 정도다. 맥이 잘 안 잡힐 정도로 혈관도 얇다. 혈액순환이 안 돼서 남들이 두 시간이면 다 맞는 링거도 네 시간 이상이 걸린다. 몇 년 전에는 몸이 너무 힘들어서 한의원에 갔었는데 자궁근종 진단을 받았다.

아이 둘을 낳고 유산을 두 번 한 뒤에도 산후조리를 제대로 하지 못했다. 남편을 따라서 지방으로 이사를 자주 다니면서 아이들을 키우느라 내 몸을 못 돌본 것이다. 그래서 자궁근종 진단을 받은 시점에 한약을 먹으면서 벨리댄스를 시작했고, 1년 만에 자궁근종을 이겨냈다. 평상시엔 조금이라도 몸살 조짐이 보이면 설렁탕과 굴밥으로 체력을 챙긴다.

그런데 희한하게도 몸이 힘드니 나에게 더 집중할 수 있었던 것 같다. 쓸 수 있는 에너지가 한정적이니 쓸데없는 것에 소비하는 에너지를 줄여야 했고 중요한 것부터 챙겨야 했다. 내 건강을 챙기는 것이 곧 가족 건강을 챙기는 것이고, 그것이 제일 중요하다는 것을 알게 됐다. 그걸 깨달은 후부터 한약을 지을 때도 당당하게 지어 먹었고 운동을 다닐 때도 당당하게 다녔다.

불이 났을 때 소방관은 어떻게 할까? 급한 불부터 끄고 인명구조를 최우선으로 한다. 모든 불씨를 다 끄는 데 에너지를 쏟지 않는다는 말이다.

일단 인명구조를 한 뒤에야 나머지 불을 끈다. 중요한 것이 무엇인지, 집중해야 할 것이 무엇인지, 우선순위가 무엇인지 생각해보면 몸이 힘든 와중에도 반드시 해낼 수 있는 것이 있을 것이다. 자신이 바꿀 수 없는 일, 변하지 않을 것들에 애쓰며 에너지를 쏟지 않길 바란다. 저질체력일수록 자신의 에너지를 귀한 곳에 사용해야 한다. 시간낭비, 감정낭비 하지 않도록 선택의 폭을 좁히고 오늘 하루 가장 중요한 일 한 가지에 집중해서 에너지를 쏟는 편이 낫다.

사실은 체력이 안 돼서가 아니라 아이를 키우는 반복되는 일상이, 그 반복과 매일의 지루함이 당신을 지치게 한 것일 수도 있다. 자신을 깊게 한번 들여다보길 권한다. 나만 힘든 게 아니라는 것을 머리로 알면서도 내가 제일 힘든 것처럼 굴 때가 있지 않았는지 말이다. 때론 날 좀 봐달라고 일부러 그러지는 않았는지 말이다.

자신의 존재 가치를 조금 더 생산적이고 긍정적으로 높일 수 있는 '엄마의 성장' 방법을 찾아보자. 역설적이게도 힘들고 지칠수록 변화가 필요하고, 그렇게 변화할 때 즐거운 바쁨이 시작될 것이다.

모든 게 귀찮을 땐 어떻게 하나요?

엄마도 사람이다. 아무것도 하기 싫을 때가 있다. 특히 엄마표 영어환경 만들기를 진행하면서 매일 모든 것을 완벽하게 해내려는 생각을 갖고 있으면 엄마도 아이도 금방 지치게 된다.

나는 한 달에 한두 번은 '엉망진창의 날'을 정해서 쉬었다. 아이들이 난리 블루스 춤을 추고 온 집안을 난장판으로 만들어도 아무 말을 하지 않았다. "그래, 오늘은 엉망진창의 날이잖아~" 하면서 함께 쉬었다. 설거지도 쌓이게 두고, 빨래도 쌓이게 두고, 저녁엔 갈비탕을 포장해 와서 끓여 먹었다. 하루를 그렇게 보낸다고 어떻게 되지 않는다. 괜찮다.

매일 그렇게 하라는 것이 아니다. 나 또한 원칙을 중시하는 편이라서, 만사가 귀찮은 날에 그냥 될 대로 되라는 식으로 하루를 보내는 것이 힘들었다. 엄마이기 때문에 엄마의 역할을 다 하지 않은 날엔 마음이 불편했다. 그래서 아예 '엉망진창의 날'을 만들어서 그래도 되는 공식적인 날로 만들어버렸더니 몸도 마음도 편해졌다. 아이와의 삶은 하루 이틀로 끝날 것이 아니고 장기전이므로 만사가 귀찮을 땐 한 템포 쉬는 것이 좋다. 장기적인 엄마표 영어환경 만들기에서 반드시 필요한 부분이다. 하루의 쉼이 터닝 포인트가 돼 그 다음 날 아이에게 더 집중할 수 있으니 말이다.

다행히 아이를 집중해서 돌봐야 하는 시간, 특히 엄마표 영어환경 만들기에 집중하고 신경 써야 하는 기간이 그리 길지 않다. 습관의 힘이 무섭다더니 아이가 크니 CD 틀기, 세이펜 컨트롤하기, 책 선택하기 등을 모두 스스로 하는 날이 오더란 말이다. 엄마는 아이가 어떤 책을 좋아하는지 확인하고 좋아할 만한 책을 만나게 해주는, 즉 간단한 엄마표 영어환경 만들기만 해주면 된다. 아이가 영어 DVD 볼 때 같이 누워서 보기도 하고, 옆에서 책을 보거나 간단한 청소만 하고 뒹굴 수 있다.

예준이는 수학학원 갈 시간에 알아서 가고, 끝나면 영어도서관에 알아서 간다. 물론 초반엔 수학학원에 데려다주고 근처에서 기다렸다가 데리고 왔다. 그런데 이젠 그럴 필요가 없다. 게다가 아침에 등교할 때면 민준이를 어린이집에 들여보내주고 학교에 갔었고, 지금은 같이 등교를 한다. 아침에 옷을 갈아입으면 "엄마, 민준이는 내가 가는 길에 데려다주면 되잖아"라면서 못 따라나오게 한다. 시키지 않아도 민준이가 오늘 먹는 점심메뉴랑 간식까지 나에게 알려준다. 내가 할 일이 점점 없어진다.

우선 자신의 마음 상태를 파악하자. 만사가 귀찮은 자신의 상태를 인정하고 받아들이는 것부터 해야 한다. 그런 다음엔 무조건 휴식을 취해야 한다. 무언가 해결하거나 벗어나려 힘쓰는 것조차 하지 말고 그냥 잠을 자거나 휴식을 취하자. 아이들이 떠들거나 집을 어지럽혀도 그 행동과 말들에 동요되지 않게 샤워를 하면서 그 장소를 잠깐 벗어나는 것도 좋다.

하루 정도 아예 맘 편히 쉬고 기운찬 내일을 기약하자. 만사가 귀찮은 것은 당신의 잘못이 아니다. 지쳤다는 신호를 보내주는 몸에 오히려 감사하자. 당연하게 받아들이고 그 마음이 하루에서 이틀, 이틀에서 사흘, 나흘이 되지 않게만 하자. 당신의 마음 상태는 당신에게만 영향을 주는 것이 아니라 소중한 아이에게도 전달되니 당당하게 마음 상태를 돌보자. 단 하루 '엉망진창의 날'이 당신과 아이를 망치지는 않을 것이다. 이 책을 읽을 정도의 열정을 갖고 있는 당신은 이미 괜찮다.

◣◣◣

유지가 힘들고
자꾸 해이해질 때

꾸준히 - 목적지를 잊지 마라

꾸준히가 힘든 이유는 '아이나 엄마가 아프다', '집안 경조사가 있다' 등 여러 가지가 있겠지만 가장 근본적인 이유가 있다. 바로 목적지가 분명하지 않고 확고하지 않기 때문이다. 꾸준히 할 때 하더라도 도대체 '언제까지' 꾸준히 해야 하는지를 분명히 알아야 멈추지 않게 된다. 오아시스가 있는 곳을 알아야 얼마나 걸어서 도착하는지 예상이 돼 힘든 발걸음이 참아지고 체력을 적절하게 분배할 수 있다. 오아시스가 나올지 나오지 않을지도 모르는 사막, 3일을 걸어야 할지 4일을 걸어야 할지 예상할 수 없는 사막은 걸어보기도 전에 지치게 된다. 목적지가 있어야 계속 가든지 말든지 결정할 수 있다.

작게는 "적어도 3개월 안에 저 책을 끝낼 거야", "이번 겨울방학에는 쉬운 그림책 백 권 읽기를 성공할 거야"라고 정할 수 있다. 크게는 "4학년쯤에는 영어소설을 편안해하고, 6학년쯤엔 독해문제집 풀이가 무척 수월할 거야", "중학생이 되기 전에 뉴베리 수상작 열 권을 정독할 수 있을 거야"라고 정할 수 있다. 그리고 최종 목표로 "○○에게 영어는 껌이야. ○○에게 영어는 날개야", "영어 때문에 발목 잡히지 않을 거야" 등 확고한 목적지가 있어야 한다. 분명하고 확고한 목적지가 손에 잡힐 듯이 선명하게 보인다면, 그 값어치를 이미 알기 때문에 하지 않을래야 하지 않을 수 없고 멈출래야 멈출 수 없다.

목표 – 확실히 할 수 있는 만큼만 하자

완벽한 계획은 오히려 치명타를 입힌다. 한 가지가 무너지면 손을 놔버리게 되고 와르르 무너질 수 있다. 모든 일을 다 해낼 수 없고 다 해냈다 하더라도 그것을 오래도록 유지하긴 거의 불가능하다는 것을 솔직하게 받아들이자. 자신과의 약속에서도 무너지는 일이 빈번한데, 하루에도 수십 번씩 변하는 내 아이가 계획대로 딱딱 지킬 수 있겠는가. 그 사실을 있는 그대로 인정하고 하루하루 끝내야 할 목표를 최소로 잡아보자. 이것이 바로 엄마표 영어환경 만들기의 핵심요소인 '꾸준히'를 이룰 수 있는 방법이다. 그래야 손을 놔버리지 않게 된다.

하루에 한 가지만이라도

- 영어 그림책 한 권 읽기
- 영어놀이 한 가지(색깔, 계절, 숫자)
- 놀이시간에 영어동요 CD 틀어주기

- 한 챕터 따라 읽기

- 영자신문 한 꼭지 요약하기

- 영어 세 문장 베껴 쓰기

- 리틀팍스 10분 보기

- 동영상 강의 유닛 한 개 보기

- 자막 없이 영화 한 편 보기

- 잠자리에 영어 CD 틀어주기

가볍게 하루에 한 가지만 해보자. 엄마표 영어환경 만들기는 마라톤과 같다. 아이가 그날 끝낼 수 있는 작은 것을 계획하고 그날 끝낼 수 있도록 해주자. 만약 계획이 무너졌다 해도 하루치 목표가 작기 때문에 다시 시작하기도 쉽다.

엄마표 영어환경 만들기를 하면서 많은 엄마들의 고민을 들어왔다. 그러면서 알게 된 것이 엄마표 영어를 아예 모르는 엄마들도 많지만, 진행하는 중에 손을 놓았던 엄마들이 더 많았다는 것이다. 아예 모르는 엄마들에겐 알려주고 시작할 수 있게 독려하면 되지만, 이미 여러 번 손을 놓고 포기했던 엄마들에겐 이 말이 꼭 필요하다.

"어떤 일을 시작하는 것은 쉽지만 끝내는 것은 어렵습니다. 그래서 끝까지 해내는 사람은 결국 미래를 바꿀 수 있는 사람입니다."

제일 만만한 걸로 쌓아보자. 엄마의 노력이 들어가지 않아도 알아서 굴러가는 시스템이 갖추어질 때까지만 하면 된다.

동지 - 함께 가야 멀리 간다

나는 지치고 힘들 때 블로그에 이런 글을 올리곤 했다.

"저와 챕터북 읽기 같이 진행하실 분 계신가요?"

챕터북을 진행해야 할 시기인데 혼자 하려니 자꾸 늘어지고 괜히 외로웠다. 혼자 시작했다가 버거우면 금방 손을 놓을 것만 같았다. 그래서 함께할 사람을 찾았다. 5명이어도 좋고 10명이어도 좋았다. 함께 진행할 분들을 모집하면서 '혼자 가지 않아도 되겠구나'라는 위안이 됐다. 매주 같은 공간에 후기를 올려 공유하면서 응원 댓글을 적어주고 피드백을 받다 보면 따뜻함이 몰려온다.

"다음에는 어떤 책을 보여주면 좋을까요?"

질문도 하면서 주거니 받거니 하다 보면 '나만 이 길을 가고 있는 것이 아니구나'라는 생각이 들었다.

"혼자 가면 빨리 갈 수 있지만 함께 가면 멀리 갈 수 있다"라는 말이 있다. 때론 험하고 멀고 지루하고 외롭다. 하지만 누군가와 함께 간다면 그 길도 갈 만하다.

민준이가 7세 때 어린이집 같은 반 친구들 4~5명과 함께 영어도서관에 다녔다. 아이들을 기다리면서 엄마들끼리 이야기를 나누면 혼자서 아이를 기다릴 때보다 시간이 잘 갔다. 엄마표 영어환경 만들기를 몇 년간 이어온 나지만 몸이 힘들 때나 추울 때는 영어도서관에 가기 싫을 때도 있다. 하지만 "왜 안 오냐? 지금 가는 길이다. 영어도서관에서 만나자"는 연락을 받으면 가게 된다. 아이들도 같이 가는 친구가 있고 끝나고 같이 놀 친구가 있으니 영어도서관 가는 길을 거부하지 않는다. 영어도서관에 갔다가 친구가 없으면 다시 나올 때도 있었지만, 그것은 초반에만 그렇고 습관이 잡히면 영어도서관에 당연히 가야 되는 줄 안다.

인스타그램을 활용해도 좋다. 단어 앞에 '#'을 붙여 해시태그로 만들어 주면 링크가 걸린다. '#엄마표영어' 해시태그를 달아서 글을 올려보자. 엄마표 영어를 하는 엄마들을 쉽게 만날 수 있을 것이다. 같은 학교에 다니는 엄마들과 쓸데없이 눈에 보이지 않는 경쟁을 하고 싶지 않다면 온라인을 활용하는 것도 동지를 만나는 방법이다.

엄마표 영어환경 만들기는 목표를 향해 '빨리' 가는 것이 중요한 것이 아니라 길게 보고 꿋꿋하게 '끝까지' 갈 수 있는 것이 중요하다.

적당한 강제성 - 확실한 실천의 이유가 된다

"이번 달에 준사마표 영어 독후활동 진행합니다."

예준이가 36개월경 블로그에 공표를 해버렸다. 물론 블로그에 공표를 한다 해도 100퍼센트 지켜지지 않을 때도 있었지만, 하지 않을 때보다는 더 잘 지켜졌다. 이 글을 블로그에 적은 뒤에 체험단이나 이벤트성 활동을 제외한 순수 영어 독후활동만 월 22건을 했다. 독후활동을 엄마와 노는 시간으로 생각했던 예준이는 하루에 두세 개를 하고도 "또! 또!"를 외치곤 했다. "엄마~ 오늘은 무슨 놀이할 거야?", "엄마~ 오늘은 이 책으로 하자"라고 말하며 좋아했다. 내가 미리 생각해두지 않아서 못하고 넘어간 날은 너무 안타까울 정도였다. 내가 이끈다기보단 예준이가 이끄는 것 같았다.

아이가 원할 때 해주려면 나에게 적당한 강제성이 필요했다. 그래서 누구나 볼 수 있는 공간에 한 달 목표를 밝혀버렸다. 물론 "에이~ 목표를 못 지켰네" 하고 비난할 만큼 한가한 사람들은 없다. 바로 나 자신이 제일 잘 알고 있었고 나 자신이 제일 지키고 싶은 사람이었다. 그래서 목표를 공표하며 적당한 강제성을 만들었던 것이다.

온라인에는 블로그뿐만 아니라 카페, 밴드, SNS 등 글을 쓰고 공유할 수 있는 공간이 많다. 특히 엄마표 영어, 책육아 관련 카페를 검색해서 이용해보자. 이곳에 올라오는 글들만 읽어도 자극이 되고 이곳에 글을 올려야 하는 상황을 만들면 적당한 강제성도 얻을 수 있다.

자극제 – 육아서를 읽고, 강연을 들어보자

꼭 엄마표 영어와 관련된 육아서일 필요는 없다. 인문서나 심리서를 읽어도 충전이 된다. 육아서를 읽으면 읽을수록 '내려놓기'가 되면서 욕심이 줄어들어 예준이가 영어책 한 권만 봐도 감사해졌다. 느린 아이를 있는 그대로 받아들이게 됐고, 아이가 4학년일 땐 속으로는 3학년이라고 생각하면서 대하게 됐다. 그랬더니 뭐만 해도 기특하고 대견해졌다. 예준이는 보답이라도 하듯 전학 온 친구를 영어도서관으로 데리고 가기도 하면서 기특한 일을 자꾸 했다. 너무 큰 것을 기대하지 않으니 아이와 많은 것을 할 필요가 없었고 그래서 꾸준히가 가능했다.

충전은 반드시 책을 통하지 않아도 된다. 때론 재테크 강의를 듣다가, 때론 교회 성가대 찬양을 듣다가, 때론 편하게 누워서 유튜브로 법륜스님의 즉문즉설(즉시 묻고 즉시 이야기)을 보다가, 때론 아이돌 가수의 안무 연습을 보다가 자극을 받기도 하기 때문이다. 다양한 방법들 중에서 자신에게 가장 편한 방식으로 하면 된다. 마음이 평온해지고 충전되면 주변의 모든 것이 엄마표 영어환경 만들기에 접목시키면 좋을 아이디어로 보이기 시작한다. 자신이 방전된 휴대폰 같이 느껴질 때 자신의 충전기는 무엇인지 찾아보자. 얇고 가늘던 꾸준히가 조금 더 굵어져 있을 것이다.

매일 반복되는 일상이
우울할 때

나만의 소소한 힐링타임을 갖자

엄마의 힐링타임은 언제일까? 잠깐의 샤워시간이어도 좋다. 커피숍에 앉아서 책을 읽는 것도 좋고 노래를 크게 틀고 고래고래 소리 지르면서 온몸을 흔들어대도 좋다. 악기를 배워도 좋고, 등산을 해도 좋다. 화장품 가게에 가서 인디핑크색 매니큐어를 사서 발라보면 어떨까? 영화를 보거나 마음에 맞는 친구를 만나서 수다를 왕창 떨어도 좋다.

거창하진 않아도 누구에게나 자신만의 힐링타임이 있을 것이다. 아이들이 행복해지려면 엄마부터 우울감을 떨쳐내고 힐링타임을 가져야 한다. 우울감을 다스리기 위한 엄마의 소소한 힐링타임으로 내 아이의 영어뿐만 아니라 집안의 분위기도 달라질 것이다.

일시정지! 지친 삶을 회복하라

결혼한 지 10년이 되던 여름, 나 혼자 제주도 여행을 갔다. 매달 2만 원씩 빠져나가도록 자동이체를 해놓고 잊고 있었는데, 3년간 모은 돈이 72만 원이 됐다. 처음부터 '3년 뒤 제주도에 가야지~'라는 생각으로 든 적금은 아니었다. 비상금처럼 모아둔 것이었는데 나만의 여행비용으로 알차게 사용됐다. 결혼 후, 10년 만에 뜻밖의 선물을 받게 된 것이다.

"일상을 탈피하라!"고 아무리 말해도 그럴 수 없는 경우가 더 많을 것이다. 그런데 과연 '나는 10년 동안 단 한 번도 일상을 벗어날 수 없었던 것일까? 정말로?!'라고 생각해보니 그건 아니었다. 절대로 안 될 일은 아니었다. 가끔 일상을 탈피하는 것이 엄청나게 큰 죄를 저지르는 것도 아니었다.

지난날의 나처럼 "여유가 언젠간 자연스럽게 오겠지"라고 막연히 기다리지 말자. 좀 더 적극적이고 과감하게 일상을 탈피해보자.

규칙적으로 일시정지를 누를 수는 없지만 짬짬이 여유를 찾아보자. 당당하게 엄마 자신에게 시간을 할애하고, 그 시간동안 머릿속을 충분히 비워내고, 좋은 것들을 채워 넣을 공간을 마련하자. 자고 있는 아이를 깨워서 놀고 싶어 하던 예전의 모습으로 돌아갈 수 있고 우울한 마음도 해소될 것이다.

오늘 행복한 이유를 찾아보자

길을 걸어가다가 지나치는 낯선 사람의 좋은 향수냄새만으로도 행복할 수 있는 것이 사람이다. 과정이 모두 끝나야지만 결과적으로 행복이 오는 것이라는 생각을 버리고 지금 당장 행복한 이유를 찾아보자. 내 아이가 아프지 않고 건강하다. 이 얼마나 감사한 일인가! "민준이 좋아~"라고 말하면 "엄마 좋아~"라고 말해주는 아들이 있다. "예준이 잘생겼어~"라고 말하면 "엄마 예뻐~"라고 말해주는 아들도 있다. 엄마 찌찌가 있어야 잠이 들던 아이들이 알아서 잠을 자니 그건 또 얼마나 감동인가. 지금은 힘든 것을 참고 견뎌내는 인고의 시간이 아니라 어떻게든 행복을 찾아내야 하는 시간이다.

좋은 날은 반드시 온다

의욕적으로 일에 몰두하던 사람이 극도의 신체적 · 정신적 피로감을 호소하며 무기력해지는 현상을 번아웃 증후군Burnout syndrome 이라고 한다. 주로 스스로에 대한 기대치가 높은 사람에게 나타나는 증상이다. 열심히 불태우다가 갑자기 자신이 하는 일이 다 부질없어 보이고, 다시 또 극도로 몰두하다가 금방 식어버리는 현상이 반복된다. 그래서 쉽게 짜증이 나고 화가 쌓이고 감기, 요통, 두통과 같은 질환에도 시달리게 된다.

대부분의 엄마들은 반복되는 육아 속에서 자신이 얼마나 많은 일을 하고 있는지조차 모르는 채 기계처럼 움직일 때가 많다. 더워서 땀이 나는 것이 아니라 진이 빠져나가는 진땀이 난다. 이렇게 육아에 몰두했던 시간이 몇 년씩 쌓이면 한순간에 모든 걸 놓아버리는 무기력증에 빠져버린다. 불이 활활 타다가 갑자기 꺼졌을 때처럼 말이다.

　나에게도 그런 순간이 있었다. 그 순간을 넘길 수 있었던 것은 내가 이 세상에 존재해야 할 이유를 찾았기 때문이다. 많은 이유들은 필요 없었다. 딱 한 가지 이유만 찾아내면 어쨌든 버틸 수 있다.

　내 아이의 눈빛, 우리에겐 삶의 이유가 있지 않은가. 딱 이 순간만 넘기면 좋은 날은 분명히 온다.

아이 때문에
내 인생이 없어지는 것 같은 순간

마음 챙기기 - 가까운 곳에서 살아있음을 느끼자

여자다운 것도 전략이 된다. 한때 여성다움이라는 것이 직장여성에게 장애물로 간주된 시기가 있었다. 직장인에게 왜 여성다움을 요구하나? 직장에서도 마누라짓을 하라는 건가? 나도 분개해서 씩씩거린 때가 분명 있었다. 그런데 지금 생각해 보니 내게 여성성은 굉장한 이점이었다. 남자들이 못 가진 특징을 내가 가진 것이었다. 그렇다면 그걸 활용해야 한다.

《마녀가 더 섹시하다》(김순덕 저, 굿인포메이션)에 나오는 글이다. 엄마, 아내, 며느리 등 너무 많은 역할을 해야 하는 여성으로서의 위치에 불만만 찾지 말고 내가 여성이기 때문에 엄마이기 때문에 그리고 주부이기 때문에 할 수 있는 일을 찾아보자. 반드시 지금 돈이 되는 일이 아니더라도 가까운 곳에서 자신의 가치를 인정받는 일을 찾아보자.

지금 당장 엄마로서의 많은 역할을 누군가에게 맡기고 워킹맘으로 살아갈 수 있다면, 그것이 자신의 가치를 인정받는 일이라면 실행하면 된다. 하지만 대부분의 엄마들은 지금의 위치에서 완벽하게 벗어날 수가 없다. 따라서 가까운 곳에서 찾아야 한다.

내 주변에는 블로그를 잘 관리하는 엄마들이 많다. 아이에게 줄 음식을 만들면서 그 요리과정을 블로그에 올리는 엄마들도 있다.

모든 엄마들은 아이에게 요리를 해줘야 한다. 매일 당연히 하는 일이지만 그녀들은 그것에서 자신의 가치를 찾는다. 요리를 하고 그 과정과 결과물을 기록하면서 가까운 곳에서 기쁨을 찾는 것이다.

모든 엄마들은 아이를 입혀야 한다. 패션에 관심이 많은 엄마들은 아이에게 입히는 옷과 엄마인 자신이 입는 옷을 통해서 기쁨을 찾는다. 매일 코디를 하는 과정에서 자신만의 특별한 패션 감각을 뽐내는 방식으로 자신의 가치를 찾는 것이다. 또, 어떤 엄마들은 자신의 집안 인테리어를 블로그에 기록한다. 미니멀리스트들도 자신의 행동에 신념을 갖고 기록하고 공개한다. 자신의 가치를 멀리서 찾은 것이 아니라 집안에서 찾은 경우다.

나는 집에 있으면 늘어지기 때문에 커피숍에서 가서 책을 읽거나 글을 쓴다. 그곳에 있으면 여러 엄마들의 인생이야기를 들을 수 있다. 단지 수다로 스트레스를 날리고 있는 것일 수도 있다. 하지만 누가 알겠는가. 이들 중 누군가는 남의 이야기를 잘 들어주는 상담가가 될 수도 있고, 누군가는 재미난 말투의 강사가 될 수도 있지 않겠는가.

모든 엄마들은 그 분야가 무엇인지만 달라질 뿐 아이 교육에 신경을 쓴다. 내 아이에게 책 읽어주기를 하다 보니 도서관에서 책 읽어주는 스토리텔러가 됐다는 엄마도 있고, 아이에게 수학을 가르치다가 공부방을 차려 수학선생님이 됐다는 엄마도 있다.

나는 '아이들을 영어 사교육 전혀 없이 엄마표 영어환경 만들기로 키우는 일상'을 블로그에 기록한다. 내가 경험한 것들을 공개하고 노하우를 공유하면서 '내가 뭔가를 하고 있구나', '내 글이 누군가에겐 도움이 되겠지'라고 생각한다. 그러면서 내가 세상에 필요한 존재라는 생각이 들고 보람을 느낀다. 관련 책들을 꾸준히 읽으며 독서의 즐거움을 얻는 것도 큰 기쁨이다. 블로그에 올리는 짧은 글이지만 내 소신을 밝히는 글쓰기를 하는 것 자체도 즐거움이다. 아이 영어를 신경 썼더니 영어독서지도사 자격증을 따게 됐고, 정확한 문장은 아니라도 외국인의 질문에 거침없이 대답하게 됐다.

아이를 키우다 보니 내 인생이 없어졌는가? 더 멋있어졌는가? 가까운 곳에서 한번 찾아보자. 만약 그것을 찾았고 실행하고 있다면 당신의 인생은 없어지고 있는 것이 아니라 더 멋있어지고 있는 것이다. 반짝거리는 아이의 눈빛을 가장 많이 볼 수 있고, 꺄르르 웃는 웃음소리를 제일 많이 들을 수 있는 이곳에서도 충분히 살아있음을 느낄 수 있다. 오히려 더 행운이다!

마음 바꾸기 - 집에서 썩고 있는 것이 아니라 자산을 쌓고 있다

나는 무대에서 드럼을 치는 것으로 많은 이들의 몸을 흔들게 만들었던 짜릿한 경험이 많다. 한 가지에 꽂히면 미쳐버리는 스타일이라 드럼에 빠져서 남자친구에게 "난 아무래도 드럼이랑 사귀어야 할 것 같다"고 말하면서 이별하기도 했다. 드럼에 푹 빠져있던 내 모습을 아는 친구들이 결혼 후 아이를 키우면서 스틱을 내려놓은 나에게 물었다.

"니 인생은 어디 갔냐?"

나는 당당하게 말했다.

"아이를 키우느라 내 인생이 없어진 게 아니라 아이를 키우는 게 내 인생이고 즐거움이야."

세상에 즐거움을 느낄 요소는 많다. 결혼 전에는 드럼으로 즐거움을 느꼈다면 결혼 후에는 육아로 즐거움을 느낀다. 즐거움이 사라진 것이 아니라 또 다른 즐거움으로 대체된 것이다. 지금은 아이와 공원에서 뛰어노는 게 드럼 치는 것보다 즐겁다. 즐거움을 느끼는 대상만 바뀌었지 여전히 내 인생은 즐겁다. 아이들 때문에 드럼을 못 치게 된 것이 아니라 아이들 때문에 더 즐거운 것을 발견한 것이다. 만약 당신이 아이 때문에 자신의 인생이 썩어가고 있다는 생각이 든다면 지금 당장 그 생각을 버리자. 당신은 지금 다른 사람은 경험하지 못할 자신만의 엄청난 경험 자산을 쌓고 있는 중이기 때문이다.

"노인 한 명의 죽음은 박물관 하나가 사라지는 것과 마찬가지다"라는 말이 있다. 지겹고 우울해 보이는 지금의 인생도 시간이 지나면 의미가 생긴다. 그것이 쌓이면 박물관 하나 정도로 역사적인 가치를 지니게 된다. 아무것도 아닌 삶은 없다는 생각으로 하루하루를 살자. 지금 현재 자신의 나이가 많든 적든 자기만의 스토리가 없는 사람은 없다. 나는 아이를 낳고 이 세상의 모든 엄마들은 위대하다는 걸 다시금 깨달았다. 출산과 젖몸살을 견뎌낸 당신은 누구보다 강하며 이 사회의 미래 인재를 키우는 훌륭한 일을 하고 있다는 것을 잊지 말았으면 좋겠다.

감사하기 - 잃은 것보다 얻게 된 것에 집중하자

사실 나는 힘든 일상을 해결하기 위해 책을 읽기도 했지만, 해결할 수 없는 문제로 마음이 힘들 때면 그 힘듦을 잊기 위해서 책으로 도망치기도 했다.

누구에게나 좋아하는 일이 있을 것이다. 나는 내가 좋아하는 책 읽기를 통해 아이를 키우는 시간들 속에서 내공을 쌓아왔다. 지나고 보니 이 시간들은 엄마에게도 아이에게도 자산을 쌓는 시간이 돼있었다. 시부모님과의 갈등으로 힘들 때면 심리서들을 찾았고, 엄마표 영어 때문에 막막할 때는 엄마표 영어 관련 육아서를 읽었다. 내가 해결할 수 없는 삶의 무게에 부딪힐 때 책 내용에 빠지는 것이 도피처가 되기도 했다.

그러다 보니 책과 함께인 엄마 모습이 아이 눈에도 자연스럽게 보여졌다. 결국 "책과 친한 아이가 되게 하려면 부모가 먼저 책보는 모습을 보여라"는 지극히 당연한 말이 현실이 돼 있었다. 아이를 잘 키우기 위해 책을 읽었고, 그 모습을 아이가 본받게 되었고, 아이의 모습이 기특해서 더욱 열심히 책을 읽었다. 아이 성장에 맞춰 책을 봐야 하니 읽는 책의 양도 늘게 돼 선순환이 계속 됐다. 내 아이에게 남겨주고 싶은 평생의 자산인 독서습관을 잡아줄 수 있었다. 이것만으로도 나는 잃은 것보다 얻은 게 많다고 생각한다.

엄마의 성장은 덤 - 5년 뒤의 모습을 상상해보자

자녀교육서를 읽어도 답이 보이지 않는다는 부모들을 자주 만났다. 용어도 생소하고 똑같은 단어인데 내용은 저마다 달리 해석된다는 것이다. 엄마표 영어환경 만들기에서 모두가 빼놓지 않고 말하는 것이 '영어책'이다. 그런데 영어책의 제목을 아는 것부터 엄두가 나지 않는다고도 했다. 나는 그럴수록 자녀교육서를 다양하게 읽어보라고 말해준다. 자녀교육서에는 엄마라는 역할이 처음이라 갈팡질팡하는 엄마들이 그려볼 수 있는 큰 그림이 들어있기 때문이다.

엄마가 직접 영어를 공부해야 하는 것은 아니지만, 엄마가 '엄마표 영어환경 만들기'의 전체적인 흐름에 대해서는 알고 있어야 그때그때 대처하기가 용이하다. 더 쉽게 말해서 아이들이 영어책 읽기를 하는 동안 엄마들은 자녀교육서 읽기를 하라는 뜻이다. 물론 한두 권으로 모든 것이 선명해지지 않는다. 하지만 일단 엄마표 영어환경 만들기라는 것이 무엇인지 알기 위해서 읽다 보면 점점 길이 선명해질 것이다. 자녀교육서로 시작했던 엄마의 책 읽기는 아이의 성장과 함께 그 영역이 자연스럽게 확대될 것이고, 이와 더불어 내적으로 성장하는 엄마 자신의 모습을 발견하게 될 것이다.

그런데 아무리 좋은 내용들이 있다 한들 내 아이가 거부하면 소용없었다. 아무리 좋은 것이라도 모두 다 해줄 수 없다는 것도 깨달아갔다. '정말 내 아이에게 맞는 것이 무엇일까? 내가 해줄 수 있는 것 안에서 최선을 다하자!'라고 생각하게 됐다. 내 아이를 이해하기 위해 열심히 자녀교육서를 읽었고 마음이 흔들리거나 힘들 때면 자기계발서나 심리서들을 읽으면서 초심을 되찾으려고 노력했다.

엄마표 영어 관련 자녀교육서들을 읽다 보니 중요한 것은 어떤 영어책들이 좋은지 알아내는 것이 아니었다. "아이와 장기적으로 어떻게 하면 지치지 않고 오래 해나갈 수 있을 것인가?" 이것이 중요했다. 예준이는 급하지 않았고 불안하지 않았고 막막해 하지도 않았다. 엄마인 내 마음을 해결해나가는 것이 장기적으로 오래 해나갈 수 있는 길이란 걸 깨닫게 됐다. 엄마가 아이와 함께 성장한다는 것이 무슨 말인지 진짜로 알게 됐다.

처음부터 "글을 써야지. 작가가 돼야지"라고 길을 정한 것이 아니다. 분명히 아이를 키우는 과정에서 모르는 것을 해결하고 마음을 위로받기 위해 현재의 나와 관련된 문제를 해결하는 방향으로 책을 읽어갔던 것뿐이다. 그런데 아이의 성장에 맞춰 엄마의 성장도 이뤄졌다. 내 인생이 없어진 것이 아니라 아이 덕분에 성장했고, 아이 덕분에 나의 미래도 꿈꿀 수 있게 됐다.

5년 뒤의 당신은 어떤 일을 하고 있을지 생각해보자. 그 일을 당장은 못하지만, 지금부터 조금씩 준비해간다면 5년 뒤엔 가능해져 있지 않을까? 나에게도 딱 5년 전에 이렇게 말해주는 사람이 있었다면 얼마나 좋았을까? 5세, 2세 두 딸을 키우는 친구가 '전업맘으로 사는 것이 잘 하는 일인지' 생각이 많아졌다길래 이런 말을 한 적이 있다.

"당장 나가서 돈을 버는 것도 중요하지. 하지만, 아이를 돌보며 집에 있기 때문에 양육비를 벌고 있는 거나 마찬가지야. 지금은 아이들이 더 컸을 때 네가 진짜 하고 싶은 일을 준비하는 시간이라고 생각해봐. 나는 예준이가 11세가 돼서야 하고 싶은 일을 찾았어. 예준이가 더 어렸을 때 딱 5년 전에 누가 이런 말을 해줬다면 더 좋았겠다고 생각해. 5년 뒤면 첫째가 10세지? 그때 넌 무엇을 하고 있는 사람이고 싶어? 그것을 위해서 지금 할 수 있는 일을 하나만 찾아봐. 물론 하루하루 아이를 키우는 일이 쉽진 않아. 시간이 어떻게 가는지도 모르겠지. 그래도 매일매일 조금씩 쌓여 5년의 준비 기간이라면 뭐든 할 수 있지 않을까?"

그 친구는 아동미술치료를 하고 싶다고 말했고, 나와 전화를 끊고는 바로 동네 주민센터에 관련된 강좌가 있는지 알아봤다고 했다. 그 친구가 지금 당장 아동미술치료사가 되는 것은 힘들 것이다. 그래도 지금부터 관련 강좌를 듣거나 자격증을 따기 위한 공부를 하는 것은 가능하다. 무언가 하나씩 해놓으면 5년 뒤에는 그 5년이라는 시간 덕분에 다른 사람보다 더 쉽게 시작할 수 있을 것이라고 확신한다. 5년 뒤에 고민하고 시작하는 것이 아니라 지금 당장 고민하고 생각했기 때문에 이미 시작한 것이고 시간을 번 것이다.

나를 성장시키는 것이 최고의 투자다. 늦지 않았으니 지금부터 토대를 마련하자. 지금 당장 무언가가 되지 못하더라도 아이들이 성장한 뒤의 자신의 모습을 준비하자. 엄마가 자신의 미래를 꿈꾸는 살아있는 영혼일 때 아이들의 눈빛도 빛나게 된다.

내려놓기 - 당신은 이미 충분히 가치 있는 사람이다

대학시절 내 인생에 많은 영향을 준 선배가 있다. 그 선배는 21세에 벌써 "나의 꿈은 현모양처야"라고 말했다. 그리고 15년이 지난 지금 실제로 남편과 아이 셋을 뒷바라지하는 진정한 현모양처가 됐다. 자신이 꿈꾸던 삶을 살고 있는 그녀는 "집에서 아이들을 잘 돌보는 것이 더 중요하고 그것이 오히려 돈을 버는 것"이라고 말한다. "내가 아파서 누워 있으면 병원비가 나올 텐데, 이렇게 건강하게 아이들도 돌보고 있으니 완전히 돈 벌고 있다"고 말이다. 그 선배는 매일매일 다이어리에 육아일기를 쓰며 소중한 하루하루를 보내고 있다. 그 육아일기를 본 12세 첫째 딸아이는 "훌륭히 키워주셔서 감사하다"고 말하는 몸도 마음도 건강한 아이로 자랐다.

> "내 꿈은 엄마야. 난 소꿉놀이를 해도 늘 엄마였잖아. 좋은 엄마, 좋은 아내가 되는 게 내 꿈이라고. 엄마는 꿈으로 안 쳐줘? 세상 사람들은 다 자기계발해야 해? 니들 다 잘났고 자기 위해서 사는데, 나 하나 정도는 그냥 내 식구들 위해서 살아도 되는 거잖아. 그거 니들보다 하나도 못난 거 없잖아."

드라마 〈쌈, 마이웨이〉에 나오는 대사다. 그렇다. 그냥 엄마 역할 그 자체로 행복해해도 된다. 열심히 살지 않아도 잘못한 것이 아니다.

> "엄마가 자녀교육서를 읽지 않아도, 엄마표 영어환경 만들기를 하지 않아도, 전혀 아무 노력을 하지 않더라도 괜찮다. 이미 미래의 인재를 키우고 있다는 것을 잊지 말자. 이 험한 세상에 아이들을 잘 돌보고 있다. 심지어 이 책을 읽고 있지 않는가!"

이 말을 꼭 하고 싶었다. 있는 그대로 자신을 사랑하자. 너무 많이 애쓰지 말자. 지금의 당신을 돌이켜보면 지금이 최선이 아니던가. 자기 자신에게 너무 가혹한 잣대를 들이대지 말자. 각자의 상황이 어떠하든 있는 그대로의 자신을 사랑하자.

엄마의 성장을 위한 도서 추천

✓ 엄마표 영어 관련 도서

《시골 할머니의 영어짱 손녀 만들기》 김신숙 저, 해피니언

《영어 잘하는 아이는 엄마가 만든다》 김미영 저, 다락원

《영어 독서가 기적을 만든다》 최영원 저, 위즈덤트리

《엄마표 영어 17년 보고서》 남수진 저, 청림Life

《영어 그림책의 기적》 전은주 저, 북하우스

《야무지고 따뜻한 영어교육법》 이지영 저, 오리진하우스

✓ 일반 도서

《하루 3시간 엄마냄새》 이현수 저, 김영사

《어떻게 살 것인가》 유시민 저, 생각의길

《꿈이 있는 아내는 늙지 않는다》 김미경 저, 21세기북스

《놀이의 반란》 EBS '놀이의 반란' 제작팀 저, 지식너머

《꿈꾸는 다락방》 이지성 저, 차이정원

《풀꽃도 꽃이다 1, 2》 조정래 저, 해냄

《그릿》 앤절라 더크워스 저, 비즈니스북스

《살며 사랑하며 배우며》 레오 버스카글리아 저, 홍익출판사

《엄마의 말공부》 이임숙 저, 카시오페아

《가족 _진정한 나를 찾아 떠나는 심리여행》 존 브래드쇼 저, 학지사

《크라센의 읽기 혁명》 스티븐 크라센 저, 르네상스

《자녀의 5가지 사랑의 언어》 게리 채프먼 저, 생명의말씀사

《논어 _동양 고전으로 미래를 읽는다》 이기석, 한백우 역해, 홍신문화사

《나를 위로하는 글쓰기》 셰퍼드 코미나스 저, 홍익출판사

《지금 이 순간의 역사》 한홍구 저, 한겨레출판

《바람이 분다 당신이 좋다》 이병률 저, 달

《박철범의 하루 공부법》 박철범 저, 다산에듀

에필로그

불안한 시간을 지나 결국
'엄마표 영어환경 만들기'다!

"적을 알고 나를 알면 백전백승이다!"

적을 알고(영어 이놈! 엄마표 영어가 도대체 뭔데? 핵심은 엄마표 영어환경 만들기 덕분에 영어가 낯설지 않게 되면, 영어책 읽기가 습관이 돼 결국 아이에게 영어는 껌이 된다는 것)

나를 알면(아이의 눈빛을 놓치지 않고 좋은 관계를 유지할 줄 아는 엄마)

백전백승!(내 아이 맞춤형이라 하루 10분이라도 꾸준히 하면 무조건 효과를 본다!)

이 말이 딱 들어맞는다. 게다가 무기(내적 환경 만들기로 마음이 단단해진 엄마는 꾸준한 외적 환경 만들기로 엄마표 영어환경 만들기를 유지한다)까지 장착했다면 무조건 승리이니 해볼 만하지 않은가. 정말로 누구나 할 수 있다. 여기에 신박한 기술(물질적 지원과 마음으로 응원해주는 감정적 지원자인 가족)이 추가되면 더욱 좋다. 이 책을 읽고 엄마표 영어환경 만들기를 했더니 영어'만' 잘하게 된 것이 아니라 영어'도' 잘하게 됐다는 소식이 곳곳에서 들려오길 희망한다.

엄마들의 수고를 조금이라도 덜어주고 싶은 마음으로 '10년 전에 미리 알았다면 좋았을 내용'들만 집약하여 이 책을 완성할 수 있었다. '변화'는 결국 변화하려고 마음먹은 당사자만이 이룰 수 있다. 소중한 내 아이를 위한 엄마의 선택에 이 책이 도움이 되길 바란다.

지금까지 이야기를 풀어내며 조심스럽기도 했다. 아이는 조용히 키우는 것이란 말에 흔들린 것도 사실이지만, 이번에도 나의 빽을 믿기로 했다. 지금까지 잘 크도록 인도해주신 것처럼 훗날 이 책으로 인해 내 아이들에게 벌어질 일들도 모두 평온하게 인도해주실 것이라고 말이다. 우리 집의 엄마표 영어환경 이야기가 그다지 특별한 일이 아니고, 어느 집에서나 일어나는 흔한 일이 되길 희망해본다.

부록

칼데콧 수상작 위너 모음 80선

(1938~2017년)

[2018]
Matthew Cordell
Wolf in the Snow

뉴베리 수상작 위너 모음 96선

(1922~2017년)

[2018]
Erin Entrada Kelly
Hello, Universe

칼데콧 수상작 위너 모음 80선

(Caldecott Medal winners 1938~2017년) ※ BL, 표지, 연도, 그림작가, 제목 순서

BL
6.6

[1938] Dorothy P.
Lathrop
**Animals of the
Bible**

BL
4.8

[1939] Thomas
Handforth
Mei Li

BL
5.2

[1940] Ingri and
Edgar Parin
d'Aulaire
Abraham Lincoln

BL
4.1

[1941] Robert
Lawson
**They Were Strong
and Good**

BL
4.1

[1942] Robert
McCloskey
**Make Way for
Ducklings**

BL
4.2

[1943] Virginia Lee
Burton
The Little House

BL
4.5
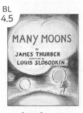
[1944] Louis
Slobodkin
Many Moons

BL
2.0

[1945] Elizabeth
Orton Jones
Prayer for a Child

BL
3.2

[1946] Maud and
Miska Petersham
**The Rooster
Crows**

BL
3.6

[1947] Leonard
Weisgard
The Little Island

BL
4.2

[1948] Roger
Duvoisin
**White Snow,
Bright Snow**

BL
4.3

[1949] Berta and
Elmer Hader
The Big Snow

BL
4.6

[1950] Leo Politi
**Song of the
Swallows**

BL
3.5

[1951] Katherine
Milhous
The Egg Tree

BL
2.8

[1952] Nicholas
Mordvinoff
Finders Keepers

BL
3.9

[1953] Lynd Ward
The Biggest Bear

BL 3.2

[1954] Ludwig Bemelmans

Madeline's Rescue

BL 5.1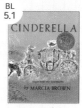

[1955] Marcia Brown

Cinderella, or the Little Glass Slipper

BL 2.7

[1956] Feodor Rojankovsky

Frog Went A-Courtin'

BL 2.2

[1957] Marc Simont

A Tree Is Nice

BL 5.1

[1958] Robert McCloskey

Time of Wonder

BL 4.6

[1959] Barbara Cooney

Chanticleer and the Fox

BL 3.8

[1960] Marie Hall Ets

Nine Days to Christmas

BL 3.9

[1961] Nicolas Sidjakov

Baboushka and the Three Kings

BL 3.2

[1962] Marcia Brown

Once a Mouse

BL 2.5

[1963] Ezra Jack Keats

The Snowy Day

BL 3.4

[1964] Mauricè Sendak

Where the Wild Things Are

BL 2.7

[1965] Beni Montresor

May I Bring a Friend?

BL 4.3

[1966] Nonny Hogrogian

Always Room for One More

BL 3.6

[1967] Evaline Ness

Sam, Bangs, and Moonshine

BL 4.7

[1968] Ed Emberley

Drummer Hoff

BL 4.7

[1969] Uri Shulevitz

The Fool of the World and the Flying Ship

BL
4.0

[1970] William Steig
**Sylvester and the
Magic Pebble**

BL
4.2

[1971] Gail E. Haley
A Story a Story

BL
3.5

[1972] Nonny
Hogrogian
One Fine Day

BL
3.6

[1973] Blair Lent
**The Funny Little
Woman**

BL
4.9

[1974] Margot
Zemach
**Duffy and the
Devil**

BL
2.7

[1975] Gerald
McDermott
Arrow to the Sun

BL
4.0

[1976] Leo and
Diane Dillon
**Why Mosquitoes
Buzz in People's
Ears**

BL
4.9

[1977] Leo and
Diane Dillon
**Ashanti to Zulu:
African Traditions**

글자
없음

[1978] Peter Spier
Noah's Ark

BL
4.1

[1979] Paul Goble
**The Girl Who
Loved Wild
Horses**

BL
4.5

[1980] Barbara
Cooney
Ox-Cart Man

BL
4.2

[1981] Arnold Lobel
Fables

BL
3.9

[1982] Chris Van
Allsburg
Jumanji

BL
3.2

[1983] Marcia
Brown
Shadow

BL
2.6

[1984] Alice and
Martin Provensen
**The Glorious Flight:
Across the Channel
with Louis Bleriot**

BL
5.6

[1985] Trina Schart
Hyman
**Saint George and
the Dragon**

BL
3.8

[1986] Chris Van
Allsburg

The Polar Express

BL
2.1

[1987] Richard
Egielski

Hey, Al

BL
3.2

[1988] John Schoenherr

Owl Moon

BL
4.0

[1989] Stephen
Gammell

**Song and Dance
Man**

BL
3.5

[1990] Ed Young

**Lon Po Po: A Red-
Riding Hood Story
from China**

BL
3.4

[1991] David
Macaulay

Black and White

글자
없음

[1992] David
Wiesner

Tuesday

BL
3.6

[1993] Emily Arnold
McCully

**Mirette on the
High Wire**

BL
3.6

[1994] Allen Say

**Grandfather's
Journey**

BL
2.4

[1995] David Diaz

Smoky Night

BL
3.4

[1996] Peggy
Rathmann

**Officer Buckle
and Gloria**

BL
4.3

[1997] David
Wisniewski

Golem

BL
4.6

[1998] Paul O.
Zelinsky

Rapunzel

BL
4.4

[1999] Mary Azarian

**Snowflake
Bentley**

BL
1.7

[2000] Simms
Taback

**Joseph Had a
Little Overcoat**

BL
4.8

[2001] David Small

**So You Want to
Be President?**

BL
2.3

[2002] David Wiesner
The Three Pigs

BL
1.3

[2003] Eric Rohmann
My Friend Rabbit

BL
3.7

[2004] Mordicai Gerstein
The Man Who Walked Between the Towers

BL
2.3

[2005] Kevin Henkes
Kitten's First Full Moon

BL
3.4

[2006] Chris Raschka
The Hello, Goodbye Window

글자
없음

[2007] David Wiesner
Flotsam

BL
5.1

[2008] Brian Selznick
The Invention of Hugo Cabret

BL
1.6

[2009] Beth Krommes
The House in the Night

글자
없음

[2010] Jerry Pinkney
The Lion & the Mouse

BL
3.0

[2011] Erin E. Stead
A Sick Day for Amos McGee

글자
없음

[2012] Chris Raschka
A Ball for Daisy

BL
1.6

[2013] Jon Klassen
This is Not My Hat

BL
4.7

[2014] Brian Floca
Locomotive

BL
2.3

[2015] Dan Santat
The Adventures of Beekle: The Unimaginary Friend

BL
3.4

[2016] Sophie Blackall
Finding Winnie: The True Story of the World's Most Famous Bear

BL
4.7

[2017] Javaka Steptoe
Radiant Child: The Story of Young Artist Jean-Michel Basquiat

BL 9.9

[1922] Hendrik Willem van Loon
The Story of Mankind

BL 5.7

[1923] Hugh Lofting
The Voyages of Doctor Dolittle

BL 6.7

[1924] Charles Boardman Hawes
The Dark Frigate

BL 6.2

[1925] Charles Finger
Tales from Silver Lands

BL 5.4

[1926] Arthur Bowie Chrisman
Shen of the Sea

BL 6.5

[1927] Will James
Smoky the Cow Horse

BL 6.5

[1928] Dhan Gopal Mukerji
Gay Neck, the Story of a Pigeon

BL 7.1

[1929] Eric P. Kelly
The Trumpeter of Krakow

BL 7.1

[1930] Rachel Field
Hitty, Her First Hundred Years

BL 5.9

[1931] Elizabeth Coatsworth
The Cat Who Went to Heaven

BL 5.6

[1932] Laura Adams Armer
Waterless Mountain

BL 6.4

[1933] Elizabeth Foreman Lewis
Young Fu of the Upper Yangtze

BL 8.0

[1934] Cornelia Meigs
Invincible Louisa

BL 5.6

[1935] Monica Shannon
Dobry

BL 6.0

[1936] Carol Ryrie Brink
Caddie Woodlawn

BL 6.3

[1937] Ruth Sawyer
Roller Skates

BL 6.6

[1938] Kate Seredy
The White Stag

BL 5.7

[1939] Elizabeth Enright
Thimble Summer

BL 3.9

[1940] James Daugherty
Daniel Boone

BL 6.2

[1941] Armstrong Sperry
Call It Courage

BL 5.1

[1942] Walter D. Edmonds
The Matchlock Gun

BL 6.5

[1943] Elizabeth Janet Gray
Adam of the Road

BL 5.9

[1944] Esther Forbes
Johnny Tremain

BL 6.4

[1945] Robert Lawson
Rabbit Hill

BL 4.8

[1946] Lois Lenski
Strawberry Girl

BL 5.9

[1947] Carolyn Sherwin Bailey
Miss Hickory

BL 6.8

[1948] William Pène du Bois
The Twenty-One Balloons

BL 5.4

[1949] Marguerite Henry
King of the Wind

BL 6.2

[1950] Marguerite de Angeli
The Door in the Wall

BL 6.5

[1951] Elizabeth Yates
Amos Fortune, Free Man

BL 6.0

[1952] Eleanor Estes
Ginger Pye

BL 4.7

[1953] Ann Nolan Clark
Secret of the Andes

BL
4.8

[1954] Joseph Krumgold

...And Now Miguel

BL
4.7

[1955] Meindert DeJong

The Wheel on the School

BL
4.1

[1956] Jean Lee Latham

Carry On, Mr. Bowditch

BL
4.9

[1957] Virginia Sorensen

Miracles on Maple Hill

BL
6.1

[1958] Harold Keith

Rifles for Watie

BL
5.7

[1959] Elizabeth George Speare

The Witch of Blackbird Pond

BL
4.5

[1960] Joseph Krumgold

Onion John

BL
5.4

[1961] Scott O'Dell

Island of the Blue Dolphins

BL
5.0

[1962] Elizabeth George Speare

The Bronze Bow

BL
4.7

[1963] Madeleine L'Engle

A Wrinkle in Time

BL
4.7

[1964] Emily Cheney Neville

It's Like This, Cat

BL
5.2

[1965] Maia Wojciechowska

Shadow of a Bull

BL
6.5

[1966] Elizabeth Borton de Treviño

I, Juan de Pareja

BL
6.6

[1967] Irene Hunt

Up a Road Slowly

BL
4.7

[1968] E. L. Konigsburg

From the Mixed-Up Files of Mrs. Basil E. Frankweiler

BL
6.1

[1969] Lloyd Alexander

The High King

BL
5.3

[1970] William H. Armstrong
Sounder

BL
4.9

[1971] Betsy Byars
The Summer of the Swans

BL
5.1

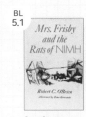

[1972] Robert C. O'Brien
Mrs. Frisby and the Rats of NIMH

BL
5.8

[1973] Jean Craighead George
Julie of the Wolves

BL
6.0

[1974] Paula Fox
The Slave Dancer

BL
4.4

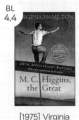

[1975] Virginia Hamilton
M. C. Higgins, the Great

BL
6.2

[1976] Susan Cooper
The Grey King

BL
5.7

[1977] Mildred Taylor
Roll of Thunder, Hear My Cry

BL
4.6

[1978] Katherine Paterson
Bridge to Terabithia

BL
5.3

[1979] Ellen Raskin
The Westing Gam

BL
6.7

[1980] Joan Blòs
A Gathering of Days: A New England Girl's Journal

BL
5.7

[1981] Katherine Paterson
Jacob Have I Loved

BL
4.5

[1982] Nancy Willard
A Visit to William Blake's Inn

BL
5.0

[1983] Cynthia Voigt
Dicey's Song

BL
4.9

[1984] Beverly Cleary
Dear Mr. Henshaw

BL
7.0

[1985] Robin McKinley
The Hero and the Crown

BL
3.4

[1986] Patricia MacLachlan

Sarah, Plain and Tall

BL
3.9

[1987] Sid Fleischman

The Whipping Boy

BL
7.7

[1988] Russell Freedman

Lincoln: A Photobiography

BL
4.7

[1989] Paul Fleischman

Joyful Noise: Poems for Two Voices

BL
4.5

[1990] Lois Lowry

Number the Stars

BL
4.7

[1991] Jerry Spinelli

Maniac Magee

BL
4.4

[1992] Phyllis Reynolds Naylor

Shiloh

BL
5.3

[1993] Cynthia Rylant

Missing May

BL
5.7

[1994] Lois Lowry

The Giver

BL
4.9

[1995] Sharon Creech

Walk Two Moons

BL
6.0

[1996] Karen Cushman

The Midwife's Apprentice

BL
5.9

[1997] E. L. Konigsburg

The View from Saturday

BL
5.3

[1998] Karen Hesse

Out of the Dust

BL
4.6

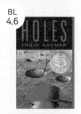

[1999] Louis Sachar

Holes

BL
5.0

[2000] Christopher Paul Curtis

Bud, Not Buddy

BL
4.5

[2001] Richard Peck

A Year Down Yonder

BL
6.6

[2002] Linda Sue
Park
A Single Shard

BL
5.0

[2003] Avi
**Crispin: The
Cross of Lea**

BL
4.7

[2004] Kate
DiCamillo
**The Tale of
Despereaux**

BL
4.7

[2005] Cynthia
Kadohata
Kira-Kira

BL
5.5

[2006] Lynne Rae
Perkins
Criss Cross

BL
5.9

[2007] Susan
Patron
**The Higher Power
of Lucky**

BL
5.6

[2008] Laura Amy
Schlitz
**Good Masters! Sweet
Ladies! Voices from a
Medieval Village**

BL
5.1

[2009] Neil Gaiman
**The Graveyard
Book**

BL
4.5

[2010] Rebecca
Stead
**When You Reach
Me**

BL
5.3

[2011] Clare
Vanderpool
**Moon Over
Manifest**

BL
5.7

[2012] Jack Gantos
**Dead End in
Norvelt**

BL
3.6

[2013] Katherine
Applegate
**The One and Only
Ivan**

BL
4.3

[2014] Kate
DiCamillo
**Flora & Ulysses:
The Illuminated
Adventures**

BL
4.3

[2015] Kwame
Alexander
The Crossover

BL
3.3

[2016] Matt de la
Peña
**Last Stop on
Market Street**

BL
4.8

[2017] Kelly Barnhill
**The Girl Who
Drank the Moon**

하루 10분
엄마표
영어

초판 1쇄 발행 2018년 11월 23일
초판 3쇄 발행 2019년 10월 7일

지은이 이은미
펴낸이 정용수

사업총괄 장충상 본부장 홍서진
디자인 김지혜
영업·마케팅 윤석오
제작 김동명
관리 윤지연

펴낸곳 ㈜예문아카이브
출판등록 2016년 8월 8일 제2016-000240호
주소 서울시 마포구 동교로18길 10 2층(서교동 465-4)
문의전화 02-2038-3372 주문전화 031-955-0550 팩스 031-955-0660
이메일 archive.rights@gmail.com 홈페이지 ymarchive.com
블로그 blog.naver.com/yeamoonsa3 페이스북 facebook.com/yeamoonsa

ⓒ 이은미, 2018(저작권자와 맺은 특약에 따라 검인을 생략합니다.)
ISBN 979-11-6386-005-1 03590